微课版

Linux 自动化运维

（Shell 与 Ansible）

杨寅冬 ◎ 主编
张友海 王飞 朱晓彦 顾伟 ◎ 副主编

人 民 邮 电 出 版 社
北 京

图书在版编目（CIP）数据

Linux自动化运维 : Shell与Ansible : 微课版 / 杨寅冬主编. -- 北京 : 人民邮电出版社, 2024.7
工业和信息化精品系列教材. 网络技术
ISBN 978-7-115-63852-6

Ⅰ. ①L… Ⅱ. ①杨… Ⅲ. ①Linux操作系统－高等学校－教材 Ⅳ. ①TP316.85

中国国家版本馆CIP数据核字(2024)第046527号

内 容 提 要

本书以开源 Linux 操作系统为操作平台，通过项目驱动的方式对 Linux Shell 编程和 Ansible 自动化工具的基本使用方法进行了讲解，重点培养读者的实践动手能力和应用能力。

本书共 12 个项目，包括初识 Shell 脚本、Shell 条件控制、Shell 循环控制、Shell 数组与函数、sed 流编辑器与 awk 文本处理工具、Ansible 自动化概述、Ansible Playbook 基本语法、变量与事实、自动化任务控制、Jinja2 模板与插件、角色和集合，以及 Ansible 自动化管理。本书内容丰富，由浅入深，强调对基础技能的培养，涉及项目取材于企业应用实例，适用于理论与实践一体化教学。通过学习本书的内容，读者应该能够掌握 Linux Shell 编程和 Ansible 自动化工具的基本使用方法，能够熟练编写 Shell 脚本实现自动化任务，并能够运用 Ansible 自动化工具管理和部署复杂的系统架构。

本书可以作为高校计算机相关专业的教材，也可以作为 Linux Shell 编程与 Ansible 自动化运维的培训教材和 Linux 技术爱好者的参考书。

◆ 主　　编　杨寅冬
副 主 编　张友海　王　飞　朱晓彦　顾　伟
责任编辑　郭　雯
责任印制　王　郁　焦志炜

◆ 人民邮电出版社出版发行　　北京市丰台区成寿寺路 11 号
邮编　100164　　电子邮件　315@ptpress.com.cn
网址　https://www.ptpress.com.cn
固安县铭成印刷有限公司印刷

◆ 开本：787×1092　1/16
印张：17　　　　　　2024 年 7 月第 1 版
字数：492 千字　　　2024 年 12 月河北第 2 次印刷

定价：69.80 元

读者服务热线：(010)81055256　印装质量热线：(010)81055316
反盗版热线：(010)81055315
广告经营许可证：京东市监广登字 20170147 号

前　言

在现代信息技术（Information Technology，IT）架构中，操作系统（Operating System，OS）为软件开发、容器、云计算、大数据、智能制造、人工智能（Artificial Intelligence，AI）等领域提供了基础支撑。2021 年，开源第一次被写入《“十四五”软件和信息技术服务业发展规划》中。开源操作系统以基于 Linux 内核的各种操作系统为主，开源社区是 Linux 操作系统的创新源泉和主要的开发场所。IT 企业纷纷拥抱开源，华为、阿里巴巴、英特尔、红帽、IBM 成为 Linux 开源的引领者。

随着全球数字化转型的加速，数字经济将成为社会发展的主引擎。“十四五”规划提出支持数字技术开源社区等创新联合体发展，鼓励企业开放软件源代码、硬件设计和应用服务。在信息技术应用创新产业中，开源 Linux 操作系统广泛应用于 IT 的开发和部署，稳定性和可靠性使其成为服务器、网络设备、物联网（Internet of Things，IoT）、自动驾驶的首选操作系统。Linux 是当下全球影响最广的开源软件项目之一，基于 Linux 内核衍生出 CentOS Stream、Fedora、红帽企业 Linux（Red Hat Enterprise Linux，RHEL）、Debian、Ubuntu 等多个操作系统版本。目前，国内知名的开源操作系统有 openEuler、OpenAnolis、openKylin、deepin、OpenCloudOS 等。

随着互联网和云计算技术的蓬勃发展，数据中心基础设施急速增加，IT 运维逐渐成为现代企业生产经营的核心，IT 运维团队需要快速行动、管理日益复杂的 IT 环境并适应新的开发方法和技术。从早期的 Linux Shell 脚本自动化到目前流行的 Ansible 自动化运维，实现大规模系统运维、容器、云原生应用和安全防护的自动化，是未来 IT 专业人员的必备技能。

党的二十大报告提出：教育、科技、人才是全面建设社会主义现代化国家的基础性、战略性支撑。当前，许多高校已经将 Linux 操作系统自动化运维、网络系统自动化管理、DevOps 开发运维等相关课程纳入计算机网络技术、计算机应用技术、云计算技术应用、现代通信技术等相关专业的人才培养方案。为适应职业教育发展的新特点，编者根据多年的开源 Linux 操作系统、信息技术应用创新系统课程的教学和企业实践经验，以及 IT 网络系统管理、云计算、信息技术应用创新大赛的指导经验，从 Linux 操作系统初学者的视角出发，将复杂的 Linux Shell 编程和 Ansible 自动化运维技术转化为易于理解的实际场景，通过项目驱动的方式，结合丰富的企业实例和微课，使读者可在实际操作中逐步掌握 Shell 脚本编写和自动化任务管理的技能。

本书主要特点如下。

（1）在编写过程中引入了红帽认证工程师（Red Hat Certified Engineer，RHCE）和华为认证 openEuler 工程师（HCIA-openEuler）等认证考试的相关内容，对接职业标准和岗位需求，以企业真实项目为素材进行项目设计和实施，将教学内容与职业资格认证和 1+X 证书制度相融合，书证融通、课证融通。

（2）本书以项目为导向，以“培养能力、突出实用、内容新颖、系统完整”为指导思想，讲解在 Linux 操作系统自动化运维中需要掌握的知识和技能，重点培养读者的动手能力和应用能力。

（3）本书针对高等职业院校和应用型本科院校学生的特点，采用“理实结合”“任务驱动”的双元模式，符合职业教育和“三教”改革的要求，明确素质目标，融入课程思政元素，设计“网络经纬”阅读模块，弘扬专业精神、职业精神和工匠精神。

本书的参考学时为 64 学时，建议采用“理论+实践”一体化教学模式。书中涉及的项目可以在 RHEL、CentOS Stream、华为 openEuler，以及麒麟 openKylin 等开源 Linux 操作系统中完成，各项目的参考学时如下。

学时分配表

项目	课程内容	学时（理论+实践）
项目 1	初识 Shell 脚本	2+2
项目 2	Shell 条件控制	2+2
项目 3	Shell 循环控制	2+2
项目 4	Shell 数组与函数	2+2
项目 5	sed 流编辑器与 awk 文本处理工具	2+4
项目 6	Ansible 自动化概述	2+2
项目 7	Ansible Playbook 基本语法	2+2
项目 8	变量与事实	2+4
项目 9	自动化任务控制	2+4
项目 10	Jinja2 模板与插件	2+4
项目 11	角色和集合	2+4
项目 12	Ansible 自动化管理	2+4
	课程综合复习	2+2
学时总计		64

本书由杨寅冬任主编，并负责全书的统稿和定稿，由张友海、王飞、朱晓彦和顾伟任副主编。张友海、王飞、朱晓彦和顾伟编写了项目 1～项目 4，王国庆、胡春雷、孙茜编写了项目 5～项目 7，杨寅冬编写了项目 8～项目 12。许建军、葛伟伦、张林静、熊友玲、许多飚、梁中义、张成、吴伟参加了编写工作。特别感谢红帽软件（北京）有限公司、华为技术有限公司、天翼云科技有限公司、深圳市讯方技术股份有限公司、国基北盛（南京）科技发展有限公司、麒麟软件有限公司为本书提供的教学项目与技术支持。

为方便读者使用，书中全部项目的源码及电子教案均赠送给读者，读者可登录人邮教育社区（www.ryjiaoyu.com）下载。

由于编者水平和经验有限，书中难免存在疏漏及不足之处，恳请读者批评指正。同时，恳请读者一旦发现错误，于百忙之中及时与编者联系，以便尽快更正，编者将不胜感激。编者电子邮箱为 214542185@qq.com，微信号为 19956537306。用书教师可加入本书 QQ 群（群号：770292430），与编者及其他教师共同分享和探讨宝贵的教学经验和体会。

编　者

2023 年 10 月

目　录

项目 4

项目 5

项目 6

项目 7

项目 8

项目 9

项目 10

项目 11

项目 12

项目 1 初识Shell脚本

01

学习目标

【知识目标】

- 了解 Linux Shell 的基本概念、主要版本及用途。
- 了解输入输出重定向和管道符的基本概念。
- 了解数据输入输出、运算符、转义符的基本概念。
- 了解 Shell 变量的定义与调用的基本概念。

【技能目标】

- 掌握输入输出重定向和管道符的使用方法。
- 掌握数据输入输出、算术运算符、转义符的使用方法。
- 掌握 Shell 变量的定义与调用。

【素质目标】

- 培养读者的团队合作精神、协同创新能力，使其能够在团队中积极合作、有效沟通。
- 培养读者的信息素养和学习能力，使其能够灵活运用正确的学习方法和技巧，快速掌握新知识和技能，不断学习和进步。
- 培养读者严谨的逻辑思维能力，使其能够正确地处理自动化管理中的问题。同时，注重培养读者在开源技术方面的国产自主意识，熟悉相关的开源协议。

1.1 项目描述

自动化运维对于数字化转型至关重要，企业需要将应用程序和基础架构迁移至云环境、部署移动应用程序并进行扩展以满足实时需求。跨多个环境、技术和地域进行 IT 管理的过程十分复杂，可能会导致 IT 流程中出现延迟、安全问题和低效情况，而这些问题都可以通过自动化得到解决。Linux Shell 自动化是指使用 Shell 脚本来自动完成一系列的任务，从而提高工作效率、减少人工干预。日常系统维护和管理、批量执行命令、部署应用程序、监控服务器性能等工作都可以通过 Linux Shell 自动化完成，从而减少人工干预，节省运维人员的工作时间，也减少人为操作失误的可能性，提升系统的稳定性和可靠性。最终可以实现监控自动化、运维操作代码化、基础设施代码化。

本项目主要介绍 Shell 脚本的基本概念和语法，包括 Shell 脚本的基本格式、变量的定义与调用、通过文本编辑器创建 Shell 脚本的方法、数据输入输出、常用运算符的基本操作等。

1.2 知识准备

1.2.1 Linux 操作系统简介

1. Linux 操作系统

操作系统（Operating System，OS）是一组主管并控制计算机操作、运用和运行软硬件资源并提供公共服务来组织用户交互的相互关联的系统软件程序，同时也是计算机系统的核心与基石。操作系统需要处理管理与配置内存、决定系统资源供需的优先次序、控制输入与输出装置、操作网络和管理文件系统等基本事务，让应用程序可以与硬件交互，这些接口包括应用程序接口（Application Program Interface，API）、命令行界面（Command Line Interface，CLI）和图形用户界面（Graphical User Interface，GUI）等。

在通常情况下，企业使用的 Linux 指的是操作系统。Linux 操作系统是一种开源的、支持多用户和多任务的操作系统，它的内核由 Linus Torvalds（林纳斯 · 托瓦兹）在 1991 年发布，现在由 Linux 基金会维护和管理。Linux 操作系统可以运行在各种计算机硬件平台（包括服务器、个人计算机、移动设备等）上。它提供了许多功能强大的工具，可以用于各种用途，如网络服务、网络管理、编程和系统管理、云计算等。

Linux 操作系统主要由以下几部分组成。

（1）内核（Kernel）：内核是 Linux 操作系统的主要组件，也是计算机硬件与其进程之间的核心接口，负责两者之间的通信，以及尽可能高效地管理资源。其主要作用有内存管理、进程管理、文件系统管理、设备驱动程序管理、网络通信管理、系统调用管理和安全防护管理等。

（2）系统库（System Library）：系统库是操作系统提供的一组可供程序调用的函数库。它可以帮助程序与内核进行交互，以获取系统资源或完成其他操作。Linux 操作系统库包括 C 库、数学库、网络库等。

（3）用户空间程序（User Space Program）：用户空间程序是指运行在用户模式下的程序，它们不能直接访问内核，而是通过系统库与内核进行交互。Linux 用户空间程序包括 Shell（或称为命令行）、编辑器、守护进程（在后台运行的进程）等。

（4）图形用户界面：图形用户界面是指用图像的方式向用户呈现操作系统的界面，使用户能够通过图形化的方式与系统进行交互。Linux 操作系统支持多种图形用户界面，如 GNOME、KDE、Xfce 等。

（5）应用程序（Application）：应用程序是为用户提供特定功能的程序，如浏览器、电子邮件客户端、办公软件等。Linux 操作系统提供了大量的应用程序，用户可以根据需要安装和使用这些应用程序。应用的范围覆盖从桌面工具和编程语言到多用户业务套件等各种软件。大多数 Linux 发行版会提供一个中央数据库，用于搜索和下载其他应用。

（6）文件系统（File System）：文件系统是指操作系统用于存储文件和数据结构的地方。它提供文件的存储、管理和访问功能。Linux 支持多种文件系统，如 ext4、XFS、Btrfs、ZFS 等。

（7）安装程序（Installer）：安装程序是指用于安装 Linux 操作系统的程序，它可以帮助用户将 Linux 操作系统安装到硬盘或其他存储设备上。有多种安装程序可以用于安装 Linux 操作系统，如 Debian Installer、Ubuntu Installer 等。

（8）启动程序（Bootloader）：启动程序是指用于启动 Linux 操作系统的程序，它负责加载内核并启动操作系统。Linux 操作系统支持多种启动程序，如 GRUB、LILO、SYSLINUX 等。

（9）配置文件（Configuration File）：配置文件是指用于配置操作系统和程序的文件，它可以帮助用户调整系统的行为和参数。Linux 操作系统提供了许多配置文件，如 /etc/fstab、/etc/inittab、~/.bashrc 等。

2. Linux 内核和 Linux 发行版

术语“操作系统”通常包含以下两种不同的含义。

（1）指完整的软件包，这包括用来管理计算机资源的核心层软件以及附带的所有标准软件工具、注入命令解释器、图形用户界面、文件操作工具和文本编辑器等。

（2）在更狭义的范围内，指管理和分配计算机资源（即 CPU、内存和设备）的核心层软件。

术语“内核”通常是指狭义的操作系统。虽然在没有内核的情况下，计算机也能运行程序，但有了内核会极大地简化其他程序的编写和使用，让工程师游刃有余地管理系统。之所以称为内核，是因为在操作系统中它就像果实的种子一样，控制着硬件（无论是移动终端、笔记本电脑、服务器，还是任何其他类型的计算机）的所有主要功能。

通常所说的 Linux 指的是广义的操作系统，而不是内核。但是，由于 Linux 内核是 Linux 操作系统的核心部分，所以常被混淆在一起使用。

现在的 Linux 内核由 Linux 基金会负责管理和维护。Linux 基金会是一个非营利性组织，致力于为开源技术和社区发展做出贡献。它旨在促进 Linux 内核和相关技术的发展，并为开源社区提供支持和资源。林纳斯 · 托瓦兹现在仍然是 Linux 内核的主要负责人，他负责决定 Linux 内核的发展方向，并对提交的代码进行审核。但是，Linux 内核的发展已经不再只依赖于林纳斯一人，而是由数以千计的开发者和维护者共同推进。

Linux 内核的维护主要由内核开发者和社区维护者完成。Linux 内核的维护工作包括代码审核、测试、合并、发布等步骤。Linux 内核的代码托管在 Git 仓库中，经过严格的审核和测试后，才能合并到主线版本中。Linux 内核的发布频率通常是每隔几个月发布一次。每次发布的版本都有一个版本号，如 6.1.4。每个版本号由 3 个数字组成，分别表示主版本号、次版本号和修订号。

此外，Linux 基金会还会举办各种活动和会议，如 Linux 内核峰会（Linux Kernel Summit）、Linux 发行峰会（Linux Distribution Summit）等，以帮助内核开发者和社区维护者沟通交流，推进 Linux 的发展。

目前，基于 Linux 内核的企业和社区 Linux 发行版如下。

（1）Debian：Debian 是一款基于 Linux 的开源操作系统，由志愿者组成的社区发布和维护。Debian 适用于个人计算机、服务器、嵌入式设备等平台。Debian 的特点在于稳定性和自由性，它提供了丰富的软件源，用户可使用包管理器 apt 进行软件的安装、升级和卸载。Debian 每年会发布一个版本，分别是稳定版本（stable）、测试版本（testing）和不稳定版本（unstable）。稳定版本提供稳定的软件环境，适用于生产环境；测试版本提供最新的软件包，供用户测试和反馈；不稳定版本提供最新的软件包和源码，供开发人员测试。

（2）Ubuntu：Ubuntu 是一款基于 Linux 的开源操作系统，由 Canonical 公司维护和发布。Ubuntu 适用于个人计算机、服务器、移动设备等平台。其主要特点在于易用性和社区化，它提供了丰富的软件源和包管理器，并提供了丰富的图形化安装和管理工具。Ubuntu 每年会发布两个版本，分别是长期支持（Long Time Support，LTS）版本和短期支持（Non-Long Time Support，Non-LTS）版本。LTS 版本会提供 5 年的升级和技术支持，而 Non-LTS 版本只会提供 9 个月的升级和技术支持。

（3）Fedora：Fedora 提供了一个强大的、可扩展的操作系统平台，并且注重用户体验，具有简单易用的图形用户界面和丰富的软件源。Fedora 还注重自由和开源软件，是一款流行的服务器和桌面操作系统。Fedora 项目是 RHEL 的上游社区发行版，红帽公司是该项目的主要赞助商，而成千上万独立于红帽公司的开发人员也为 Fedora 项目做出了贡献，使其成为最终整合到 RHEL 中的功能的理想测试平台。

（4）CentOS Stream：CentOS Stream 是一款滚动发布的操作系统。它提供持续内容流，不断地收集最新的软件包，并在经过测试后发布。通过 CentOS Stream 可以提前获知红帽公司开发人员和工程师用于新版本 RHEL 的源码，通过它，开源社区成员可以与红帽公司开发人员一起为 RHEL 开发、测试以及持续交付分发上游做贡献，这使得 CentOS Stream 成为 RHEL 未来版本的预览。在发布新的 RHEL 版本之前，红帽公司会在 CentOS Stream 中开发 RHEL 源码，RHEL 9 是在 CentOS Stream 中构建的第一个主要版本。

（5）RHEL：RHEL 是由红帽公司开发的商业市场导向的 Linux 发行版，提供长达 10 年的支持服务，用户可以按照自己的计划进行升级并在需要时采用新的功能。作为一款开源操作系统，其源码可以自由获取和使用。RHEL 是全球领先的企业 Linux 操作系统，已获得数百个云服务及数千个硬件和软件供应商的认证，可用于支持边缘计算或 SAP（System, Applications & Products in Data Processing，思爱普）工作负载等特定的用例。RHEL 内置了安全防护功能，如实时内核修补、安全配置文件、安全标准认证和可信软件供应链等，可满足当今对安全与合规的高度期望。RHEL 经过优化，可以在服务器或高性能工作站上运行，支持广泛的硬件架构，如 x86、ARM、IBM Power、IBM Z 和 IBM LinuxONE；支持在任何位置上部署和运行应用，包括物理机、虚拟机、私有云和公共云，能为现代 IT 和企业混合云部署奠定必要的运维一致性基础。

（6）openEuler：openEuler 是一个开源的 Linux 发行版，由华为公司开发和维护。它的软件包管理方式和 RHEL、CentOS Stream 一致，但它提供了更多的应用和工具，并经过了深度优化，适用于企业级服务器、工作站、虚拟化和云环境。它提供了软件包的升级和维护以及软件生命周期管理的功能，还提供了开发者支持，包括文档、示例代码和技术支持。openEuler 致力于提供稳定、可靠、安全的操作系统版本，并且注重满足政府、企业和科研机构的需求。

3. Shell 简介和 Shell 版本

V1-1 Linux Shell 简介

Shell 是一种具有特殊用途的程序，主要用于读取用户输入的命令，并执行相应的程序以响应命令。Shell 也被称为命令解释器，用户可以通过输入命令来控制操作系统和运行程序。

Linux Shell 是一种在 Linux 操作系统中使用的 CLI，其提供的文本界面方便用户与操作系统进行交互。通过命令行可以直接访问计算机，执行一些图形用户界面无法执行的硬件操作。

术语“登录 Shell”是指用户登录系统时，由系统创建用以运行 Shell 的进程。尽管某些操作系统将命令解释器集成于内核中，但对 Linux 操作系统而言，Shell 只是一个用户进程。当用户登录操作系统时，系统会启动一个 Shell 程序，用户可以通过该 Shell 程序输入命令来控制操作系统和运行程序。

设计 Shell 的目的不仅是用于人机交互，对 Shell 脚本（包含 Shell 命令的文本文件）进行解释也是其目的之一。为实现这一目的，每款 Shell 都内置有许多通常与编程语言相关的功能，其中包括变量、循环和条件语句、输入输出命令以及函数等。无论是专有系统还是开源系统，许多操作系统上都可以使用命令行。但是，通常它与 Linux 的关联更紧密，因为命令行和开源软件都可以让用户以不受限制的方式访问自己的计算机。Linux Shell 的主要功能如下。

（1）提供用户界面：Linux Shell 提供一种 CLI，用户可以通过输入命令来控制操作系统。

（2）执行命令：Linux Shell 可以执行各种内置命令和外置命令，完成各种操作。

（3）执行脚本：Linux Shell 可以执行 Shell 脚本，实现自动化运维、系统管理和程序开发等功能。

（4）输入输出重定向：Linux Shell 可以重定向输入输出，将命令的输入或输出重定向到文件或其他命令。

（5）支持环境变量：Linux Shell 支持环境变量，环境变量可以用来存储用户自定义的信息，如路径、变量值等。

Linux 操作系统中有许多不同版本的 Shell，包括 Bourne Shell、C Shell、KornShell、Bash 等。其中，Bash 是最常用的 Shell，广泛用于各种 Linux 操作系统。

（1）Bourne Shell（sh）：它由 Steve Bourne（史蒂夫·伯恩）在 1977 年开发，是 UNIX 操作系统的标准 Shell 之一。sh 提供一组命令用于执行系统任务、编写脚本等。sh 是 Linux 操作系统中最基础的命令解释器之一，通常用于执行系统脚本和命令。它的语法简单易学，适合初学者使用。

（2）C Shell（csh）：它由 Bill Joy（比尔·乔伊）在 1978 年开发，是一种对 sh 的改进版本，提供了更丰富的功能和更方便的语法。csh 具有 C 语言风格的语法，并且与 sh 不兼容。

（3）KornShell：它由贝尔实验室的 David Korn（戴维·科恩）在 1983 年开发，是一种对 sh 的改进版本，在保持与 sh 兼容的同时，提供了更丰富的功能和更方便的语法。

（4）Bash（Bourne Again Shell）：这款 Shell 是 GNU 项目对 sh 的重新实现，Brian Fox（布赖恩·福克斯）和 Chet Ramey（切特·雷米）是 Bash 的主要作者。Bash 是许多 UNIX 和 Linux 操作系统的默认 Shell。

在这些 Linux Shell 中，Bash 是目前流行的选择，并且被广泛用于各种 Linux 发行版中。它具有许多强大的功能，包括命令行自动补全、命令历史记录和脚本等。总的来说，Linux Shell 在过去几十年中不断发展和演进，为用户提供了一种方便的方法来控制和管理 Linux 操作系统。可以使用以下方法查看 Shell 的基本信息。

查看当前设备的默认 Shell。

```
[opencloud@server ~]$ echo $SHELL
/bin/bash
```

查看当前 Linux 操作系统安装的所有 Shell。

```
[opencloud@server ~]$ cat /etc/shells
/bin/sh
/bin/bash
/usr/bin/sh
/usr/bin/bash
```

用户可以通过 bash 命令的--version 参数或环境变量 BASH_VERSION 来查看本机的 Bash 版本号。

```
[opencloud@server ~]$ bash --version
GNU bash, version 5.1.8(1)-release (x86_64-redhat-linux-gnu)
[opencloud@server ~]$ echo $BASH_VERSION
5.1.8(1)-release
```

1.2.2 创建和执行 Shell 脚本

1. Shell 脚本基本格式

Linux Shell 脚本是一种在 Linux 操作系统中用 Shell 编写和运行的程序。Shell 脚本由一系列 Shell 命令和语句组成，可以完成各种复杂的操作。例如，可以编写 Shell 脚本来自动备份文件、安装软件、批量执行命令等。Shell 脚本可以用来自动执行任务、执行重复性操作、管理系统或应用程序等。

V1-2 创建和执行 Shell 脚本

Shell 命令是指 Shell 支持的各种命令，如 cd、ls、echo 等。学习 Shell 编程时，需要了解这些命令的用法和参数，以便使用它们来控制操作系统和运行程序。

在 Shell 中，有两种类型的命令：内置命令和外置命令。内置命令是 Shell 本身具有的命令，它们由 Shell 程序直接执行，而不需要调用其他程序。例如，cd 命令是一个内置命令，它用于切换当前工作目录。外置命令是 Shell 并不具有的命令，它们需要调用外部程序来执行。例如，ls 命令是一个外置命令，它用于列出文件和目录的信息。

通常，内置命令的执行效率比外置命令高，因为它们不需要调用外部程序。但是，外置命令提供了更多的功能和更多的选项，也更常用。

在 Linux 操作系统中，type 命令用于查询命令的类型，可以查看指定命令是内置命令还是外置命令，以及别名、关键字等信息。例如，可以使用 type 命令来查看一个命令是内置命令还是外置命令。

```
[opencloud@server ~]$ type cd
cd is a shell builtin
[opencloud@server ~]$ type ls
ls is /bin/ls
```

Shell 语法是指 Shell 编程语言的语法规则，包括变量、流程控制、函数等方面的语法。学习 Shell 编程需要掌握 Shell 语法，这样才能编写出有效的 Shell 脚本。

编写 Shell 脚本有许多方法，常见的方法就是使用文本编辑器。Linux 操作系统中通常使用 vi、vim 文本编辑器，也可以使用 Sublime Text、Visual Studio Code 等跨平台文本编辑器来编写 Shell 脚本。在文本编辑器中输入脚本内容，并使用.sh 或.bash 作为文件扩展名保存脚本。

下面是一个简单的 Shell 脚本的基本结构。

```
#!/bin/bash
cat<<EOF
This is a comment line
This is also a comment line
EOF
# echo "hello world"
echo "hello world"
```

在计算机领域中，Shebang 或 hashbang（#!代码的英文读法）是一个由井号和感叹号构成的字符序列#!，它出现在文本文件第一行的前两个字符位置，用于告诉操作系统使用哪个解释器。文件中存在#!的情况下，类 UNIX 和 Linux 操作系统的程序载入器会分析#!后的内容，将这些内容作为解释器指令，调用该指令，并将载有#!的文件路径作为该解释器的参数。#!是一项操作系统特性，可用于任何解释型语言，如 Shell、Python、Perl 等。

在 Shell 脚本中，#!/bin/bash 这一行指定了脚本的解释器为/bin/bash，脚本文件在执行时会实际调用/bin/bash 程序，这一行内容也是 Shell 脚本的标准起始行。

2. Shell 注释

在 Shell 脚本中使用注释可以帮助用户更好地理解脚本的功能，并使脚本更易于维护。在 Shell 脚本中，可以使用以下方法来注释多行语句。

（1）使用#字符在每行的开头注释。在每行的开头添加#字符可以将整行注释掉。

```
# This is a comment line
# This is also a comment line
# This is yet another comment line
```

（2）使用<<将多行语句封装在一对字符串中。

```
cat << EOF
This is a comment line
This is also a comment line
This is yet another comment line
EOF
```

在这个脚本中，<<EOF 和 EOF 之间的内容都会被视为注释，不会被解释器执行。注释标记的结束符必须与开始符完全一致。可以将 EOF 替换为其他字符串，只要在注释的开始和结束处使用相同的字符串即可。

3. 执行 Shell 脚本

在脚本文件的第一行指定执行脚本所需的 Shell 类型，并使用#!开头。例如，如果使用 bash 命令执行脚本，则可以在脚本的第一行添加#!/bin/bash，这样就可以像执行任何其他命令一样执行脚本了。

在使用任何方法执行脚本之前，需要确保脚本文件具有可执行权限。如果脚本文件名为 myscript.sh，则可以执行 chmod +x myscript.sh 命令为脚本文件赋予可执行权限。

在终端中可以使用绝对路径或相对路径来执行脚本。例如，如果脚本文件名为 myscript.sh，则可以使用以下方法执行脚本。

在终端中使用绝对路径执行脚本时，可以在任何位置执行脚本，而不仅仅在脚本文件所在的目录执行脚本，此时将脚本的绝对路径作为参数传递给 bash 命令即可。

```
[opencloud@server ~]$ bash /path/to/myscript.sh
```

在终端中使用相对路径执行脚本时，需要将命令行的路径切换到脚本目录，脚本文件应位于当前目录中，以“./文件名”的方式执行脚本。

```
[opencloud@server ~]$ pwd
/path/to/
[opencloud@server ~]$ ls
myscript.sh
[opencloud@server ~]$ ./myscript.sh
```

1.2.3 控制命令的输入和输出信息

在 Linux 操作系统中，有一句话被广泛使用，即“一切皆文件”。这句话的意思是，在 Linux 中，几乎所有东西都可以被视为文件，包括硬件设备（如磁盘、网络接口、键盘等）、软件设备（如随机数生成器、时钟等）和系统资源（如进程、内存等）。这意味着，用户可以使用标准文件操作命令（如 cat、less、cp 等）来操作这些“文件”。这种“一切皆文件”的设计使得 Linux 操作系统非常灵活，因为用户可以使用相同的命令操作各种不同的资源。

V1-3 控制命令的输入和输出信息

可以使用 cat 命令查看硬件设备（如 CPU）的状态。此命令会输出 CPU 的信息，包括型号、速度、缓存大小等。例如：

```
cat /proc/cpuinfo
```

还可以使用 less 命令来查看软件设备（如随机数生成器）的内容。此命令会生成并输出随机数。例如：

```
less -f /dev/random
```

在大多数系统中，通常会默认将输出信息显示在屏幕上，而标准的输入信息通过键盘获取。例如，以上命令执行完毕后，输出的结果会显示在屏幕上。但在编写脚本时，有时我们不希望某些命令的输出信息显示在屏幕上。此时，可以先把输出的信息暂时写入文件，等需要使用的时候再读取文件，提取需要的信息。

1. 文件描述符

在 Linux 操作系统中，文件描述符（File Descriptor，FD）是用于表示打开的文件、网络套接字、管道等资源的整数。FD 可以用于标识一个打开的文件，并在程序中用于读写文件内容。FD 有如下几个特点。

（1）FD 是整数，每个打开的文件都有一个唯一的整数 FD。

（2）FD 从 0 开始，在 Linux 操作系统中，第一个打开的文件的 FD 是 0，第二个是 1，以此类推。

（3）FD 是进程私有的，每个进程只能访问自己打开的文件，不能访问其他进程的文件。

使用FD的好处在于，它可以简化文件操作流程，即在程序中，给出FD即可对文件进行读写操作，而无须打开文件或者指定文件路径。此外，FD还可以用于标识其他类型的资源，如网络套接字、管道等。使用FD可以将不同类型的资源统一起来，方便进行读写操作。

Linux操作系统有3个预定义的FD：0表示标准输入（stdin）、1表示标准输出（stdout）、2表示标准错误输出（stderr）。

这些特殊的FD可以方便程序访问系统的标准输入、标准输出和标准错误输出，并且可以方便地将它们重定向到其他文件、管道或网络套接字中。在Linux操作系统中，FD可以与输入输出重定向、管道符等功能结合起来使用。

2. 输入输出重定向与管道符

在Linux操作系统中，标准输入通常是指键盘，标准输出通常是指屏幕，标准错误输出通常也是指屏幕。

通过使用输入输出重定向可以改变命令的输入或输出的来源或目的地，进而改变命令的输入或输出方式。重定向可以让命令行中执行的命令从标准输入或标准输出转移到其他位置。

例如，可以使用输入重定向将文件作为命令的输入，或者使用输出重定向将命令的输出保存到文件中。这可以让用户在执行命令时灵活地控制它们的输入和输出。此外，输入输出重定向还可以让用户将命令的输出作为另一个命令的输入，从而实现命令串联。这是在Linux操作系统中执行复杂任务的一种常用方法。常见的输入输出重定向符号和示例如表1-1所示。

表1-1 常见的输入输出重定向符号和示例

<table>
<tr><th>序号</th><th>重定向符号</th><th>含义</th><th>示例</th></tr>
<tr><td>1</td><td>></td><td>输出重定向，覆盖文件内容</td><td>command > output.txt</td></tr>
<tr><td>2</td><td>>></td><td>输出重定向，追加到文件末尾</td><td>command >> output.txt</td></tr>
<tr><td>3</td><td><</td><td>输入重定向，从文件中读取输入</td><td>command < input.txt</td></tr>
<tr><td>4</td><td><<</td><td>输入重定向，在脚本中嵌入多行文本块，通常用于提供命令的标准输入</td><td>command <<END
This is a multi-line
text block.
END</td></tr>
<tr><td>5</td><td>|</td><td>管道，将前一个命令的输出作为后一个命令的输入</td><td>command1 | command2</td></tr>
<tr><td>6</td><td>&</td><td>后台运行命令</td><td>command &</td></tr>
<tr><td>7</td><td>&></td><td>将标准输出和标准错误输出一起重定向到文件中</td><td>command &> output.txt</td></tr>
<tr><td>8</td><td>2></td><td>重定向标准错误输出</td><td>command 2> error.txt</td></tr>
<tr><td>9</td><td>2>&1</td><td>将标准错误输出和标准输出一起重定向到文件中</td><td>command 2>&1 output.txt</td></tr>
</table>

在Linux操作系统中，可以使用>和<符号来实现输入输出重定向。具体来说，<符号可以将标准输入重定向到文件中，而>符号可以将标准输出重定向到文件中。

使用<符号将输入重定向到文件中，例如：

```
sort < input.txt
```

此命令会将文件input.txt中的内容作为sort命令的输入。

使用>符号将输出重定向到文件中，例如：

```
ls > output.txt
```

此命令会将ls命令的输出写入文件output.txt。如果该文件不存在，则会创建文件；如果该文件已存在，则会覆盖文件中的内容。

使用>>符号将输出追加到文件末尾，例如：

```
ls >> output.txt
```

此命令会将 ls 命令的输出追加到文件 output.txt 的末尾，之前已经存在的内容不会被覆盖。

在 Linux 操作系统中，可以使用管道来实现程序之间的通信。管道是一种特殊的文件，它可以在程序之间传输数据。例如，可以使用管道将一个程序的输出作为另一个程序的输入，这样就可以使用多个命令来实现更复杂的功能。

使用管道符将输出传递给其他命令，例如：

```
ls | grep txt
```

此命令会将 ls 命令的输出传递给 grep 命令，此后 grep 命令会搜索输入中的 txt 字符串。这样就可以通过两个命令的结合来实现更复杂的功能。

3. 特殊文件/dev/null 和/dev/zero

在 Linux 操作系统中，字符类型的文件通常为设备文件。设备文件是指表示输入或输出设备的特殊文件，它们不存储数据，而是存储特定的信息，这些信息对应设备的输入输出。字符类型的文件可以用于表示如终端、串行端口、打印机等设备。这些文件可以通过文件系统调用来读取或写入数据。与普通文件不同的是，设备文件的内容由设备本身的特性决定。因此，设计字符类型文件的目的是方便系统管理员和程序员通过文件系统调用来操作设备，为其他程序提供某些特定的输入或输出操作，而不必直接和设备交互。

/dev/null 是一个特殊的字符类型文件，也被称为“黑洞文件”，写入它的内容都会被丢弃，并且读取它时会返回空，通常用于丢弃不需要的输出或者忽略不需要的输入。/dev/null 常被用来作为命令的输出或输入的“垃圾桶”，用于丢弃不需要的数据。使用以下命令将命令的输出重定向到/dev/null：

```
echo"This message will be discarded" > /dev/null
# 忽略命令的输出信息
```

/dev/null 文件还可以用来忽略错误信息，例如：

```
command 2> /dev/null
# 忽略命令的错误信息
```

/dev/null 也被用于丢弃不需要的输出，例如：

```
ls -l /non-existent-dir 2>/dev/null
# 使用 2>/dev/null 进行输出重定向，表示将标准错误输出重定向到 /dev/null，这样就可以忽略 ls 命
# 令的错误输出
```

/dev/zero 是一个特殊的设备文件，它可以产生无限的空字符（即 0 值字节）。因此，/dev/zero 经常用来初始化缓冲区或者占位。可以使用与操作/dev/null 相似的方法来操作/dev/zero。/dev/zero 在被读取时会提供无限的空字符，其典型用法包括用它提供的字符流来覆盖信息，以及产生一个特定大小的空白文件。

/dev/zero 通常用于初始化数据，例如，创建一个名为 file.bin、大小为 1MB 的文件，以美国信息交换标准代码（American Standard Code for Information Interchange，ASCII）值为 0 的字符填充：

```
dd if=/dev/zero of=file.bin bs=1M count=1
```

在上面的命令中，使用了 if=/dev/zero 和 of=file.bin 进行输入输出重定向，表示将/dev/zero 的内容作为输入写入 file.bin 文件，这样就可以创建一个大小为 1MB 的二进制文件。

4. EOF

文件结束标志（End of File，EOF）是一个特殊的字符串，表示文件的末尾或者输入流的结束，可

以作为一种特殊的输入重定向符号，通常用来将多行文本传递给命令，而不用将文本保存到文件中。在 Shell 脚本中，EOF 常用于在脚本中嵌入多行文本，而不需要使用多个 echo 命令或使用其他文件来存储文本。

在 Shell 脚本中，EOF 可以用在以下场景中：从标准输入中读取多行文本、将多行文本输出到文件中、将多行文本追加到文件中、将多行文本作为参数传递给命令。

使用以下命令将多行文本输入 cat 命令，例如：

```
cat  << EOF >>  eof-stdin.txt
This is line 1
This is line 2
This is line 3
EOF
# 查看 eof-stdin.txt 文件的内容
cat eof-stdin.txt
This is line 1
This is line 2
This is line 3
```

在上面的命令中，EOF 前面的 << 是输入重定向符号，表示从这里开始的输入都将被重定向到 cat 命令，>> eof-stdin.txt 表示将输入的内容输出到 eof-stdin.txt 文件中。

注意：后一个 EOF 必须独占一行，且前面不能有任何字符。

若在脚本中包含一个结构化查询语言（Structure Query Language，SQL）语句，则可以使用 EOF 来嵌入该语句，例如：

```
mysql -u username -p password << EOF
USE mydatabase;
SELECT * FROM mytable;
EOF
```

这个脚本会打开 MySQL 命令行工具，使用用户名和密码登录数据库，并在 mydatabase 数据库中执行 SELECT 语句，输出 mytable 表中的所有数据。

1.2.4　数据输入输出

V1-4　数据输入输出

在 Shell 脚本中，可以使用多种命令来实现数据输入输出功能，其中常用的命令有 echo 命令、printf 命令、read 命令。

1. echo 命令

echo 是一个常用的 Shell 命令。它的主要功能是输出字符串，可以将指定的文本字符串输出到标准输出（默认是屏幕），也可以用于输出提示信息、调试信息、结果信息等。

echo 命令的基本语法如下。

```
echo [options] string
```

其中，options 表示可选的命令选项；string 表示要输出的字符串。echo 命令选项如表 1-2 所示。

表 1-2　echo 命令选项

序号	命令选项	描述
1	-n	不输出换行符，继续在当前行输出
2	-e	开启转义符，可以使用转义符来输出特殊字符
3	-E	禁用转义符（默认行为）

使用以下命令输出字符串，当输出的字符串中包含空格或其他特殊字符时，通常使用引号标识字符串，例如：

```
[opencloud@server ~]$ echo "Hello, World!"
Hello, World!
```

使用以下命令输出带有转义符的字符串，例如：

```
[opencloud@server ~]$ echo -e "Hello,\tWorld!"
Hello,  World!
```

在脚本中，可以使用 echo 命令输出变量的值，例如：

```
[opencloud@server ~]$ cat echo.sh
#!/bin/bash
name="John"
age=18
echo "My name is $name,I am $age years old."
# 执行脚本，输出结果如下
[opencloud@server ~]$ bash echo.sh
My name is John,I am 18 years old.
```

在 Shell 中，echo 命令支持一些常见的转义符，可以用来输出特殊字符。在使用转义符时，将字符串放在双引号之内。echo 命令支持的转义符如表 1-3 所示。

表 1-3　echo 命令支持的转义符

序号	转义符	含义
1	\	反斜线
2	\b	输出退格字符（删除字符）
3	\c	不换行输出字符串，继续在当前行输出
4	\f	输出换页符
5	\n	输出换行符
6	\r	输出回车符（回到行首）
7	\t	输出水平制表符
8	\v	输出垂直制表符
9	\e	通常用于表示 ANSI 转义码，以便在终端中设置文本的颜色、样式

使用 echo 命令和常见转义符的一些示例如下。

```
# 使用 echo 命令不换行输出字符串，继续在当前行输出
[opencloud@server ~]$ echo -e "Hello,\cWorld!"
Hello, [opencloud@server ~]$
# 输出转义符
[opencloud@server ~]$ echo -e "\e"

# 输出换页符
[opencloud@server ~]$ echo -e "Hello,\fWorld!"
Hello,
      World!
# 输出换行符
[opencloud@server ~]$ echo -e "Hello,\nWorld!"
```

```
Hello,
World!
# 输出水平制表符
[opencloud@server ~]$ echo -e "Hello,\tWorld!"
Hello,  World!
# 输出垂直制表符
[opencloud@server ~]$ echo -e "Hello,\vWorld!"
Hello,
      World!
```

2. printf 命令

在 Shell 脚本中，printf 命令主要用于格式化输出字符串，输出带有特定格式的信息，如输出字符串、数字、字符、符号或者其他值。它与 echo 命令类似，但支持更多的格式化选项。

printf 命令的基本语法如下。

```
printf format [argument...]
```

其中，format 表示一个字符串，用于指定输出的格式，它可以包含转义序列，这些转义序列用于指定输出的格式和内容；argument 表示一个或多个参数，用于提供要输出的内容。

printf 命令需要在字符串中使用占位符，然后指定要输出的值。它可以通过在字符串中包含一些格式说明符，并按照格式说明符指定的格式将参数输出到标准输出。例如：

```
printf "%-10s %-8s %-4s\n" 姓名 性别 体重/kg
printf "%-10s %-8s %-4.2f\n" 郭靖 男 66.1234
printf "%-10s %-8s %-4.2f\n" 杨过 男 68.6543
printf "%-10s %-8s %-4.2f\n" 郭芙 女 47.9876
```

输出结果如下。

```
姓名     性别   体重/kg
郭靖     男      66.12
杨过     男      68.65
郭芙     女      47.99
```

在这个示例中，%-10s 表示输出一个左对齐且宽度为 10 的字符串；%-8s 表示输出一个左对齐且宽度为 8 的字符串；%-4.2f 表示输出一个左对齐且宽度为 4，小数点后保留 2 位的浮点数。

printf 命令使用的占位符如表 1-4 所示。

表 1-4　printf 命令使用的占位符

序号	占位符	说明
1	%s	输出字符串（string）
2	%c	输出单个字符（character）
3	%d	输出十进制整数（decimal integer）
4	%f	输出浮点数（floating point number）
5	%o	输出无符号八进制整数（octal integer）
6	%e	输出科学记数法（scientific notation）形式的浮点数
7	%b	输出二进制整数（binary integer）
8	%n	输出目前为止输出的字符总数

续表

序号	占位符	说明
9	%g	输出指定精度的浮点数
10	%x	输出无符号十六进制整数（hexadecimal integer）（小写字母形式）
11	%X	输出十六进制整数（大写字母形式）
12	%(datefmt)T	将参数以指定的日期和时间格式输出（datefmt 为日期和时间格式字符串）

printf 命令使用%c 格式化字符的示例如下。

（1）输出单个字符，例如：

```
printf "The first letter of the alphabet is %c\n" 'a'
```

输出结果如下。

```
The first letter of the alphabet is a
```

（2）输出字符数组中的所有字符，例如：

```
characters=('a' 'b' 'c')
printf "The characters are: %c %c %c\n" "${characters[@]}"
```

输出结果如下。

```
The characters are: a b c
```

（3）输出字符变量的值，例如：

```
letter='Z'
printf "The letter is: %c\n" "$letter"
```

输出结果如下。

```
The letter is: Z
```

printf 命令使用%s 格式化字符串的示例如下。

（1）输出单个字符串，例如：

```
printf "The name of this website is %s\n" "Stack Overflow"
```

输出结果如下。

```
The name of this website is Stack Overflow
```

（2）输出字符串数组中的所有字符串，例如：

```
names=('Alice' 'Bob' 'Eve')
printf "The names are: %s %s %s\n" "${names[@]}"
```

输出结果如下。

```
The names are: Alice Bob Eve
```

（3）输出字符串变量的值，例如：

```
greeting='Hello, world!'
printf "The greeting is: %s\n" "$greeting"
```

输出结果如下。

```
The greeting is: Hello, world!
```

printf 命令使用%d 格式化整数的示例如下。

（1）输出单个整数，例如：

```
printf "The number is: %d\n" 42
```

输出结果如下。

```
The number is: 42
```

（2）输出整数数组中的所有数字，例如：

```
numbers=(1 2 3)
printf "The numbers are: %d %d %d\n" "${numbers[@]}"
```

输出结果如下。

```
The numbers are: 1 2 3
```

（3）输出整数变量的值，例如：

```
count=5
printf "The count is: %d\n" "$count"
```

输出结果如下。

```
The count is: 5
```

printf 命令使用%b 格式化二进制整数的示例如下。

（1）输出单个二进制整数，例如：

```
printf "The number is: %b\n" 5
```

输出结果如下。

```
The number is: 101
```

（2）输出二进制整数数组中的所有数字，例如：

```
numbers=(5 6 7)
printf "The numbers are: %b %b %b\n" "${numbers[@]}"
```

输出结果如下。

```
The numbers are: 5 6 7
```

（3）输出二进制整数变量的值，例如：

```
binary=1101
printf "The binary number is: %b\n" "$binary"
```

输出结果如下。

```
The binary number is: 1101
```

printf 命令使用%n 输出字符总数的示例如下。

（1）在字符串中使用%n，例如：

```
printf "There are %d characters in this string.%n" 8 count
echo "The value of count is: $count"
```

输出结果如下。

```
There are 14 characters in this string.
The value of count is: 38
```

（2）在字符串数组中使用%n，例如：

```
strings=('This is string 1' 'This is string 2')
printf "There are %d characters in string 1.%n" 100 count1
printf "There are %d characters in string 2.%n" 1000 count2
echo "The value of count1 is: $count1"
echo "The value of count2 is: $count2"
```

输出结果如下。

```
There are 100 characters in string 1.
There are 1000 characters in string 2.
The value of count1 is: 37
The value of count2 is: 38
```

printf 命令使用%(datefmt)T 格式化日期和时间的示例如下。

（1）输出当前日期和时间，例如：

```
printf "The current date and time is: %(%Y-%m-%d %H:%M:%S)T\n"
```

输出结果如下。

```
The current date and time is: 2023-01-08 20:41:08
```

（2）输出使用自定义格式的日期和时间，例如：

```
printf "The date and time is: %(%a %b %d %I:%M %p %Z %Y)T\n"
```

输出结果如下。

```
The date and time is: Sun Jan 08 08:44 PM CST 2023
```

3. read 命令

在 Shell 脚本中，read 命令是一个内置命令，用于从标准输入（通常是键盘）中读取一行文本并将其赋值给一个或多个变量。该命令通常用于在脚本运行时从用户那里获取输入。

read 命令的基本语法如下。

```
read [options] variable1 [variable2...]
```

其中，options 表示可选的命令选项，可以用于指定输入的格式；variable1 表示一个变量名，将保存读取的输入值；variable2 表示可选变量，用于将输入的值赋给多个变量。

read 命令常见命令选项如表 1-5 所示。

表 1-5 read 命令常见命令选项

序号	命令选项	描述
1	-p	指定提示符，用于在输入之前展示给用户
2	-r	禁止转义符的解释
3	-n	指定最多读取的字符数
4	-d	指定一个字符作为结束符，遇到此字符时将会终止读取
5	-s	禁止回显用户输入的字符，隐藏其输入的内容
6	-t	指定超时时间，即在指定的时间内没有输入将会终止读取

使用 read 命令读取变量并输出。

```
[opencloud@server ~]$ cat read.sh
#!/bin/bash
read -p "What is your name? " name
echo "Hello, $name"
```

执行脚本并查看输出结果。

```
[opencloud@server ~]$ bash read.sh
What is your name?   # 在命令行中输入 tom jerry 并按 Enter 键
Hello, tom jerry
```

在这个示例中，脚本会先输出一行提示，询问用户的名字。此后，脚本将等待用户输入名字，并将输入的值赋给变量 name。最后，脚本将输出一行提示。

使用 read 命令向用户询问密码，并隐藏其输入的内容。

```
[opencloud@server ~]$ read -sp "Enter your password: " password
Enter your password:  #输入任何字符串，不会显示在屏幕上
```

在这个示例中，脚本会先输出一行提示，询问用户输入密码。此后，脚本将等待用户输入密码，输入的内容将被隐藏。最后，输入的值被赋给变量 password。

使用 read 命令，向用户询问数字，只读取一个字符。

```
[opencloud@server ~]$ read -n 1 -p "Enter a number: " number
Enter a number: 1
```

在这个示例中，脚本会先输出一行提示，询问用户输入数字。此后，脚本将等待用户输入一个字符，并将输入的值赋给变量 number。

1.2.5 Shell 变量

在编程语言中，变量是一种存储数据的容器。它可以用来保存各种类型的数据，如数字、字符串、布尔值等。在 Shell 中，变量也是一种存储数据的容器，它有着与其他编程语言中的变量类似的基本概念，主要包括以下内容。

（1）变量名。变量名是变量的唯一标识，通常是一个字母或下画线开头的字符序列，如 name、age、_score 等。在 Shell 中，变量名只能由字母、数字和下画线组成，且不能以数字开头。变量名区分字母大小写，如 NAME 和 name 是不同的变量，环境变量建议使用全大写字母命名。

V1-5 Shell 变量

（2）变量类型。在 Shell 中，变量可以存储任何类型的数据，如整数、浮点数、字符串、布尔值等。变量的类型是由它所存储的数据决定的。

（3）变量值。变量值是指变量当前存储的数据。在 Shell 中，变量值可以通过赋值语句来修改。例如，在 Bash 中，可以使用 a=10 语句将变量 a 的值设为 10。

（4）变量作用域。变量作用域是指变量的有效范围。在 Shell 中，变量可以被定义为全局变量或局部变量。全局变量是指在整个 Shell 会话中都有效的变量。它们可以在任何地方被访问和修改，用户可以使用 export 命令将变量定义为全局变量。局部变量是指仅在特定的代码块或函数中有效的变量，它们只能在定义它们的代码块或函数中被访问和修改。

（5）定义和调用变量。在定义变量时，变量名和变量值之间需要使用等号“=”连接，变量名与等号之间不能有空格。在调用变量时，变量名需要使用$符号引用。

Shell 中主要的变量类型如表 1-6 所示。

表 1-6 Shell 中主要的变量类型

序号	变量类型	描述
1	字符串变量	用户自定义变量，用于存储字符串数据的变量，可以使用单引号或双引号来指定字符串
2	数值变量	用户自定义变量，用于存储数字数据的变量，可以使用整数或浮点数
3	数组变量	用户自定义变量，用于存储多个值的变量，每个值称为数组元素。数组变量是用来存储一个有序列表（list）的变量。数组元素可以通过一个整数索引来访问，索引从 0 开始
4	环境变量	系统级别的变量，用于存储系统的配置信息。主要的环境变量有 HOME、PATH、PS1、PS2 等
5	路径变量	用于存储文件路径的环境变量，即存储可执行文件的搜索路径的变量
6	预设变量	Shell 内置的变量，如$0、$1、$*、$@、$?、$!等。这些变量在 Shell 中已经定义好，不需要用户手动定义

1．定义和调用变量

在 Shell 中，可以使用赋值语句来定义变量。

赋值语句的格式如下。

```
varname=varvalue
```

其中，varname 表示变量名；varvalue 表示变量值。

下面是在 Shell 中定义变量的几个示例。

```
# 定义字符串变量
name="John Smith"
# 定义数值变量
age=30
# 定义数组变量
fruits=("apple" "banana" "orange")
# 定义浮点数变量
HEIGHT=1.75
# 定义布尔值变量
IS_ADMIN=true
```

一些特殊的变量，如$0、$1 等，是由 Shell 自动赋值的，用于存储特定的信息。例如，$0 变量存储的是脚本的文件名，$1 变量存储的是脚本的第一个参数。

在 Shell 中，要访问变量的值，可以使用$varname 的形式，即在变量名前面加上符号“$”。例如：

```
# 定义字符串变量
NAME="John Smith"
# 访问变量的值
echo "Name is $NAME"
# 输出：Name is John Smith
```

如果变量名中包含其他字符和特殊字符，或者变量名和其他文本混合在一起，则需要使用花括号“{}”来指定变量名。例如：

```
# 定义字符串变量
NAME="John"
# 访问变量的值
echo "Name is ${NAME}_Smith"
# 输出：Name is John_Smith
```

如果不使用花括号，则等号右边的字符会被当作变量的一部分，从而导致错误。例如：

```
# 定义字符串变量
name="John"
# 使用变量
echo "Hello, $name_Doe!"
# 输出：
Hello, !
```

在这种情况下，变量名后面的_Doe 被当作变量的一部分，因此会返回空字符串。因此，在使用变量时，如果变量名后面跟有其他字符或者变量名组成的字符串，则通常需要使用花括号来指明变量名的边界。

此外，在使用变量的特殊语法时，也需要使用花括号。例如，在使用${var:pos}和${var:pos:len}的形式访问变量值的子字符串时，需要使用花括号。其中，var 是变量的名称；pos 是起始位置的偏移量，表示从变量值的第 pos 个字符开始，返回变量值的子字符串；len 是子字符串的长度，表示从变量值的第 pos 个字符开始，返回长度为 len 的子字符串。例如：

```
# 定义字符串变量
string="abcdef"
```

```
# 使用变量
echo "${string:1}"
echo "${string:2:3}"
# 输出:
bcdef
cde
# 定义字符串变量
name="John"
# 调用变量，从字符串变量 name 的第二个字符（从 0 开始计数）开始，截取到字符串的末尾
echo "${name:1}"
输出:
ohn

# 定义字符串变量
name="John"
# 调用变量，从字符串变量 name 的第二个字符（从 0 开始计数）开始截取，截取长度为 2
echo "${name:1:2}"
# 输出:
oh
```

注意，如果 pos 或 len 超出了变量值的长度范围，则将返回空字符串。

这些特殊的语法可以方便地对变量的值进行操作和提取，使用这些语法截取变量值的一部分，或者获取变量值的长度等操作，可以提高脚本的灵活性和可读性。

数组变量是一种变量类型，可以存储多个值。在大多数 Shell 中，数组是用一个变量名加圆括号的形式来表示的。例如:

```
array=(1 2 3 4 5)
```

这样，数组 array 就被定义为包含 5 个元素的数组，每个元素可以是一个字符串或数字。

要访问数组的元素，可以使用${var[index]}的形式。其中，var 表示数组的名称；index 表示要访问的元素的索引，索引从 0 开始。例如:

```
# 定义数组变量
fruits=("apple" "banana" "orange")
# 使用变量
echo "I like ${fruits[0]} and ${fruits[1]}"
# 输出:
I like apple and banana
```

要获取数组的所有元素，可以使用*或@符号:

```
echo ${array[*]}
1 2 3 4 5
echo ${array[@]}
1 2 3 4 5
```

这两种符号的区别在于，*符号会将所有元素看作一个单独的字符串，而@符号会将每个元素看作单独的字符串。

注意：在使用变量时，如果变量名被包含在双引号中，则变量名会被替换为变量的值；如果变量名被包含在单引号中，则变量名不会被替换。

2. 预设位置参数变量

在 Shell 中，有许多系统预设变量，可以方便地用于访问系统信息和执行状态。其中，位置参数变量主要用来向脚本中传递参数或数据，其变量名不能自定义，变量作用也是固定的。常见的系统预设位置参数变量如表 1-7 所示。

表 1-7 常见的系统预设位置参数变量

序号	位置参数变量	描述
1	$0	脚本文件名
2	$1—$9	脚本前 9 个位置参数
3	$#	传递给脚本的参数数量
4	$@	脚本的命令行参数的数组
5	$*	脚本的命令行参数的字符串
6	$?	上一个命令的退出状态
7	$$	当前 Shell 进程的进程 ID（Process Identifier，PID）
8	$!	后台运行的最后一个进程的 ID

位置参数变量主要用于获取脚本的输入参数，并根据这些参数执行相应的操作。

3. 查看环境变量

在 Linux 操作系统中，环境变量是一种特殊的变量，它们用于存储系统的配置信息。环境变量是系统级别的变量，它们可以在整个系统中使用，在用户的会话中也可以使用。环境变量通常用于存储系统路径、可执行文件的名称、用户名等信息。系统预设环境变量的命名规则通常是采用全大写字母。常见的系统预设环境变量如表 1-8 所示。

表 1-8 常见的系统预设环境变量

序号	环境变量	描述
1	HOME	当前用户的家目录路径
2	PATH	可执行文件的搜索路径
3	SHELL	当前使用的 Shell 的路径
4	USER	当前用户的用户名
5	LANG	系统的默认语言环境
6	PWD	当前工作目录的路径
7	HOSTNAME	主机名
8	PS1	系统提示符
9	TERM	终端类型
10	HISTFILE	历史命令记录文件的路径
11	HISTSIZE	历史命令记录文件的大小
12	MACHTYPE	系统的硬件架构和操作系统类型，如 x86_64-redhat-linux-gnu

在 Linux 操作系统中，可以使用以下方法查看环境变量。

（1）使用 printenv 命令查看系统中所有的环境变量。例如：

```
[opencloud@server ~]$ printenv
```

（2）使用 echo 命令查看某个特定的环境变量的值。例如：

```
# 查看 HOME 环境变量的值
[opencloud@server ~]$ echo "$HOME"
/home/opencloud
```

```
# 查看 LANG 环境变量的值
[opencloud@server ~]$ echo "$LANG"
en_US.UTF-8
```

（3）使用 env 命令查看当前进程的环境变量。例如：

```
[opencloud@server ~]$ env
```

（4）使用 set 命令查看当前 Shell 的所有变量，包括环境变量和 Shell 变量。例如：

```
[opencloud@server ~]$ set
```

（5）使用 cat /proc/PID/environ 命令查看某个进程的环境变量。例如：

```
# 查看进程 9750 的环境变量
[opencloud@server ~]$ cat /proc/9750/environ
```

4. 设置环境变量

在 Shell 中，export 命令用于将变量设置为环境变量，设置的环境变量可以在整个系统中使用，在用户的会话中也可以使用。

export 命令的基本语法如下。

```
export [变量名]=[变量值]
```

使用 export 命令设置环境变量及其验证方法如下。

（1）使用等号赋值。例如：

```
[opencloud@server ~]$ export NAME="John"
[opencloud@server ~]$ export USERNAME="Tom"
[opencloud@server ~]$ export MYHOME="/home/john"
```

注意：在 Shell 中，环境变量通常使用大写字母。

（2）使用 echo 命令查看环境变量的值。例如：

```
[opencloud@server ~]$ echo $NAME
John
[opencloud@server ~]$ echo $USERNAME
Tom
[opencloud@server ~]$ echo $MYHOME
/home/john
```

（3）使用环境变量的当前值。例如：

```
[opencloud@server ~]$ echo $PATH
/home/ opencloud/.local/bin:/home/ opencloud /bin:/usr/bin:/bin:/usr/sbin:/sbin:
/usr/local/openssh/bin:/usr/local/sbin
[opencloud@server ~]$ export PATH=$PATH:/usr/local/bin
[opencloud@server ~]$ echo $PATH   # 查看 PATH 环境变量的输出结果
/home/ opencloud/.local/bin:/home/ opencloud /bin:/usr/bin:/bin:/usr/sbin:/sbin:
/usr/local/openssh/bin:/usr/local/sbin:/usr/local/bin
# export 命令用于将 /usr/local/bin 目录添加到系统路径中
```

export 命令设置的环境变量只对当前 Shell 有效，在关闭 Shell 后将失效。如果想永久设置环境变量，则建议在配置文件中进行设置，如在/etc/profile 或~/.bash_profile~/.bashrc 等配置文件中进行设置。

使用 export 命令在~/.bashrc 文件中设置 MYVAR 环境变量：

```
[opencloud@server ~]$ echo "export MYVAR=123" >> ~/.bashrc
```

~ 表示当前用户的家目录，export 命令会将 export MYVAR=123 添加到~/.bashrc 文件的末尾，从而设置 MYVAR 环境变量。

在修改环境变量所在配置文件之后，需要重新登录系统或在命令行中使用 source 命令来使配置生效。source 命令的主要作用是加载并执行配置文件。使用 source 命令加载配置文件的好处是，可以在当前 Shell 中使修改立即生效，而不需要重新打开一个新的 Shell。

使用 source 命令，使~/.bashrc 文件中设置的 MYVAR 环境变量生效：

```
[opencloud@server ~]$ source ~/.bashrc
```

查看 MYVAR 环境变量的值：

```
[opencloud@server ~]$ echo "$MYVAR"
# 输出：123
```

此外，也可以使用 source 命令加载系统级别的配置文件。这样，在/etc/bashrc 文件中定义的环境变量、别名等就可以在当前的 Shell 中使用了。

```
[opencloud@server ~]$ source /etc/bashrc
```

在 Linux 操作系统中，环境变量可以存储在多个文件中。将环境变量分别存储在这些文件中，可以灵活地管理系统级别和用户级别的配置，确保在不同的登录会话中和系统启动时正确加载环境变量。以下是常见的存储环境变量的文件及其用途。

（1）系统级别文件

① /etc/environment：存储适用于所有用户的系统级别环境变量。

② /etc/profile：在系统启动时加载，适用于所有用户，可以存储全局的环境变量。

③ /etc/bashrc：系统级别的 Bash 配置文件，用于设置 Bash 的默认行为。

（2）用户级别文件

① ~/.bashrc：在用户登录系统时加载，用于存储用户特定的环境变量。

② ~/.bash_profile：在用户登录系统时加载，可用于存储用户特定的环境变量。

③ ~/.bash_login：类似于 ~/.bash_profile，在用户登录时加载，用于设置环境变量。

④ ~/.bash_logout：在用户退出系统时加载，可用于清理或保存会话信息。

如果想修改系统级别的环境变量，则建议修改/etc/profile 文件。如果想修改 Bash 的默认行为，则建议修改/etc/bashrc 文件。

1.2.6 转义符

在计算机科学与远程通信中，当将转义符放在字符序列中时，它将对其后续的几个字符进行替代并解释。通常，可以通过上下文判定某字符是否为转义符。转义符即标志着转义序列开始的那个字符。

V1-6 转义符

转义序列通常有两种功能。第一种功能是编码无法用字母表直接表示的特殊数据；第二种功能是表示无法直接通过键盘输入的字符（如回车符）。

本节说的转义符就对应第二种功能，即将转义符自身和后面的字符看作一个整体，表示某种含义。常见的示例是用反斜线“\”作为转义符，表示那些不可打印的 ASCII 控制符。另外，在统一资源标识符（Uniform Resource Identifier，URI）中，请求串中的一些符号有特殊含义，也需要转义，转义符使用百分号“%”。

在日常工作中经常会遇到转义符，如在 Shell 中删除文件时，如果文件名中有星号“*”，则需要转义，使用了转义符后，“*”就能作为文件名使用了。

```
rm access_log*     # 删除当前目录下文件名以 access_log 开头的文件
rm access_log\*    # 删除当前目录下文件名为 access_log* 的文件
```

又如，在双引号中又使用双引号时就需要转义，转义之后才能正常表示双引号，否则会报语法错误。例如：

```
printf "This is a string with \"double quotes\" inside it.\n"
```

输出结果如下。

```
This is a string with "double quotes" inside it.
```

1. 反斜线

在 Shell 中，反斜线（\）是一个特殊字符，用于改变一些字符的含义。例如，可以使用反斜线来输出特殊字符，或者将特殊字符视为普通字符。

Shell 中有很多元字符，如果要查找星号（*）、加号（+）、问号（?）本身，而不是元字符，则需要对其进行转义。常见的转义序列如表 1-9 所示。

表 1-9　常见的转义序列

序号	转义序列	描述
1	\	转义符
2	\\	反斜线字符
3	\'	单引号字符
4	\"	双引号字符
5	\n	换行符，将当前位置移到下一行开头
6	\r	回车符，将当前位置移到本行开头
7	\t	水平制表符（跳到下一个制表位）
8	\v	垂直制表符

使用以下命令输出一个反斜线字符：

```
echo "\\"
```

输出结果如下。

```
\
```

反斜线也可以用来输出其他特殊字符，如使用以下命令输出换行符：

```
echo -e "Hello\nWorld"
```

输出结果如下。

```
Hello
World
```

使用以下命令输出一个水平制表符：

```
echo -e "Hello\tWorld"
```

输出结果如下。

```
Hello   World
```

2. 反引号

在 Shell 中，反引号（`）用于标识被执行的命令，并且命令的输出会替换反引号中的内容，这称为命令替换。

使用命令替换将命令的输出赋给一个变量：

```
foo=`date`
echo $foo
Mon Jan 9 15:16:27 CST 2023
```

使用命令替换在其他命令中包含命令的输出：

```
echo Today is `date`
Today is Thu Nov 23 05:33:29 PM CST 2023
```

如果将命令的输出用作另一个命令的参数，或者将命令的输出赋给一个变量以供脚本中以后使用，则命令替换可能很有用。注意，反引号字符和单引号（'）字符不同，单引号用于标识应该被当作字面值处理的字符串，而不对其进行任何解释或替换。

3. 双引号

在 Shell 中，双引号（"）是一种特殊的字符，用于标识带有变量或转义符的字符串。双引号作为转义符时，可以方便地在字符串中输出变量的值，以及输出特殊字符。

使用双引号时，变量名会被替换为变量的值，而转义符会按照其原来的意义被解释。例如：

```
name="John"
echo "My name is $name"
echo "This is a \"quote\""
```

输出结果如下。

```
My name is John
This is a "quote"
```

在双引号内，如果需要输出双引号本身，则可以使用反斜线（\）将其转义。例如：

```
echo "This is a \"quote\""
```

输出结果如下。

```
This is a "quote"
```

4. 单引号

在 Shell 中，单引号（'）是一种特殊的字符，用于标识字符串，其中的内容不会被解释。单引号作为转义符时，可以方便地保留字符串中的内容。

使用单引号时，变量名和转义符都不会被替换或解释。例如：

```
name="John"
echo 'My name is $name'
echo 'This is a \"quote\"'
```

输出结果如下。

```
My name is $name
This is a \"quote\"
```

如果需要在单引号内输出单引号本身，则可以通过组合单引号和双引号实现。例如：

```
echo 'This is a '"'"'quote'"'"''
```

输出结果如下。

```
This is a 'quote'
```

1.2.7 算术运算

Shell 中常用的算术运算方法有使用 let 命令、使用 expr 命令、使用 bc 命令、使用运算语法$[算术表达式]、使用运算语法$((算术表达式))等几种。

V1-7 算术运算

在 Shell 中可以使用各种运算符来执行运算，这些运算符主要有以下几类。

（1）算术运算符：包括+（加）、-（减）、*（乘）、/（除）和%（取余）等。

（2）关系运算符：用于比较两个数的大小，包括-eq（等于）、-ne（不等于）、-gt（大于）、-lt（小于）、-ge（大于或等于）和-le（小于或等于）等。

（3）逻辑运算符：用于比较两个布尔值的真假，包括&&（逻辑与）、||（逻辑或）和!（逻辑非）等。

（4）字符串运算符：用于比较两个字符串的大小，包括=（等于）、!=（不等于）和-z（是否为空字符串）等。

（5）文件测试运算符：用于检查和判断文件的属性及状态，包括-e（文件是否存在）、-r（文件是否可读）、-w（文件是否可写）和-x（文件是否可执行）等。

1. 算术运算符

默认情况下，如果不特别指明，则 Shell 不直接进行算术运算，而是把算术运算符解释为字符串连接符，相当于两个字符串拼接在一起，形成一个新的字符串。

Shell 支持的常见的算术运算符如表 1-10 所示。

表 1-10　Shell 支持的常见的算术运算符

序号	运算符	描述
1	+	加法运算
2	++	自增运算（将变量值加 1）
3	-	减法运算
4	--	自减运算（将变量值减 1）
5	*	乘法运算
6	/	除法运算
7	%	取余运算
8	=	赋值运算
9	+=	加法赋值运算（将变量值加上一个值，结果赋值给变量）
10	-=	减法赋值运算（将变量值减去一个值，结果赋值给变量）
11	*=	乘法赋值运算（将变量值乘一个值，结果赋值给变量）
12	/=	除法赋值运算（将变量值除以一个值，结果赋值给变量）

算术运算符的优先级遵循算术运算的优先级，即先乘除，再加减。如果需要改变优先级，则可以使用圆括号进行标识。

在算术运算中，圆括号用于指定运算的顺序，并在进行算术运算时被视为操作符。例如：

```
echo $(( (2 + 3) * 4 ))
20
```

2. 其他运算方法

bc 是一个 Shell 命令，用于执行高精度算术运算。它是一种解释型命令，可以直接在命令行中输入算术表达式并计算结果。

bc 支持很多算术运算，包括加、减、乘、除、取余、幂运算、位运算等。它还支持函数，包括数学函数（如 sine、cosine 和 sqrt）、字符串函数（如 length 和 index）等。

下面是一些使用 bc 命令的示例。

```
# 计算 $2^8$ 的值
$ echo "2^8" | bc
256
# 计算 $1 + 2 * 3 - 4 / 5$ 的值
echo "1 + 2 * 3 - 5 / 5" | bc
6
```

let 是一个 Shell 命令，用于执行算术运算。它允许在命令行中直接输入表达式，并将结果存储在变量中。

下面是一些使用 let 命令的示例。

```
# 计算 2 + 3 的值并将结果存储在变量 x 中
let x=2+3
echo $x
5
```

```
# 计算 4 - 1 的值并将结果存储在变量 y 中
let y=4-1
echo $y
3
```

expr 是一个 Shell 命令，用于执行算术运算、文本比较和模式匹配。它是一个简单的解释型命令，可以在命令行中输入表达式并计算输出结果。

下面是一些使用 expr 命令的示例。

```
# 计算 2 + 3 的值
expr 2 + 3
5
# 计算 4 - 1 的值
expr 4 - 1
3
```

1.3 项目实训

【实训任务】

本实训的主要任务是通过编写并执行简单的 Shell 脚本，完成使用数据输入输出命令获取用户输入，将脚本的输出写入文件，以及重定向脚本的输入输出等操作，并通过设置变量存储不同类型的数据，以便在脚本中处理数据。

【实训目的】

（1）掌握 Shell 脚本的基本格式。

（2）掌握输入输出重定向和管道符的使用方法。

（3）掌握数据输入输出命令的使用方法。

（4）掌握变量的定义和调用方法。

（5）掌握运算符的使用方法。

【实训内容】

（1）使用输入输出重定向，将 Shell 脚本的输出重定向到文件。

（2）编写 Shell 脚本，使用 echo、printf、read 命令实现数据的输入输出。

（3）编写 Shell 脚本，定义和调用变量，并在配置文件中永久设置环境变量。

（4）编写 Shell 脚本，进行算术运算。

【实训环境】

在进行本项目的实训操作前，提前准备好 Linux 操作系统环境，RHEL、CentOS Stream、Debian、Ubuntu、华为 openEuler、麒麟 openKylin 等常见 Linux 发行版都可以进行项目实训。

1.4 项目实施

任务 1.4.1 输入输出重定向

1. 任务描述

编写并执行简单的 Shell 脚本，使用输入输出重定向及管道符将脚本的信息重定向到文件。

2. 任务实施

（1）创建 Shell 脚本 firstscript.sh，使用 vim 文本编辑器在用户家目录下创建一个新的文本文件，将其命名为 firstscript.sh，插入以下文本并保存文件，将输入重定向到文件中。

```
[opencloud@server ~]$ cat input.txt
2021
2022
2023
2024
2035
2025
1999
2000
2001
[opencloud@server ~]$ vim firstscript.sh
[opencloud@server ~]$ cat firstscript.sh
#!/bin/bash
# 从文件中读取输入
sort < input.txt
```

（2）使用 bash 命令执行脚本。

```
[opencloud@server ~]$ bash firstscript.sh
[opencloud@server ~]$ cat input.txt
```

（3）将输出写入文件中。

```
ls -l > output.txt
```

（4）追加输出到文件中。

```
ls -l >> output.txt
```

（5）将标准错误输出重定向到文件中。

```
ls -l /non-existent-dir 2>error.log
```

（6）使用输入重定向忽略 read 命令的输入。

```
#!/bin/bash
# 忽略 read 命令的输入
read -p "Enter your name: " name < /dev/null
echo "Your name is: $name"
```

（7）从标准输入中读取多行文本。

```
#!/bin/bash
echo "Enter some text (Ctrl+D to finish):"
cat << EOF
This is line 1
This is line 2
This is line 3
EOF
```

（8）将多行文本输出到文件。

```
#!/bin/bash
cat << EOF > output.txt
This is new line 1
This is new line 2
This is new line 3
EOF
```

（9）将多行文本追加到文件。

```
#!/bin/bash
cat << EOF >> output.txt
This is line 4
This is line 5
This is line 6
EOF
```

任务 1.4.2　数据输入输出操作

1. 任务描述

编写 Shell 脚本，通过数据输入输出与用户交互，使用户输入数据或输出信息；通过数据输入输出读取文件中的数据或写入数据到文件中；通过数据输入输出可以与其他程序或系统交互，以获取或输出数据。使用 read 命令读取用户输入的数据，使用 echo 或 printf 命令输出信息。

2. 任务实施

（1）使用 read 命令读取用户输入的数据。

```
[opencloud@server ~]$ vim printf01.sh
#!/bin/bash
# 读入用户输入的数字
read -p "Enter a number: " num
# 输出用户输入的数字
echo "You entered: $num"
# 执行脚本并查看输出结果
[opencloud@server ~]$ bash printf01.sh
Enter a number: 100
You entered: 100
```

（2）使用 read 命令读取多个数据。

```
[opencloud@server ~]$ vim printf02.sh
#!/bin/bash
# 读取多个数据
read -p "Enter your name, age and gender: " name age gender
# 输出数据
echo "Name: $name"
echo "Age: $age"
echo "Gender: $gender"
# 执行脚本并查看输出结果
[opencloud@server ~]$ bash printf02.sh
Enter your name, age and gender: Tom 18 male
Name: Tom
Age: 18
Gender: male
```

（3）使用 read 命令读取文件中的每一行内容。

```
[opencloud@server ~]$ cat file.txt
www.opencloud.fun
www.redhat.com
Linux Shell and Ansible
[opencloud@server ~]$ vim printf03.sh
```

```
#!/bin/bash
# 读取文件中的每一行内容
while read line; do
  # 输出读取的每一行内容
  echo $line
done < file.txt
# 执行脚本并查看输出结果
[opencloud@server ~]$ bash printf03.sh
www.opencloud.fun
www.redhat.com
Linux Shell and Ansible
```

（4）使用printf命令格式化输出数字。

```
[opencloud@server ~]$ vim printf04.sh
#!/bin/bash
printf "%.2f\n" 3.14159265
printf "%.4f\n" 3.14159265
printf "%d\n" 123456
printf "%x\n" 255
# 执行脚本并查看输出结果
[opencloud@server ~]$ bash printf04.sh
3.14
3.1416
123456
ff
```

（5）使用printf命令格式化输出字符串。

```
[opencloud@server ~]$ vim printf05.sh
#!/bin/bash
printf "%-10s %-8s %-4s\n" Name Gender Age
printf "%-10s %-8s %-4d\n" John Male 30
printf "%-10s %-8s %-4d\n" Mary Female 25
# 执行脚本并查看输出结果
[opencloud@server ~]$ bash printf05.sh
Name      Gender   Age
John       Male     30
Mary       Female  25
```

（6）使用printf命令输出多个字符和字符串。

```
[opencloud@server ~]$ vim printf06.sh
#!/bin/bash
printf "%s %s %s\n" A B C
printf "%s %s %s\n" A B C D E F G
# 定义字符变量
char='a'
# 使用 %c 格式化输出字符
printf "The character is %c.\n" $char
# 定义字符串变量
string="Hello, World!"
```

```
# 使用 %s 格式化输出字符串
printf "The string is %s.\n" "$string"
# 使用 %-10s 格式化输出左对齐的字符串
printf "%-10s\n" "$string"
# 执行脚本并查看输出结果
[opencloud@server ~]$ bash printf06.sh
```

（7）使用 printf 命令输出变量值。

```
[opencloud@server ~]$ vim printf07.sh
#!/bin/bash
name="John"
age=30
printf "My name is %s, and I am %d years old.\n" "$name" "$age"
# 上面的脚本中定义了两个变量：name 和 age
# 使用 printf 命令输出字符串，并使用 %s 和 %d 占位符引用变量
# printf 命令可以使用多个参数，使用变量时需使用$调用变量
# 执行脚本并查看输出结果
[opencloud@server ~]$ bash printf07.sh
My name is John, and I am 30 years old.
```

任务 1.4.3 Shell 变量操作

1. 任务描述

在 Shell 中，变量主要用于保存和引用各种类型的数据，可以用于存储各种信息，如字符串、数字等。变量在 Shell 中非常常用，可以用于存储用户输入的数据、存储程序运行过程中产生的数据、存储程序执行结果，还可以用于条件判断和循环控制、存储文件名和路径、文件处理、存储环境变量、程序的配置和运行等。

2. 任务实施

（1）编写 Shell 脚本，使用变量获取主机的内存信息、网络互联网协议（Internet Protocol，IP）地址、CPU 负载等信息。

```
[opencloud@server ~]$ vim systeminfo-output.sh
#!/bin/bash
# 获取内存信息
memory=$(free -m | awk 'NR==2{printf "Total: %sMB, Used: %sMB, Free: %sMB", $2,
$3, $4}')
# 获取网络 IP 地址
ip=$(ip addr | grep 'inet' | grep -v 'inet6' | grep -v '127.0.0.1' | awk '{print
$2}' | cut -d '/' -f 1)
# 获取 CPU 负载
cpu=$(top -bn1 | grep 'Cpu(s)' | awk '{print $2}' | cut -d '%' -f 1)
# 输出信息
echo "Memory: $memory"
echo "IP: $ip"
echo "CPU: $cpu%"
# 注意，在使用变量获取信息时，需要使用 $(...) 语法来执行命令并将结果赋给变量
# 执行脚本并查看输出结果
```

```
[opencloud@server ~]$ bash systeminfo-output.sh
```

（2）编写 Shell 脚本，输出$0、$1、$2、$3、$@、$#、$!、$?、$*、$$等位置参数的变量信息。

```
[opencloud@server ~]$ vim location-output.sh
#!/bin/bash
# 提示用户输入他们的姓名
echo "Please enter your name: "
read name
# 输出各变量的值
echo "\$0 is: $0"
echo "\$1 is: $1"
echo "\$2 is: $2"
echo "\$3 is: $3"
echo "\$@ is: $@"
echo "\$# is: $#"
echo "\$! is: $!"
echo "\$? is: $?"
echo "\$* is: $*"
echo "\$\$ is: $$"
echo "Name is: $name"
# 执行脚本并查看输出结果
[opencloud@server ~]$ bash location-output.sh one two three
Please enter your name:
one two three
$0 is: location-output.sh
$1 is: one
$2 is: two
$3 is: three
$@ is: one two three
$# is: 3
$! is:
$? is: 0
$* is: one two three
$$ is: 2859485
Name is: one two three
```

（3）输出当前月的日历信息，并使用 printf 命令格式化输出。

```
[opencloud@server ~]$ vim date-output.sh
#!/bin/bash
# 获取当前月份和年份
month=$(date +%m)
year=$(date +%Y)
# 使用 cal 命令获取当前月的日历
calendar=$(cal $month $year)
# 使用 printf 命令格式化输出
printf "Calendar for %s %s:\n\n" $month $year
printf "%s\n" "$calendar"
# 执行脚本并查看输出结果
```

```
[opencloud@server ~]$ bash date-output.sh
Calendar for 01 2023:
    January 2023
Su Mo Tu We Th Fr Sa
 1  2  3  4  5  6  7
 8  9 10 11 12 13 14
15 16 17 18 19 20 21
22 23 24 25 26 27 28
29 30 31
```

（4）编写 Shell 脚本，使用变量并结合 printf 命令格式化输出当前系统的磁盘分区、swap 分区、逻辑卷信息等。

```
[opencloud@server ~]$ vim disk-output.sh
#!/bin/bash
# 使用 df 命令获取磁盘分区信息
disk_partitions=$(df -h)
# 使用 swapon 命令获取 swap 分区信息
swap_partitions=$(swapon -s)
# 使用 lvdisplay 命令获取逻辑卷信息
logical_volumes=$(lvdisplay)

# 使用 printf 命令格式化输出
printf "Disk Partitions:\n\n"
printf "%s\n" "$disk_partitions"
printf "\nSwap Partitions:\n\n"
printf "%s\n" "$swap_partitions"
printf "\nLogical Volumes:\n\n"
printf "%s\n" "$logical_volumes"
# 执行脚本并查看输出结果
[opencloud@server ~]$ bash disk-output.sh
```

任务 1.4.4 算术运算符操作

1. 任务描述

在 Shell 中，算术运算主要用于执行各种数学计算。常见的算术运算包括加法、减法、乘法、除法、求余数、幂运算等。

2. 任务实施

（1）编写 Shell 脚本，计算三角形的面积、圆的面积和周长，输出结果。

```
[opencloud@server ~]$ vim calculate01.sh
#!/bin/bash
# 定义三角形的底和高
triangle_base=6
triangle_height=8
# 计算三角形的面积
triangle_area=$(echo "scale=2; $triangle_base * $triangle_height / 2" | bc)
# 定义圆的半径
```

```
circle_radius=10
# 计算圆的面积
circle_area=$(echo "scale=2; 3.14 * $circle_radius * $circle_radius" | bc)
# 计算圆的周长
circle_circumference=$(echo "scale=2; 2 * 3.14 * $circle_radius" | bc)
# 输出三角形的面积、圆的面积和周长
echo "三角形面积：$triangle_area"
echo "圆的面积：$circle_area"
echo "圆的周长：$circle_circumference"
# 执行脚本并查看输出结果
[opencloud@server ~]$ bash calculate01.sh
三角形面积：24.00
圆的面积：314.00
圆的周长：62.80
```

（2）编写 Shell 脚本，使用 bc 命令进行算术运算。

```
[opencloud@server ~]$ vim calculate02.sh
#!/bin/bash
# 定义变量
a=10
b=20
c=30
# 使用 bc 命令进行算术运算
result1=$(echo "$a + $b" | bc)
result2=$(echo "$a * $b" | bc)
result3=$(echo "scale=2; $a / $b" | bc)
result4=$(echo "$c % $a" | bc)
result5=$(echo "scale=3; $a ^ $b" | bc)
result6=$(echo "$a + $b * $c" | bc)
result7=$(echo "$a * $b + $c" | bc)
result8=$(echo "$c % $a + $b" | bc)
# 输出结果
echo "a + b = $result1"
echo "a * b = $result2"
echo "a / b = $result3"
echo "c % a = $result4"
echo "a ^ b = $result5"
echo "a + b * c = $result6"
echo "a * b + c = $result7"
echo "c % a + b = $result8"
# 执行脚本并查看输出结果
[opencloud@server ~]$ bash calculate02.sh
```

（3）编写 Shell 脚本，使用 let 命令进行算术运算。

```
[opencloud@server ~]$ vim calculate03.sh
#!/bin/bash
# 定义变量
```

```
a=10
b=20
c=30
# 使用 let 命令进行算术运算
let result1=a+b
let result2=a*b
let result3=c%a
let result4=a**b
let result5=a+b*c
let result6=a*b+c
let result7=c%a+b
# 输出结果
echo "a + b = $result1"
echo "a * b = $result2"
echo "c % a = $result3"
echo "a ^ b = $result4"
echo "a + b * c = $result5"
echo "a * b + c = $result6"
echo "c % a + b = $result7"
# 执行脚本并查看输出结果
[opencloud@server ~]$ bash calculate03.sh
```

（4）编写 Shell 脚本，使用 expr 命令进行算术运算。

```
[opencloud@server ~]$ vim calculate04.sh
#!/bin/bash
# 定义变量
a=10
b=20
c=30
# 使用 expr 命令进行算术运算
result1=`expr $a + $b`
result2=`expr $a \* $b`
result3=`expr $c % $a`
result4=`expr $a \* $a \* $a`
result5=`expr $a + $b \* $c`
result6=`expr $a \* $b + $c`
result7=`expr $c % $a + $b`
# 输出结果
echo "a + b = $result1"
echo "a * b = $result2"
echo "c % a = $result3"
echo "a ^ 3 = $result4"
echo "a + b * c = $result5"
echo "a * b + c = $result6"
echo "c % a + b = $result7"
# 执行脚本并查看输出结果
[opencloud@server ~]$ bash calculate04.sh
```

（5）编写 Shell 脚本，使用$((…))表达式进行算术运算。

```
[opencloud@server ~]$ vim calculate05.sh
#!/bin/bash
# 定义变量
a=10
b=20
c=30
# 计算结果
result1=$((a + b))
result2=$((a * b))
result3=$((a / b))
result4=$((a % b))
result5=$((a ** b))
result6=$((a + b * c))
result7=$((a * b + c))
result8=$((c % a + b))
# 输出结果
echo "a + b = $result1"
echo "a * b = $result2"
echo "a / b = $result3"
echo "a % b = $result4"
echo "a ^ b = $result5"
echo "a + b * c = $result6"
echo "a * b + c = $result7"
echo "c % a + b = $result8"
# 执行脚本并查看输出结果
[opencloud@server ~]$ bash calculate04.sh
a + b = 30
a * b = 200
a / b = 0
a % b = 10
a ^ b = 7766279631452241920
a + b * c = 610
a * b + c = 230
c % a + b = 20
```

任务 1.4.5　设置环境变量

1. 任务描述

在 Linux 操作系统中，设置 Java 环境变量涉及 JAVA_HOME 和 PATH 两个主要的环境变量，将环境变量写入配置文件，可以确保在系统重启或用户重新登录系统后环境变量仍然有效。

2. 任务实施

（1）安装 OpenJDK 11。

```
[opencloud@server ~]$ dnf -y install java-11-openjdk java-11-openjdk-devel
```

（2）创建 Java 环境变量脚本 /etc/profile.d/java.sh。

```
[opencloud@server ~]$  cat > /etc/profile.d/java.sh <<'EOF'
```

```
export JAVA_HOME=$(dirname $(dirname $(readlink $(readlink $(which java)))))
export PATH=$PATH:$JAVA_HOME/bin
EOF
```

（3）执行 source 命令，使 Java 环境变量生效。

```
[opencloud@server ~]$  source /etc/profile.d/java.sh
```

网络经纬

开源：数字化世界的基石

在当今的“数字化时代”，开源技术扮演着举足轻重的角色，成为数字化转型的基石和重要支撑。开源技术是指源码向公众开放，允许任何人查看、使用、修改和分享的技术，其开放性和共享性为数字化世界的发展提供了强大动力。

数字化转型是指通过应用数字技术和数据分析来优化及改进业务流程、提升效率和服务质量。而开源技术作为数字化转型的重要组成部分，发挥了至关重要的作用。

开源技术为数字化转型提供了丰富的解决方案。在数字化转型过程中，企业需要应对各种挑战、解决各种问题，而开源技术提供了众多优秀的解决方案。例如，开源操作系统（如Linux）和开源数据库（如PostgreSQL）等，为企业提供了稳定、可靠的基础设施；开源云计算平台（如OpenStack）和容器技术（如Docker），帮助企业实现了灵活、高效的应用部署和管理；开源大数据技术（如Hadoop和Spark），为企业实现数据挖掘和分析提供了强大的支持。这些开源技术使得企业能够根据自身需求和特点，灵活选择合适的解决方案，推动其数字化转型的顺利进行。

开源技术促进了数字化转型的创新和协作。开源技术的开放性和共享性鼓励全球范围内的开发者和技术专家参与其中，形成了庞大的开源社区。开源社区中的成员通过协作和知识共享，共同推动技术的不断创新和进步。在数字化转型过程中，企业可以充分利用开源社区的力量，借鉴和吸收先进的技术理念和实践经验，加速其数字化转型的步伐。同时，企业可以积极参与开源社区建设，贡献自己的技术成果，为数字化转型做出贡献。

开源技术降低了数字化转型的成本和风险。相比于闭源技术，开源技术通常具有可以免费使用和易于定制修改的特点。企业可以根据自身需求自由选择开源技术，无须支付高额的使用许可费用，从而降低数字化转型的投入成本。同时，开源技术的开放性和透明性使得企业能够更好地理解及控制其所采用的技术，从而减少因为依赖第三方闭源软件而带来的风险。

开源技术作为数字化世界的基石，为数字化转型提供了丰富的解决方案，促进了创新和协作，降低了成本和风险。在未来，随着数字化转型的不断深入，开源技术的地位和作用将愈发凸显，为构建“数字化智能”的新时代贡献更多智慧与力量。

项目练习题

1. 选择题

（1）下列表示当前 Shell 路径的变量是（　　）。

A. $BASH　　B. $SHELL　　C. $KSH　　D. $C

（2）如果要将新的环境变量 VAR 加入当前 Shell，则可以使用（　　）命令实现。

A．set VAR=value　B．export VAR=value　C．VAR=value　D．echo VAR=value

（3）在环境变量 PATH 中，冒号分隔的各个目录分别表示（　　）。

A．用户的主目录　B．系统的配置文件目录

C．可执行文件的搜索路径　D．常用工具的安装目录

（4）用来加载配置文件的命令是（　　）。

A．exec　B．load　C．source　D．include

（5）逻辑与运算符是（　　）。

A．+　B．-　C．*　D．&&

（6）关于输出重定向，将输出追加到文件的末尾的写法是（　　）。

A．command > filename　B．command >> filename

C．command < filename　D．command << filename

（7）可以在输出中控制输出格式的命令是（　　）。

A．echo　B．printf　C．read　D．cat

（8）使用 printf 命令输出带双引号的字符串时，应该写为（　　）。

A．printf "This is a string with "double quotes" inside."

B．printf 'This is a string with "double quotes" inside.'

C．printf "This is a string with \"double quotes\" inside."

D．printf 'This is a string with \"double quotes\" inside.'

（9）可设置环境变量 MYVAR 为 hello world 的是（　　）。

A．MYVAR="hello world"　B．set MYVAR="hello world"

C．export MYVAR="hello world"　D．setenv MYVAR="hello world"

（10）（　　）是 Shell 中用于赋值的算术运算符。

A．+　B．-　C．==　D．=

（11）（　　）是 printf 命令用于输出字符串的格式化符号。

A．%s　B．%d　C．%f　D．%x

（12）（　　）是 printf 命令用于输出整数的格式化符号。

A．%s　B．%d　C．%f　D．%x

2．实训题

（1）编写一个 Shell 脚本，将当前日期和时间输出重定向到名为 datetime.txt 的文件中。

（2）编写一个 Shell 脚本，要求用户输入姓名、年龄和职业，使用 echo 命令将这些信息输出到屏幕上。

（3）编写一个 Shell 脚本，使用 read 命令获取用户输入的数字，计算该数字的平方并输出到屏幕上。

（4）编写一个 Shell 脚本，定义一个名为 username 的变量，并将用户的姓名赋值给它。使用 echo 命令将该变量输出到屏幕上，并将其永久设置为环境变量。

（5）编写一个 Shell 脚本，要求用户输入一个文件名，然后将用户输入的内容保存到该文件中，并使用输入重定向将错误信息输出到 error.log 文件中。

项目 2
Shell条件控制

02

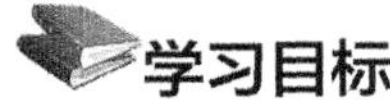

学习目标

【知识目标】

- 了解 Shell 编程流程控制的基本概念。
- 了解 Shell 条件语句的基本语法。
- 了解 if 语句和 case 语句的基本语法。

【技能目标】

- 掌握 Shell 条件语句的使用方法。
- 掌握 if 语句的使用方法。
- 掌握 case 语句的使用方法。

【素质目标】

- 培养读者的团队合作精神，加强其团队意识和责任感，使其积极参与团队合作，共同完成任务，提高学习的积极性和兴趣。
- 培养读者诚信、务实、严谨的职业素养，培养其正确的职业道德观念和职业操守，使其实事求是、严谨治学，以诚信为基础，成为一名优秀的职业人员。
- 培养读者的安全意识，使其注重自动化代码的安全性，避免代码中出现漏洞，保护系统的安全。

2.1 项目描述

条件控制语句（即条件语句）是一种重要的结构化语句，用于根据给定条件的真假来决定程序的执行流程，可处理有多个条件的情况，实现多分支选择，或者通过模式匹配执行不同的操作。条件控制语句可以根据不同的服务器状态、网络情况等来执行不同的自动化任务，如根据服务器状态启停服务、根据文件是否存在执行相应操作等。条件控制语句也可以根据不同的数据类型、数据状态进行数据处理和转换，如根据文件类型执行不同的处理逻辑。

本项目主要介绍 Shell 条件控制的基本概念和语法，包括条件语句、if 语句和 case 条件的语法，以及编写条件控制脚本的方法等。

2.2 知识准备

2.2.1 条件表达式

Shell 脚本可以使用多种方式进行条件判断，如[[条件表达式]]、[条件表达式]、test 条件表达式等。在 Shell 脚本中，条件表达式用于根据给定条件的真假决定执行不同的操作。条件表达式可以包含比较运算符、逻辑运算符、文件测试运算符、字符串运算符和正则表达式（Regular Expression）等，用于构建复杂的逻辑判断。

V2-1 条件表达式

test 命令和方括号"[]"都可用于检测某个条件是否成立，并返回相应的退出状态码。test 通常与方括号一起使用，它们具有相同的功能。

test 命令的基本语法如下。

```
test expression
[ expression ]
```

其中，test expression 和 [expression] 是等价的，expression 是一个条件表达式，用于进行条件判断。需要注意的是，通过方括号使用条件语句时，条件表达式两侧必须有空格。

常见的关系运算符如表 2-1 所示。

表 2-1 常见的关系运算符

序号	符号	描述
1	-eq	等于（equal）
2	-ne	不等于（not equal）
3	-lt	小于（less than）
4	-le	小于或等于（less than or equal）
5	-gt	大于（greater than）
6	-ge	大于或等于（greater than or equal）

Shell 支持对不同文件类型的判断。文件测试操作符用于测试文件的各种属性，其格式是一个方括号内放置一个文件测试运算符和文件的路径。常见的文件测试运算符如表 2-2 所示。

表 2-2 常见的文件测试运算符

序号	符号	描述
1	-e	判断文件或目录是否存在
2	-f	判断文件存在且为普通文件
3	-d	判断文件存在且为目录
4	-b	判断文件存在且为块设备文件
5	-c	判断文件存在且为字符设备文件
6	-r	判断文件存在且当前用户具有可读权限
7	w	判断文件存在且当前用户具有可写权限
8	-x	判断文件存在且当前用户具有可执行权限

常见的比较运算符如表 2-3 所示。

表 2-3　常见的比较运算符

序号	符号	描述
1	==	等于
2	!=	不等于
3	<	小于
4	<=	小于或等于
5	>	大于
6	>=	大于或等于

常见的字符串运算符如表 2-4 所示。

表 2-4　常见的字符串运算符

序号	符号	描述
1	=	检查两个字符串是否相等
2	!=	检查两个字符串是否不相等
3	-z	检查字符串是否为空，如果字符串长度为 0（空字符串），则条件为真
4	-n	检查字符串是否非空，如果字符串长度大于 0（非空字符串），则条件为真

常见的逻辑运算符如表 2-5 所示。

表 2-5　常见的逻辑运算符

序号	符号	描述
1	-a 或&&	逻辑与，所有条件均为真时，结果为真
2	-o 或||	逻辑或，只要有一个条件为真，整个表达式的结果就为真
3	!	逻辑非，当条件为真时，结果为假

2.2.2　if 语句

在 Shell 脚本中，if 语句用于根据给定的条件决定是否执行特定的代码块。常见的 if 语句有单分支 if 语句、双分支 if 语句和多分支 if 语句。

if 语句的基本语法如下。

```
if [ condition ]
then
  # 在 condition 条件表达式为真时执行的代码块
else
  # 在 condition 条件表达式为假时执行的代码块（可选）
fi
```

其中，condition 表示一个条件表达式。条件表达式通常包含在方括号或双方括号“[[ ]]”中。如果条件表达式的结果为真，则执行 then 部分的代码块。

V2-2　if 语句

关键字 else 表示在条件为假时执行的代码块的开始位置，如果不需要在条件为假时执行特定的代码块，则 else 部分可以省略。

then 和 fi 关键字是 if 语句的必要部分，它们分别表示条件为真时要执行的语句块的开始和结束位置。

if 语句可以使用多分支结构来根据不同的条件选择执行不同的代码块。多分支结构使用 elif 关键字来添加额外的条件和代码块。

多分支 if 语句的基本语法如下。

```
if [ condition1 ]
then
    # 在 condition1 条件表达式为真时执行的代码块
elif [ condition2 ]
then
    # 在 condition2 条件表达式为真时执行的代码块
elif [ condition3 ]
then
    # 在 condition3 条件表达式为真时执行的代码块
...
else
    # 当所有条件都不为真时执行的代码块
fi
```

在多分支 if 语句中，首先检查条件 1 是否为真。如果条件 1 为真，则执行对应的代码块后跳出多分支 if 语句；如果条件 1 不为真，则继续检查条件 2。如果条件 2 为真，则执行对应的代码块后跳出多分支 if 语句。以此类推，直到找到满足条件的分支，执行对应的代码块。如果所有条件都不为真，则执行 else 部分的代码块。

在实际的脚本编写中，可以根据具体需求添加多个 elif 分支来处理更多的条件，实现更复杂的逻辑判断和操作。多分支 if 语句常用于根据不同的条件执行不同的分支逻辑，如根据不同的用户输入做出不同的响应、根据不同的文件状态执行不同的操作等。

2.2.3 case 语句

V2-3 case 语句

在 Shell 脚本中，case 语句用于根据不同的模式（pattern，即模式匹配）选择执行不同的代码块。case 语句通常用于替代多个嵌套的 if 语句，以提供更简洁、可读性更好的代码结构。

case 语句的基本语法如下。

```
case expression in
    pattern1)
        # 匹配 pattern1 执行的代码块
        ;;
    pattern2)
        # 匹配 pattern2 执行的代码块
        ;;
    pattern3)
        # 匹配 pattern3 执行的代码块
        ;;
    ...
    *)
        # 默认情况下执行的代码块
        ;;
esac
```

在 case 语句中，首先对 expression 进行匹配，然后根据匹配结果选择执行对应的代码块。每个模式以右括号“)”结束。如果 expression 与某个模式匹配，则对应的代码块会被执行，代码块结束时使用双分号“;;”来表示跳出 case 语句。

如果 expression 不与任何模式匹配，则执行默认的代码块。*)表示默认模式，用于在所有模式都不匹配时执行默认的代码块。

在 case 条件表达式中，可以使用一些特殊符号进行模式匹配，以便在多个模式中选择并执行相应的代码块。常见的 case 条件表达式模式匹配符如表 2-6 所示。

表 2-6 常见的 case 条件表达式模式匹配符

序号	符号	描述

1	*	匹配任意长度的字符串。例如，
		fruit="apple"
		case $fruit in
		  a*)
		    echo "以 a 开头的水果";;
		  *)
		    echo "其他水果";;
		esac

2	?	匹配任意单个字符

3	!	取反符，用于匹配不在方括号中的任意一个字符。例如，
		var="x"
		case $var in
		  [!abc])
		    echo "Matched.";;
		  *)
		    echo "Not matched.";;
		esac
		这段代码用于匹配任意一个不是 a、b 和 c 的字符

4	-	连字符，用于表示字符范围。例如，
		var="x"
		case $var in
		  [a-z])
		    echo "Matched.";;
		  *)
		    echo "Not matched.";;
		esac
		这段代码用于匹配任意一个小写字母字符。
		var="1"
		case $var in
		  [0-9])
		    echo "Matched.";;
		  *)
		    echo "Not matched.";;
		esac
		这段代码用于匹配任意一个数字字符

5	[[:class:]]	匹配字符类别。一些常见的字符类别如下。 [:alnum:]：匹配任意字母或数字字符。[:alpha:]：匹配任意字母字符。 [:digit:]：匹配任意数字字符。[:lower:]：匹配任意小写字母字符。 [:upper:]：匹配任意大写字母字符

2.3 项目实训

【实训任务】

本实训的主要任务是编写简单的条件语句脚本，使用 if 语句、case 语句实现 Shell 脚本流程控制和错误处理，以提高 Shell 脚本的逻辑处理能力。

【实训目的】

（1）理解 Shell 编程流程控制的基本概念。

（2）掌握 Shell 条件语句的使用方法。

（3）掌握 if 语句的基本语法，能够编写 if 语句流程控制脚本。

（4）掌握 case 语句的基本语法，能够编写 case 语句流程控制脚本。

【实训内容】

（1）使用 test 和方括号条件语句进行条件控制。

（2）使用 if 语句编写流程控制脚本。

（3）使用 case 语句编写流程控制脚本。

【实训环境】

在进行本项目的实训操作前，提前准备好 Linux 操作系统环境，RHEL、CentOS Stream、Debian、Ubuntu、华为 openEuler、麒麟 openKylin 等常见 Linux 发行版都可以进行项目实训。

2.4 项目实施

任务 2.4.1 编写条件语句脚本

V2-4 实训-编写条件语句脚本

1. 任务描述

（1）在 Linux 操作系统中创建 Shell 脚本实现条件控制。

（2）使用 test 命令和方括号进行条件控制。在 Shell 脚本中检查文件是否存在、文件是否可写、两个整数是否相等、字符串是否为空，以及字符串是否相等。根据不同的条件结果，脚本会输出相应的消息。

2. 任务实施

（1）在 huawei 用户家目录中，创建脚本文件 test-condition01.sh。

```
[huawei@openeuler ~]# vi test-condition01.sh
# 检查文件是否存在
mkdir ~/testfile
if test -e ~/testfile; then
    echo "File exists"
else
    echo "File does not exist"
fi
# 检查文件是否可写
touch ~/www.opencloud.fun
if test -w ~/www.opencloud.fun; then
    echo "File is writable"
else
    echo "File is not writable"
```

```
fi
# 检查两个整数是否相等
a=10
b=11
if test $a -eq $b; then
   echo "a is equal to b"
else
   echo "a is not equal to b"
fi
# 检查字符串是否为空
string=www.opencloud.fun
if test -z "$string"; then
   echo "String is empty"
else
   echo "String is not empty"
fi
# 检查两个字符串是否相等
string1=www.opencloud.fun
string2=opencloud.fun
if test "$string1" = "$string2"; then
   echo "Strings are equal"
else
   echo "Strings are not equal"
fi
```

（2）在 huawei 用户家目录中，创建脚本文件 test-condition02.sh。

```
[huawei@openeuler ~]# vi test-condition02.sh
#!/bin/bash
# 检查文件是否存在
mkdir ~/testfile
if [ -e ~/testfile ]; then
   echo "File exists"
else
   echo "File does not exist"
fi
# 检查文件是否可写
touch ~/www.opencloud.fun
if [ -w ~/www.opencloud.fun ]; then
   echo "File is writable"
else
   echo "File is not writable"
fi
# 检查两个整数是否相等
a=10
b=11
if [ "$a" -eq "$b" ]; then
   echo "a is equal to b"
else
```

```
    echo "a is not equal to b"
fi
# 检查字符串是否为空
string=www.opencloud.fun
if [ -z "$string" ]; then
    echo "String is empty"
else
    echo "String is not empty"
fi
# 检查两个字符串是否相等
string1=www.opencloud.fun
string2=opencloud.fun
if [ "$string1" = "$string2" ]; then
    echo "Strings are equal"
else
    echo "Strings are not equal"
fi
```

任务 2.4.2 编写 if 语句脚本

V2-5 实训-编写 if 语句脚本

1. 任务描述

（1）在 Linux 操作系统中创建 Shell 脚本 if-user.sh，实现创建用户和设置用户密码功能。

（2）在 Linux 操作系统中创建 Shell 脚本 if-diskcheck.sh，用于检查根分区的使用率，并在使用率超过警告阈值时发送警告电子邮件至指定的电子邮箱。

（3）在 Linux 操作系统中创建 Shell 脚本 if-score.sh，用于查看分数，并根据分数确定成绩等级。

2. 任务实施

（1）在 huawei 用户家目录中，创建脚本文件 if-user.sh。

```
[huawei@openeuler ~]# vi if-user.sh
#!/bin/bash
echo "Please enter your username:"
read username
# 检查用户是否存在
if ! id "$username" >/dev/null 2>&1; then
  echo "User does not exist, please create the user"
  read -p "Please enter a username for the new user: " username
# 提示用户输入新密码
  if [ -z "$username" ]; then
    echo "Username is empty, please enter a valid username."
    exit 1
  fi
  read -s -p "Please enter a password for the new user: " password
  echo
# 检查新密码是否为空
  if [ -z "$password" ]; then
    echo "Password is empty, please enter a valid password."
```

```
    exit 1
  fi
 # 创建新用户并设置密码
  sudo useradd "$username"
  echo "$username:$password" | sudo chpasswd
  echo "User $username created successfully"
  exit 0
else
 # 提示用户输入现有用户的密码
  read -s -p "Please enter your password: " password
  echo
 # 检查密码是否为空
  if [ -z "$password" ]; then
    echo "Password is empty, please enter a valid password."
    exit 1
  fi
 # 修改现有用户的密码
  echo "$username:$password" | sudo chpasswd
  echo "Password changed successfully"
fi
```

（2）在 huawei 用户家目录中，创建脚本文件 if-diskcheck.sh。

```
[huawei@openeuler ~]# vi if-diskcheck.sh
#!/bin/bash
# 获取根分区的使用率
root_usage=$(df -h / | awk 'NR==2{print $5}' | tr -d '%')
# 设置警告阈值
warning=15
# 发送警告电子邮件至电子邮箱
email="admin@example.com"
if [ "$root_usage" -ge "$warning" ]; then
  echo "警告：根分区使用率已达到 $root_usage%。" | mail -s "磁盘空间警告" "$email"
  echo "警告电子邮件已发送至 $email。"
else
  echo "根分区使用率正常：$root_usage%。"
fi
```

（3）在 huawei 用户家目录中，创建脚本文件 if-score.sh。

```
[rhce@control ~]# vi if-score.sh
#!/bin/bash
# 读取考试分数
read -p "请输入考试分数：" score
# 判断成绩等级
if ((score >= 90)); then
   grade="优秀"
elif ((score >= 80)); then
```

```
    grade="良好"
elif ((score >= 60)); then
    grade="及格"
else
    grade="不及格"
fi
# 输出成绩等级
echo "成绩等级: $grade"
```

任务 2.4.3　编写 case 语句脚本

V2-6　实训-编写 case 语句脚本

1. 任务描述

（1）在 Linux 操作系统中创建 Shell 脚本 case-user.sh，用于检查磁盘、内存、CPU 等的使用情况。

（2）在 Linux 操作系统中创建 Shell 脚本 case-service.sh，用于启动服务、停止服务及退出程序。

2. 任务实施

（1）在 huawei 用户家目录中，创建脚本文件 case-user.sh。

```
[huawei@openeuler ~]# vi case-user.sh
#!/bin/bash
echo "请选择一个操作:"
echo "1. 查看磁盘使用情况"
echo "2. 查看内存使用情况"
echo "3. 查看 CPU 使用情况"
echo "4. 退出"
read -p "请输入数字（1-4）: " choice
case "$choice" in
  1)
    df -h
    ;;
  2)
    free -h
    ;;
  3)
    top -bn1 | head -n 10
    ;;
  4)
    echo "退出程序"
    exit 0
    ;;
  *)
    echo "无效输入"
    ;;
esac
```

（2）在 huawei 用户家目录中，创建脚本文件 case-service.sh。

```
[huawei@openeuler ~]# vi case-service.sh
#!/bin/bash
function start_service() {
  read -p "请输入服务名称： " service_name
  sudo systemctl start "$service_name"
  echo "服务 $service_name 已启动。"
}
function stop_service() {
  read -p "请输入服务名称： " service_name
  sudo systemctl stop "$service_name"
  echo "服务 $service_name 已停止。"
}
echo "请选择一个操作:"
echo "1. 启动服务"
echo "2. 停止服务"
echo "3. 退出"
read -p "请输入数字（1-3）： " choice
case "$choice" in
  1)
    start_service
    ;;
  2)
    stop_service
    ;;
  3)
    echo "退出程序"
    exit 0
    ;;
  *)
    echo "无效输入"
    ;;
esac
```

项目练习题

1．选择题

（1）用于判断一个文件是否存在且为普通文件的是（　　）。

A．-d　　B．-e　　C．-f　　D．-r

（2）在 Shell 脚本中，用于判断两个整数是否相等的是（　　）。

A．-eq　　B．-lt　　C．-ne　　D．-gt

（3）if 语句的基本语法是（　　）。

A．if [condition]　　B．if (condition)　　C．if { condition }　　D．if < condition >

（4）在 Shell 脚本中，用于实现多条件选择语句的是（　　）。

A．if　　B．else　　C．case　　D．for

（5）在 Shell 脚本中，用于实现条件控制的结束的是（　　）。

A．endif　　B．end　　C．done　　D．fi

（6）在 Shell 脚本中，用于实现多个条件的逻辑或关系的是（　　）。

A．||　　B．&&　　C．or　　D．and

（7）在 if 语句的基本语法中，用于执行条件为假对应的代码块的关键字是（　　）。

A．if　　B．then　　C．else　　D．fi

（8）在 if 语句的基本语法中，用于处理存在多个条件的情况的关键字是（　　）。

A．elif　　B．if　　C．then　　D．else

2．实训题

（1）在 Shell 脚本中，编写一个 if 语句，判断一个整数是否为偶数，如果是，则输出“是偶数”，否则输出“是奇数”。

（2）在 Shell 脚本中，编写一个 if 语句，判断一个字符是否为大写字母、小写字母或数字，并分别输出对应的提示信息。

（3）在 Shell 脚本中，编写一个 if 语句，判断一个文件是否存在且为目录，如果是，则输出该目录的信息，否则输出“该目录不存在”。

（4）在 Shell 脚本中，编写一个 case 语句，根据用户输入的数字，其取值为 1～5，分别输出对应的内容（1 表示计算机网络，2 表示 Linux 操作系统，3 表示云计算 OpenStack，4 表示容器云 Kubernetes 和 OpenShift，5 表示 Ansible 自动化）。

（5）在 Shell 脚本中，编写一个 if 语句，判断一个字符串是否为空，如果是，则输出“字符串为空”，否则输出字符串的长度。

（6）在 Shell 脚本中，编写一个 if 语句，判断当前系统的 CPU 使用率是否超过 80%，并输出相应的监控信息。

（7）在 Shell 脚本中，编写一个 if 语句，判断当前操作系统的类型，并输出相应的测试信息。

项目 3 Shell循环控制

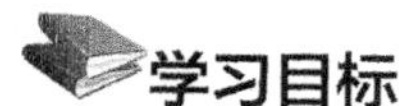

学习目标

【知识目标】

- 了解 Shell 循环控制的基本概念。
- 了解 for 语句、while 语句的基本语法。
- 了解 until 语句、break 语句、continue 语句、select 语句和 exit 语句的用法。

【技能目标】

- 掌握 for 语句的基本语法。
- 掌握 while 语句的基本语法。
- 掌握 until 语句、break 语句、continue 语句、select 语句和 exit 语句的使用方法。

【素质目标】

- 培养读者系统分析与解决问题的能力，使其能够深入分析问题，掌握相关知识点，并在实践中高效地完成项目任务。
- 培养读者的信息素养和学习能力，使其能够灵活运用正确的学习方法和技巧，快速掌握新知识和技能，不断学习和进步。
- 培养读者诚信、务实和严谨的职业素养，使其在自动化管理工作中保持诚信态度，踏实工作，严谨细致，提高服务质量和工作效率。

3.1 项目描述

循环控制语句（即循环语句）可用于实现重复执行某个操作的功能，根据循环条件来控制循环的次数和执行的操作。循环语句广泛应用于 Shell 自动化运维中，可以用于处理大量数据和文件、执行批量任务、定时执行任务、监控系统状态等多种场景。合理运用循环语句可以提高自动化运维的效率和灵活性。

本项目主要介绍 Shell 循环控制语句的基本概念和语法，包括 for 语句、while 语句、until 语句、select 语句、break 语句、continue 语句、exit 语句的基本语法，以及编写循环控制脚本的方法等。

3.2 知识准备

3.2.1 for 语句

V3-1 for 语句

在 Shell 脚本中，for 语句常用于遍历一组数据并执行相应的操作，例如，将指定的变量依次赋为给定的值或列表中的值，然后执行一系列命令，直到数据列表中的所有值都被处理完毕。

for 语句的基本语法如下。

```
for variable in list
do
  循环体
done
```

其中，variable 表示一个变量，用于存储数据列表迭代过程中当前元素的值；list 表示一个包含一组数据的列表，可以是用空格分隔的多个元素，也可以是一个命令的输出结果，其数据可以是手动定义的值，也可以是通过通配符、命令替换等动态生成的值；在循环体中，可以使用变量名来引用每个元素，执行相应的命令或语句。

下面是使用 for 语句输出一组数字的示例，变量名 i 用于存储数字 1～10，在循环体中使用 echo 命令输出每个数字。

```
#!/bin/bash
for i in {1..10}
do
    echo $i
done
```

除了使用花括号表示数字的范围之外，还可以使用数组、命令输出等多种方式指定数据列表。在下面的示例中，变量名 fruit 用于存储数组中的每个元素，在循环体中使用 echo 命令输出数组中的每个元素。

```
#!/bin/bash
# 使用数组指定数据列表
arr=("apple" "banana" "orange")
for fruit in ${arr[@]}
do
    echo $fruit
done
```

在下面的示例中，使用 for 语句将当前目录中所有以.sh 结尾的文件名逐行输出到终端。

```
#!/bin/bash
# 使用命令输出指定数据列表
for file in $(ls *.sh)
do
    echo $file
done
```

3.2.2 while、until 和 select 语句

V3-2 while、until 和 select 语句

在 Shell 脚本中，除了 for 语句外，还可以使用 while、until 和 select 语句实

现循环控制。

1. while 语句

while 语句用于根据指定的条件重复执行一系列命令，在循环开始前先判断条件是否成立，只有条件成立时才会执行循环体中的命令，直到条件不成立，循环终止。

while 语句的基本语法如下。

```
while condition
do
    循环体
done
```

其中，condition 表示一个表达式或命令，用于定义循环的条件，在每次循环开始前，条件都会被检查，如果条件为真，则循环体中的代码将被执行；如果条件为假，则循环将终止。do 是一个关键字，用于标记循环体的开始位置。循环体中的代码是需要重复执行的，可以执行一系列 Shell 命令。

使用 while 语句输出 1～10 中的整数，例如：

```
#!/bin/bash
i=1
while [ $i -le 10 ]
do
    echo $i
    i=$((i+1))
done
```

2. until 语句

until 语句和 while 语句的作用类似，都是根据指定的条件重复执行一系列命令。与 while 语句不同的是，until 语句在循环开始前先判断条件是否不成立，只有条件不成立时才会执行循环体中的命令，直到条件成立，循环终止。

until 语句的基本语法如下。

```
until condition
do
    循环体
done
```

其中，condition 表示一个表达式或命令，用于定义循环的条件，在每次循环开始前，条件都会被检查，如果条件为假，则循环体中的代码将被执行；如果条件为真，则循环将终止。

使用 until 语句输出 1～10 中的整数，例如：

```
#!/bin/bash
i=1
until [ $i -gt 10 ]
do
    echo $i
    i=$((i+1))
done
```

3. select 语句

select 语句用于显示一个菜单供用户选择，根据用户的选择执行相应的操作，即在循环开始前显示一个菜单，然后等待用户选择，根据用户输入的序号执行相应的操作，直到用户选择退出。

select 语句的基本语法如下。

```
select variable in option
```

```
do
    循环体
done
```

其中，variable 表示保存用户选择结果的变量；option 表示一系列供用户选择的选项，用于显示菜单，可以有任意多个选项，以空格分隔；循环体中的代码用于处理用户选择，可以根据用户选择执行相应的操作。

使用 select 语句显示一个菜单，例如：

```
#!/bin/bash
PS3="请选择一个操作："
options=("查看系统信息" "查看磁盘使用情况" "查看当前进程" "退出")
select opt in "${options[@]}"
do
    case $opt in
        "查看系统信息")
            echo "系统信息："
            uname -a
            ;;
        "查看磁盘使用情况")
            echo "磁盘使用情况："
            df -h
            ;;
        "查看当前进程")
            echo "当前进程："
            ps aux
            ;;
        "退出")
            break
            ;;
        *)
            echo "无效的操作，请重新选择"
            ;;
    esac
done
```

3.2.3 break、continue 和 exit 语句

V3-3 break、continue 和 exit 语句

在 Shell 脚本中，break 和 continue 是控制流程的关键字，它们通常用于循环语句中，以控制循环的执行；exit 语句则用于终止当前脚本的执行。

1. break 语句

break 语句用于在循环中立即终止循环的执行，并跳出循环体，继续执行循环之后的代码。它的作用是提前终止循环，不再执行循环体中的剩余代码。

break 语句的基本语法如下。

```
while condition
do
    # 循环体
```

```
    if condition
    then
        break
    fi
    # 更多操作
done
```

在上述语法中，break 语句通常包含在一个条件语句中。当满足某个条件时，break 语句会立即跳出循环，终止循环的执行。

2. continue 语句

continue 语句用于在循环中跳过当前迭代，继续下一次循环的执行。它的作用是跳过当前迭代中剩余的代码，继续下一次循环的执行。

continue 语句的基本语法如下。

```
while condition
do
    # 循环体
    if condition
    then
        continue
    fi
    # 更多操作
done
```

通过使用 break 语句和 continue 语句，可以在循环中根据特定条件提前终止循环或跳过部分迭代，灵活控制循环的执行流程。

3. exit 语句

exit 语句用于终止当前脚本的执行，当执行到 exit 语句时，脚本会立即停止，不再执行后续的代码。通常，exit 语句用于在满足某些条件时，强制终止脚本的执行。例如，当程序出现错误或异常时，可以使用 exit 语句终止脚本的执行。

exit 语句的基本语法如下。

```
exit [n]
```

在上述语法中，n 是一个整数，表示脚本的退出状态码。通常，0 表示脚本执行成功，非零值表示不同的错误或异常情况。如果指定了 n，则退出状态码为指定的值。

3.3 项目实训

【实训任务】

本实训的主要任务是使用 for、while 等语句编写循环控制脚本，从而提高 Shell 脚本的逻辑处理能力。

【实训目的】

（1）理解循环控制的基本概念。

（2）掌握 for 语句的基本语法，能够编写 for 循环控制脚本。

（3）掌握 while 语句的基本语法，能够编写 while 循环控制脚本。

【实训内容】

（1）编写 Shell 脚本，使用 for 语句循环遍历备份目录列表，依次对每个目录进行备份，并将备份文件传输到远程服务器。

（2）编写 Shell 脚本，使用 for 语句监控系统的 CPU 和内存使用情况，定期输出监控数据。

（3）编写 Shell 脚本，使用 while 语句创建用户并设置其密码。

（4）编写 Shell 脚本，使用 while 语句监控当前系统的网络连接信息。

【实训环境】

在进行本项目的实训操作前，提前准备好 Linux 操作系统环境，RHEL、CentOS Stream、Debian、Ubuntu、华为 openEuler、麒麟 openKylin 等常见 Linux 发行版都可以进行项目实训。

3.4 项目实施

任务 3.4.1 编写 for 语句脚本

1. 任务描述

（1）在 Linux 操作系统中创建 Shell 脚本 for-multiplication.sh，使用 for 语句输出九九乘法表。

（2）在 Linux 操作系统中创建 Shell 脚本 for-backup.sh，通过 for 语句遍历备份目录列表，依次对每个目录进行备份，并将备份文件传输到远程服务器。

（3）在 Linux 操作系统中创建 Shell 脚本 for-monitor.sh，使用 for 语句监控系统的 CPU 和内存使用情况，定期输出监控数据。

V3-4 实训-编写 for 语句脚本

2. 任务实施

（1）在 huawei 用户家目录中，创建脚本文件 for-multiplication.sh。

```
[huawei@openeuler ~]# vi for-multiplication.sh
#!/bin/bash
for ((i=1; i<=9; i++))
do
    for ((j=1; j<=i; j++))
    do
        product=$((i * j))
        echo -n "$i*$j=$product "
    done
    echo
done
```

（2）在 huawei 用户家目录中，创建脚本文件 for-backup.sh。

```
[huawei@openeuler ~]# vi for-backup.sh
#!/bin/bash
backup_dirs=("/etc" "/mnt" "/tmp")
dest_dir="/tmp"
dest_server="node1"
backup_date=$(date +%b-%d-%y)
echo "Starting backup of: ${backup_dirs[@]}"
for i in "${backup_dirs[@]}"; do
sudo tar -Pczf /tmp/$i-$backup_date.tar.gz $i
if [ $? -eq 0 ]; then
echo "$i backup succeeded."
else
echo "$i backup failed."
```

```
fi
scp /tmp/$i-$backup_date.tar.gz $dest_server:$dest_dir
if [ $? -eq 0 ]; then
echo "$i transfer succeeded."
else
echo "$i transfer failed."
fi
done
sudo rm /tmp/*.gz
echo "Backup is done."
```

（3）在 huawei 用户家目录中，创建脚本文件 for-monitor.sh。

```
[huawei@openeuler ~]# vi for-monitor.sh
#!/bin/bash
# 监控时间间隔（单位为 s）
interval=3
# 循环次数
max_loops=10
# 监控 CPU 和内存使用情况
for ((i=1; i<=$max_loops; i++))
do
    timestamp=$(date +%H:%M:%S)
    # 获取 CPU 使用率
    cpu_usage=$(top -bn1 | grep "Cpu(s)" | awk '{print $2 + $4}')
    # 获取内存使用率
    mem_usage=$(free | grep Mem | awk '{print $3/$2 * 100.0}')
    echo "[$timestamp] CPU 使用率: $cpu_usage%   内存使用率: $mem_usage%"
    sleep $interval
done
```

任务 3.4.2 编写 while 语句脚本

V3-5 实训-编写 while 语句脚本

1. 任务描述

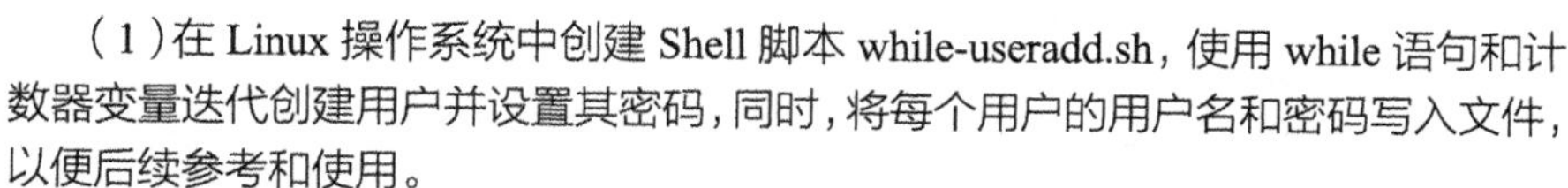

（1）在 Linux 操作系统中创建 Shell 脚本 while-useradd.sh，使用 while 语句和计数器变量迭代创建用户并设置其密码，同时，将每个用户的用户名和密码写入文件，以便后续参考和使用。

（2）在 Linux 操作系统中创建 Shell 脚本 while-userdel.sh，使用 while 语句和计数器变量迭代删除用户。在循环内部，通过 id 命令检查用户是否存在，如果存在则使用 userdel 命令删除用户，否则输出用户不存在的信息。

（3）在 Linux 操作系统中创建 Shell 脚本 while-netstat.sh，用于监控当前系统的网络连接信息。

2. 任务实施

（1）在 huawei 用户家目录中，创建脚本文件 while-useradd.sh。

```
[huawei@openeuler ~]# vi while-useradd.sh
#!/bin/bash
# 创建一个文件用于存储用户名及其密码
password_file="passwords.txt"
> "$password_file"  # 清空文件内容
```

```
count=1
# 循环创建 10 个用户
while [ $count -le 10 ]
do
    # 生成随机密码
    password=$(openssl rand -base64 12 | tr -dc 'a-zA-Z0-9' | head -c 10)
    # 创建用户
    username="user$count"
    useradd "$username"
    # 设置密码
    echo "$username:$password" | chpasswd
    # 将用户名及其密码写入文件
    echo "Username: $username" >> "$password_file"
    echo "Password: $password" >> "$password_file"
    echo "---------------------" >> "$password_file"
    count=$((count + 1))
done
echo "用户创建和密码设置完成！密码已保存到 $password_file 文件中。"
```

（2）在 huawei 用户家目录中，创建脚本文件 while-userdel.sh。

```
[huawei@openeuler ~]# vi while-userdel.sh
#!/bin/bash
count=1
# 循环删除 10 个用户
while [ $count -le 10 ]
do
    username="user$count"
    # 检查用户是否存在
    if id "$username" >/dev/null 2>&1; then
        # 删除用户
        userdel -r "$username"
        echo "用户 $username 删除成功。"
    else
        echo "用户 $username 不存在。"
    fi
    count=$((count + 1))
done
```

（3）在 huawei 用户家目录中，创建脚本文件 while-netstat.sh。

```
[huawei@openeuler ~]# vi while-netstat.sh
#!/bin/bash
# 循环执行 netstat 和 grep 命令
while true; do
  # 获取 HTTP 服务连接信息
  HTTP_CONNECTIONS=$(netstat -an | grep :80)
  # 统计 HTTP 服务监听状态的连接数量
```

```
    LISTEN_CONNECTIONS=$(echo "$HTTP_CONNECTIONS" | grep "LISTEN" | wc -l)
    # 统计 HTTP 服务建立连接的数量
    ESTABLISHED_CONNECTIONS=$(echo "$HTTP_CONNECTIONS" | grep "ESTABLISHED" | wc -l)
    # 统计 HTTP 服务连接的总数
    TOTAL_CONNECTIONS=$(echo "$HTTP_CONNECTIONS" | wc -l)
    # 输出统计信息
    echo "HTTP connections in LISTEN state: $LISTEN_CONNECTIONS"
    echo "HTTP connections in ESTABLISHED state: $ESTABLISHED_CONNECTIONS"
    echo "Total HTTP connections: $TOTAL_CONNECTIONS"
    # 等待 2s
    sleep 2
done
```

项目练习题

1. 选择题

（1）用于遍历数组中元素的 for 语句是（　　）。

A. for i in {1..5}; do echo $i; done　　B. for i in (1 2 3 4 5); do echo $i; done

C. for i in [1 2 3 4 5]; do echo $i; done　　D. for i in 1 2 3 4 5; do echo $i; done

（2）在 Shell 脚本中，输出数字 1～10 中的所有偶数的 for 语句是（　　）。

A. for i in {1..10}; do if [$((i % 2)) -eq 0]; then echo $i; fi; done

B. for i in (1 2 3 4 5 6 7 8 9 10); do if [$((i % 2)) -eq 0]; then echo $i; fi; done

C. for i in 1 3 5 7 9; do echo $i; done

D. for i in {2..10..2}; do echo $i; done

（3）在 Shell 脚本中，遍历一个目录中的所有文件的 for 语句是（　　）。

A. for file in $(ls /path/to/directory); do echo $file; done

B. for file in ls /path/to/directory; do echo $file; done

C. for file in /path/to/directory/*; do echo $file; done

D. for file in /path/to/directory; do echo $file; done

（4）在 Shell 脚本中，读取一个文本文件的内容并输出的 for 语句是（　　）。

A. for line in $(cat file.txt); do echo $line; done

B. for line in (cat file.txt); do echo $line; done

C. for line in file.txt; do echo $line; done

D. for line in $(file.txt); do echo $line; done

（5）在 Shell 脚本中，遍历一个数组并输出数组元素总和的 for 语句是（　　）。

A. sum=0; for num in (1 2 3 4 5); do sum=$((sum + num)); done; echo $sum

B. sum=0; for num in {1..5}; do sum=$((sum + num)); done; echo $sum

C. sum=0; for num in [1 2 3 4 5]; do sum=$((sum + num)); done; echo $sum

D. sum=0; for num in 1 2 3 4 5; do sum=$((sum + num)); done; echo $sum

（6）在 Shell 脚本中，计算 1～10 的所有整数的总和的 while 语句是（　　）。

A. num=1; sum=0; while [$num -le 10]; do sum=$((sum + num)); done; echo $sum

B. num=1; sum=0; while [$num -le 10]; do sum=$((sum + num)); num=$((num - 1)); done; echo $sum

C. num=1; sum=0; while [$num -le 10]; do sum=$((sum + num)); done; echo $sum

D. num=1; sum=0; while [$num -le 10]; do sum=$((sum + num)); num=$((num + 1)); done; echo $sum

（7）在 Shell 脚本中，从 1 开始输出连续的数字，直到用户输入的数字大于 10 的 while 语句是（ ）。

A. num=1; while [$num -le 10]; do echo $num; num=$((num + 1)); done

B. num=1; while [$num -le 10]; do echo $num; read num; done

C. num=1; while [$num -le 10]; do echo $num; read input; num=$((input + 1)); done

D. num=1; while [$num -le 10]; do echo $num; read num; num=$((num + 1)); done

（8）在 Shell 脚本中，输出 1～5 的数字的 until 语句是（ ）。

A. num=1; until [$num -le 5]; do echo $num; num=$((num + 1)); done

B. num=1; until [$num -ge 5]; do echo $num; num=$((num + 1)); done

C. num=1; until [$num -gt 5]; do echo $num; num=$((num + 1)); done

D. num=1; until [$num -lt 5]; do echo $num; num=$((num + 1)); done

（9）在 Shell 脚本中，使用户选择数字 1～5 的 select 语句是（ ）。

A. select num in 1,2,3,4,5; do echo $num; done

B. select num from 1 to 5; do echo $num; done

C. select num from 1,2,3,4,5; do echo $num; done

D. select num in 1 2 3 4 5; do echo $num; done

2. 实训题

（1）编写一个 Shell 脚本，在指定目录下统计所有文件的大小并输出。

（2）编写一个 Shell 脚本，使用 while 语句计算 1～100 中整数的累加和并输出结果。

（3）在某个路径中查找是否有文件存在，使用 until 语句轮询检查，直到条件为真，如果到最大重试次数也无法找到目标文件，则退出脚本。

（4）编写一个 Shell 脚本，使用 for 语句遍历指定目录下的所有文件，输出文件的名称和大小。

（5）编写一个 Shell 脚本，使用 for 语句批量重命名指定目录下文件名以 file 开头的所有文件，即在文件名后加上“_backup”。

项目 4 Shell数组与函数

04

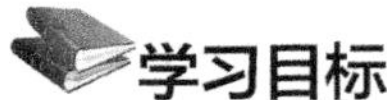

学习目标

【知识目标】

- 了解 Shell 数组的基本概念。
- 了解 Shell 函数基本概念和语法。
- 了解函数的参数和变量作用域。

【技能目标】

- 掌握数组的定义和使用方法。
- 掌握函数的定义和使用方法。
- 掌握函数参数的使用方法和变量的作用域。

【素质目标】

- 培养读者的责任感和独立思考能力，使其能够对自己的行为和决策负责，能够独立思考问题，做出明智的选择。
- 培养读者的逻辑思维能力，使其能够分析问题，形成严密的推理和论证思维。
- 培养读者的安全意识，使其注重 Shell 脚本的安全性，避免代码中出现漏洞，保护系统的安全。

4.1 项目描述

在 Shell 自动化脚本中，数组和函数是常用的工具。可以定义一个包含系统配置信息和服务器性能指标的数组，通过循环遍历数组对每个指标进行监控和报告。数组还可以用于存储一组相关数据，如 IP 地址和端口号等，可在自动化运维过程中进行快速引用和修改。通过函数可以封装常用的运维操作，如应用程序部署、日志输出和电子邮件发送。在企业项目中，利用 Shell 脚本中的函数自动化执行多个操作，可以减少重复代码的编写，提高代码的可读性和可维护性。

本项目主要介绍 Shell 数组和函数的基本概念及语法，包括创建和使用数组、遍历数组元素，以及创建和调用函数、传递函数参数、设置函数变量作用域等。

4.2 知识准备

4.2.1 创建和使用数组

V4-1 创建和使用数组

数组是一种重要的数据结构，用于存储和操作一组相关的数据。在 Shell 中，数组分为索引数组和关联数组。

1. 索引数组

索引数组是一种常见的数组类型，用于存储有序的数据集合，数组的每个元素都有一个唯一的索引标识其位置，可以使用该索引访问数组中的元素，数组的第一个元素的索引通常是 0，第二个元素的索引是 1，以此类推。

（1）定义索引数组

在 Shell 中，可以通过使用圆括号和一系列值来定义索引数组，数组元素可以是任何 Shell 支持的数据，包括字符串、数字、命令输出等。

```
my_array=(value1 value2 value3 ...)
```

其中，my_array 表示数组名；value1、value2、value3 等表示数组元素。

```
linuxos=("openeuler" "rhel" "centos" "ubuntu")
linuxversion=(9 22 10 7)
```

在上述示例中，linuxos 数组包含 openeuler、rhel、centos、ubuntu 等数组元素，linuxversion 数组包含 9、22、10、7 等数组元素。

（2）访问数组元素

索引数组的元素根据索引进行访问和操作，索引从 0 开始。

```
${my_array[index]}
```

其中，my_array 表示数组名；index 表示要访问的元素的索引。注意，数组索引从 0 开始，如果要访问数组 linuxos 的第一个元素，则可以使用${linuxos[0]}表达式。

```
linuxos=("openeuler" "rhel" "centos" "ubuntu")
echo "${linuxos[0]}"
# 输出：openeuler
```

（3）修改数组元素

可以通过索引将新值赋给数组元素来修改数组中的元素。

```
linuxos[2]="centos stream"
echo ${linuxos[2]}
# 输出：centos stream
```

（4）获取数组长度

可以使用${#array[@]}表达式获取数组的长度，即数组元素的个数。

```
length=${#linuxos[@]}
echo "数组元素个数为$length"
# 输出：数组元素个数为 4
```

（5）删除数组元素

可以使用 unset array[index] 命令删除数组元素。其中，array 表示数组名；index 表示要删除的数组元素的索引。例如，要删除数组中索引为 2 的元素，则可以执行 unset linuxos [2]命令。

```
unset linuxos [2]
```

（6）遍历数组

使用 for 语句遍历索引数组的所有元素，例如：

```
linuxos=("openeuler" "rhel" "centos" "ubuntu")
for os in "${linuxos[@]}"
do
   echo "$os"
done
```

使用 while 语句遍历索引数组的所有元素，例如：

```
linuxos=("openeuler" "rhel" "centos" "ubuntu")
len=${#linuxos[@]}
i=0
while [ $i -lt $len ]; do
   echo "${linuxos[$i]}"
   i=$((i + 1))
done
```

（7）Shell 数组表达式

在使用 for 语句和 while 语句遍历数组时，需要使用特定的表达式来访问数组的元素。数组表达式是一种特殊的语法，用于访问数组中的元素或者获取数组的长度等信息。常见的访问 Shell 数组的表达式如表 4-1 所示。

表 4-1 常见的访问 Shell 数组的表达式

序号	表达式	描述
1	${array[*]}	将数组 array 的所有元素作为一个整体返回
2	${array[@]}	将数组 array 的所有元素作为独立的值返回
3	${!array[*]}	将数组 array 的索引列表作为一个整体返回
4	${!array[@]}	将数组 array 的索引作为独立的值返回
5	${#array[@]}	返回数组 array 的元素个数
6	${#array}	返回数组 array 中索引为 0 的元素的长度
7	${array[0]}	返回数组 array 中索引为 0 的元素
8	${array[@]:1}	返回数组 array 中从索引 1 开始的所有元素
9	${array[@]:0:3}	返回数组 array 中从索引 0 开始的两个元素
10	${array}	返回数组 array 的第一个元素

2. 关联数组

关联数组是一种用于存储键值对的数据结构，数组中每个键都对应一个值。可以将关联数组视为字典（dictionary）或映射，其中键是字符串，值可以是任意类型的数据。关联数组的每个元素都有一个唯一的键与之关联。关联数组是 Bash 4.0 开始支持的数组类型。

（1）声明关联数组

```
declare -A array_name
```

（2）添加键值对

为关联数组 array_name 添加 3 个元素，每个元素由一个键和一个关联的值组成。键使用 key 表示，值使用 value 表示。

```
array_name[key1]=value1
array_name[key2]=value2
array_name[key3]=value3
```

（3）访问关联数组元素

```
echo ${array_name[key1]}
```

（4）修改关联数组元素

```
array_name[key1]="openeuler"
echo ${array_name[key1]}
# 输出：openeuler
```

（5）获取关联数组的所有键

```
echo ${!array_name[@]}
# 输出：key3 key2 key1
```

（6）遍历关联数组元素

```
for key in "${!array_name[@]}"
do
  echo "Key: $key, Value: ${array_name[$key]}"
done
# 输出：
Key: key3, Value: value3
Key: key2, Value: value2
Key: key1, Value: openeuler
```

（7）删除元素

```
unset array_name["key1"]
```

3. IFS

在 Shell 脚本中，内部字段分隔符（Internal Field Separator，IFS）是一个内部变量，用于指定分隔项目列表或值列表的分隔符。默认情况下，IFS 的值可以为空格、制表符和换行符等，也可以根据需要自定义。在特定的场景下，可以使用 IFS 分隔字符串，并将分隔后的值存储到 Shell 数组中。

IFS 的基本语法如下。

```
IFS=<separator>
```

其中，separator 表示指定的分隔符。可以使用单个字符或多个字符作为分隔符，多个字符之间不需要使用分隔符分隔开。

使用 IFS 指定一个自定义的分隔符。

```
#!/bin/bash
# 声明一个含有多个字段的字符串
string="apple,banana,orange,mango"
# 使用 IFS 指定逗号作为分隔符
IFS=","
# 将字符串分隔成多个字段并输出每个字段
for item in $string
do
  echo $item
done
# 输出：
```

```
apple
banana
orange
mango
```

在上述示例中，通过将 IFS 变量值设置为逗号，把字符串 apple,banana,orange,mango 分成了 4 个字段，最后使用 for 语句遍历数组中的每个元素并将其输出。

通过空格分隔字符串，例如：

```
line="Hello World"
IFS=" " read -ra fields <<< "$line"
echo "${fields[0]}"  # 输出: Hello
echo "${fields[1]}"  # 输出: World
```

4.2.2 创建和使用函数

函数是计算机编程中的一个重要概念，几乎所有的编程语言都支持函数。函数提供了一种结构化的方式来组织和重用代码，可以将一段逻辑相关的代码封装在一个函数中，并在需要的时候进行调用。在 Shell 中，可自定义函数并在脚本中调用，通过参数传递和返回值处理实现复杂的逻辑处理，以降低代码的重复性，提高代码的可读性和可维护性。

V4-2 创建和使用函数

1. 定义和调用函数

（1）定义函数

在 Shell 中定义函数的基本语法如下。

```
#方式 1
function_name() {
    # 函数体
}
# 方式 2
function function_name {
  # 函数体
  # return value
}
```

其中，function_name 表示函数名，函数名不能以数字开头，可以包含字母、数字和下画线；函数体位于花括号内，可以包含任意数量的命令、语句，以及可选的参数；value 表示函数的返回值，函数的返回值可以使用 return 语句指定，如果未指定返回值，则默认返回最后一个命令的退出状态码。

以下示例定义了简单的函数，用于输出当前日期和时间。

```
print_datetime() {
  echo "The current date and time are: $(date)"
}
```

（2）调用函数

定义函数后，可以在脚本中使用函数名来调用函数，也可以给函数传递参数。调用函数的基本语法如下。

```
function_name
```

或者

```
function_name [arguments]
```

其中，function_name 表示要调用的函数的名称；arguments 表示传递给函数的参数，这些参数可以是位置参数或关键字参数。

在 Shell 脚本中调用函数，输出当前日期和时间：

```
print_datetime() {
  echo "The current date and time are: $(date)"
}
print_datetime
```

2. 函数参数

在执行函数时，函数可以接收输入参数并执行相应的操作，这些参数可以是位置参数或关键字参数。

（1）位置参数

位置参数是指在函数调用时按照参数的位置顺序传递给函数的值，这些参数按照在命令行中出现的顺序从 1 开始依次编号。在函数体内部，位置参数可以通过$1，$2，$3,...,$n 的形式引用，其中，$1 表示第一个参数，$2 表示第二个参数，以此类推，$n 表示第 n 个参数。调用函数并指定传递的参数值时，这些参数值会自动赋给位置参数。常见的位置参数如表 4-2 所示。

表 4-2 常见的位置参数

序号	参数	描述
1	$0	表示当前脚本或函数的名称
2	$@	表示所有位置参数的列表，将每个位置参数作为独立的字符串返回
3	$#	表示位置参数的个数，即传递给函数的参数数量
4	$*	表示所有位置参数的列表，将所有位置参数作为一个字符串返回
5	$?	用于获取上一个命令或函数的退出状态码（返回值）。它表示上一个命令或函数的执行结果

在函数中输出不同位置参数的示例如下。

```
#!/bin/bash
function foo() {
  echo "The script name is: $0"
  echo "The first argument is: $1"
  echo "The second argument is: $2"
  echo "The number of arguments is: $#"
  echo "All arguments as a single word: $*"
  echo "All arguments as separate words: $@"
}
foo arg1 arg2 arg3
# 执行脚本
bash func-para.sh
```

在函数中使用位置参数计算两个数的和，例如：

```
# 定义一个函数，用于计算两个数的和
sum() {
    local num1=$1  # 使用第一个位置参数
```

```
    local num2=$2  # 使用第二个位置参数
    local result=$((num1 + num2))
    echo "The sum of $num1 and $num2 is: $result"
}
# 调用函数并传递位置参数
sum 10 20
```

在上述示例中，定义了一个名为 sum 的函数，它接收两个位置参数$1 和$2。在函数体内部，将位置参数的值分别赋给 num1 和 num2 变量，并使用$((num1+num2))表达式进行加法运算，得到和 result。最后调用 sum 函数执行加法运算，在函数调用中，按照顺序传递参数 10 和 20，这些参数将作为位置参数传递给函数。

（2）关键字参数

关键字参数是指在函数调用时使用关键字-值对的形式传递给函数的参数。使用关键字参数时，可以明确指定参数的名称，而不依赖于参数的位置顺序。

在函数体内部，可以使用${parameter_name}表达式访问传递的关键字参数。调用函数时，使用 parameter_name=value 的形式给函数传递参数。

在函数中使用关键字参数输出给定信息，例如：

```
#!/bin/bash
print_info() {
  name=""
  age=""
  country=""
   # 解析参数
   for arg in "$@"; do
      case "$arg" in
         name=*)
            name="${arg#*=}"
            ;;
         age=*)
            age="${arg#*=}"
            ;;
         country=*)
            country="${arg#*=}"
            ;;
      esac
  done
  # 输出结果
  echo "Name: $name"
  echo "Age: $age"
  echo "Country: $country"
}
# 调用函数，使用关键字参数传递参数值
print_info name="John" age="25" country="CHINA"
```

在上述示例中，函数 print_info 用于接收关键字参数 name、age 和 country。在函数内部，通过 for 语句将关键字参数传递给函数的参数列表$@，使用 case 语句对参数进行解析。

3. 函数返回值

在 Shell 脚本中，函数可以通过 return 语句返回一个值，返回值可以是整数，取值为 0～255。返回值用于表示函数执行的状态或结果，可以在函数调用时进行处理或判断。

当调用函数并接收其返回值时，$?变量保存了上一个命令或函数的退出状态码，可以使用$?变量获取函数的返回值。

```
function my_func() {
  local result="hello"
  return 42
}
my_func
echo "my_func returned $?"
# 执行脚本并输出结果
my_func returned 42
```

函数的返回值默认是整数，如果需要返回其他类型的值，如字符串或其他数据，则可使用 echo 命令将值输出到标准输出中，并在调用函数时使用命令替换获取返回值。

```
function my_func() {
  local result="hello"
  echo "$result"
}
result=$(my_func)
echo "my_func returned $result"
# 执行脚本并输出结果
my_func returned hello
```

在上述示例中，my_func 函数先将字符串 hello 输出到标准输出中，然后在调用 my_func 时使用命令替换将输出的字符串赋给变量 result，最终输出的结果为"my_func returned hello"。

4. 变量作用域

变量作用域指的是变量可以被访问的范围。在 Shell 函数中，变量分为全局变量和局部变量，全局变量在脚本的任何地方都可以访问，而局部变量仅在函数内部可以访问。

默认情况下，在函数内部可以直接访问和使用函数外部定义的变量，而无须使用特殊的关键字，这样的操作可能导致变量的混淆和数据的错误修改。为了避免这种情况，可以使用 local 或 declare 关键字声明局部变量，使其仅在当前函数内部有效，不会影响函数外部同名变量的值。

在函数内部使用 local 关键字声明的变量，只在该函数内部有效，函数外部无法访问。使用 local 关键字声明局部变量的基本语法如下。

```
function_name() {
    local variable_name=value
    # 函数内部代码块
}
```

使用 declare 关键字声明变量时，如果是在函数内部声明的，则为局部变量，只在该函数内部有效；如果是在函数外部声明的，则为全局变量，在整个脚本中有效。使用 declare 关键字声明局部变量的基本语法如下。

```
function_name() {
    declare variable_name=value
```

```
    # 函数内部代码块
}
```

注意：定义函数并不会立即执行，必须显式地调用这个函数时，函数内的代码才会运行。未被调用的函数，其内部的代码和变量（无论是全局变量还是局部变量）都不会被使用。

全局变量和使用 local 声明的局部变量的作用域的示例如下：

```
#!/bin/bash
# 全局变量
global_variable="Global"
function my_function() {
    # 局部变量
    local local_variable="Local"
    echo "Inside function: $local_variable"
    echo "Inside function: $global_variable"
}
echo "Outside function: $local_variable"
echo "Outside function: $global_variable"
# 调用函数
my_function
# 执行脚本并输出结果
Outside function:
Outside function: Global
Inside function: Local
Inside function: Global
```

在上述示例中，global_variable 是全局变量，可以在函数内部和函数外部访问；local_variable 是在函数内部使用 local 关键字声明的局部变量，只在函数内部有效，函数外部无法访问。

全局变量和使用 declare 声明的局部变量的作用域的示例如下。

```
global_var="Global Variable"
modify_variable() {
    declare -l local_var="LOWercase"
    echo "Inside the function:"
    echo "Global variable: $global_var"
    echo "Local variable: $local_var"
}
modify_variable
echo "Outside the function:"
echo "Global variable: $global_var"
echo "Local variable: $local_var"
# 执行脚本并输出结果
Inside the function:
Global variable: Global Variable
Local variable: lowercase
Outside the function:
Global variable: Global Variable
Local variable:
```

在上述示例中，在函数内部使用 declare 关键字声明的 local_var 变量同样仅在函数内部可见，并且通过 -l 选项将其值强制转换为小写形式。

local 关键字声明的变量只在当前函数内部可见，不会影响函数外部的同名变量。local 关键字没有额外的选项或参数，只是简单地声明变量为局部变量。declare 关键字可以声明局部变量和全局变量，并提供了更多的选项和参数用于设置变量的类型及属性。

4.3 项目实训

【实训任务】

本实训的主要任务是通过定义和操作数组实现对多个数据的集合的存储和处理，使用函数参数给函数传递数据并根据参数的值执行相应的操作，以及编写函数完成特定的任务等。

【实训目的】

（1）掌握索引数组的定义方法，使用数组编写 Shell 脚本。

（2）掌握关联数组的定义方法，使用数组编写 Shell 脚本。

（3）掌握函数的定义方法，编写 Shell 函数脚本。

（4）掌握函数参数的使用方法和变量作用域，编写 Shell 函数脚本。

【实训内容】

（1）编写 Shell 脚本，使用数组实现连接状态统计。

（2）编写 Shell 脚本，使用数组实现网站日志统计。

（3）编写 Shell 脚本，使用函数实现冒泡排序。

（4）编写 Shell 脚本，使用函数实现计数和快速排序。

【实训环境】

在进行本项目的实训操作前，提前准备好 Linux 操作系统环境，RHEL、CentOS Stream、Debian、Ubuntu、华为 openEuler、麒麟 openKylin 等常见 Linux 发行版都可以进行项目实训。

4.4 项目实施

任务 4.4.1 编写 Shell 数组脚本

V4-3 实训-编写 Shell 数组脚本

1. 任务描述

（1）在 Linux 操作系统中创建 Shell 脚本 array-count.sh，根据输入的操作系统和版本文件内容，统计不同操作系统出现的次数，输出每种操作系统的计数结果。

（2）在 Linux 操作系统中创建 Shell 脚本 array-shelltype.sh，根据系统/etc/passwd 文件中的用户信息，统计不同 Shell 类型的用户数量，输出每种 Shell 类型的用户数量。

（3）在 Linux 操作系统中创建 Shell 脚本 array-stat.sh，统计系统中不同状态的网络连接，输出每种状态及其连接数量。

2. 任务实施

（1）在 huawei 用户家目录中，创建脚本文件 array-count.sh。

```
[huawei@openeuler ~]# cat osversion.txt
Openeuler,linux
RHEL9,linux
Ubuntu22,linux
```

```
Debian,linux
Solaris,unix
IBM-AIX,unix
HP-UX,unix
[huawei@openeuler ~]# cat array-count.sh
#!/bin/bash
# 声明一个关联数组以存储操作系统计数
declare -A os_count
# 逐行读取文件
while IFS=',' read -r name os
do
    # 增加当前操作系统计数
    ((os_count[$os]++))
done < osversion.txt
# 输出操作系统计数
echo "Operate System Count:"
for os in "${!os_count[@]}"
do
    echo "$os: ${os_count[$os]}"
done
```

（2）在 huawei 用户家目录中，创建脚本文件 array-shelltype.sh。

```
[huawei@openeuler ~]# cat array-shelltype.sh
#!/bin/bash
declare -A shells
while IFS=':' read -r user _ _ _ _ _ shell _; do
    shells[$shell]=$((shells[$shell] + 1))
done < /etc/passwd
for shell in "${!shells[@]}"; do
    echo "Shell $shell is used by ${shells[$shell]} users"
done
```

（3）在 huawei 用户家目录中，创建脚本文件 array-stat.sh。

```
[huawei@openeuler ~]# cat array-stat.sh
#!/bin/bash
declare -A connections
while read line; do
    state=$(echo $line | awk '{print $2}')
    if [ -z "${connections[$state]}" ]; then
        connections[$state]=1
    else
        connections[$state]=$((connections[$state] + 1))
    fi
done < <(ss -an | awk '{print $1,$2}')
for state in "${!connections[@]}"; do
    echo "State $state: ${connections[$state]}"
done
```

任务 4.4.2　编写 Shell 函数脚本

V4-4　实训-编写 Shell 函数脚本

1. 任务描述

（1）在 Linux 操作系统中创建 Shell 脚本 func-fibonacci.sh，通过定义函数和循环计算，实现生成斐波那契数列并将其输出的功能。

（2）在 Linux 操作系统中创建 Shell 脚本 func-bubble-sort.sh，通过冒泡排序算法实现对数组的排序，通过函数和循环完成排序过程，最终输出原始数组和排序后的数组。

（3）在 Linux 操作系统中创建 Shell 脚本 func-process-check.sh，获取并输出当前 CPU 使用率排名前 5 的进程信息。

2. 任务实施

（1）在 huawei 用户家目录中，创建脚本文件 func-fibonacci.sh。

```
[huawei@openeuler ~]# cat func-fibonacci.sh
#!/bin/bash
# 定义函数用于生成斐波那契数列
generate_fibonacci() {
    local n=$1
    local fib_sequence=()
    # 初始化前两个数
    fib_sequence[0]=0
    fib_sequence[1]=1
    # 计算并存储数列中的下一个元素
    for ((i=2; i<=n; i++))
    do
        fib_sequence[i]=$((fib_sequence[i-1] + fib_sequence[i-2]))
    done
    # 将数列作为返回值
    echo "${fib_sequence[@]}"
}
# 调用函数生成并输出斐波那契数列
fibonacci_sequence=$(generate_fibonacci 20)
echo "Fibonacci Sequence:"
echo $fibonacci_sequence
```

（2）在 huawei 用户家目录中，创建脚本文件 func-bubble-sort.sh。

```
[huawei@openeuler ~]# cat func-bubble-sort.sh
#!/bin/bash
function bubble_sort {
    local arr=("$@")
    local n=${#arr[@]}
    local temp
    for((i=0; i<n-1; i++)); do
        for((j=0; j<n-i-1; j++)); do
            if [[ ${arr[j]} -gt ${arr[$((j+1))]} ]]; then
                temp=${arr[j]}
                arr[$j]=${arr[$((j+1))]}
                arr[$((j+1))]=$temp
```

```
            fi
        done
    done
    echo ${arr[@]}
}
arr=(5 3 8 4 1)
sorted_arr=($(bubble_sort ${arr[@]}))
echo "Original array: ${arr[@]}"
echo "Sorted array: ${sorted_arr[@]}"
```

（3）在 huawei 用户家目录中，创建脚本文件 func-process-check.sh。

```
[huawei@openeuler ~]# cat func-process-check.sh
#!/bin/bash
# 定义函数，获取并输出 CPU 使用率排名前 5 的进程信息
get_top_processes() {
    # 使用 top 命令获取进程信息
    top_output=$(top -b -n 1 -o %CPU)
    # 提取前 5 个进程的信息
    top_processes=$(echo "$top_output" | awk 'NR>7 {print $1, $9, $12}' | head -n 5)
    # 输出前 5 个进程的 PID、CPU 使用率和进程正在执行的实际命令
    echo "Top 5 processes by CPU usage:"
    counter=0
    while read -r pid cpu command; do
        cpu=$(echo "$cpu" | awk '{printf "%.1f%%", $1}')
        echo "PID: $pid, CPU Usage: $cpu, Command: $command"
        ((counter++))
        if [[ $counter -eq 5 ]]; then
            break
        fi
    done <<< "$top_processes"
}
# 调用函数
get_top_processes
```

网络经纬

中国开源软件推进联盟

中国开源软件推进联盟的成立，是我国开源生态发展历程中的重要节点。早在20世纪90年代末，我国就开始接触开源软件，当时由于技术水平和知识产权意识的限制，开源软件在我国并未引起广泛关注。然而，随着互联网的兴起和国内技术人才的崛起，我国开始逐渐重视开源软件的潜力和价值。自2000年起，一些国内企业和高校开始引入和使用开源软件，如Linux操作系统和Apache Web服务器等。这为我国开源软件的发展奠定了基础。

随着对开源软件认识的深入，我国在2004年成立了中国开源软件推进联盟，旨在推广开源软件的应用和发展。在该联盟的推动下，越来越多的国内研究所和企业开始开源软件的研

发，如中国科学院软件研究所、华为、阿里巴巴等，它们积极参与开源社区建设，贡献代码和技术，推动了国内开源软件的蓬勃发展。

中国开源软件推进联盟的成立，标志着我国开源软件生态的进一步壮大与完善。该联盟汇聚政府、企业、高校、社区等各方力量，共同推动开源软件的应用与创新，加强国内开源社区建设，培养更多开源人才，推动开源软件的国际化合作与交流。该联盟的成立进一步加速了我国开源软件的发展步伐，为数字化转型和科技创新提供更加坚实的基础。

近年来，随着人工智能、云计算、大数据等新兴技术的兴起，我国开源软件的发展进入了新的阶段。国内企业积极探索开源软件在新技术领域的应用，如百度的PaddlePaddle深度学习框架、腾讯的Tars微服务框架等，这些应用在国际上产生了广泛影响。同时，我国的开源社区逐渐壮大，涌现出一批优秀的开发者和贡献者，他们也参与到全球开源社区建设中，为我国开源软件的发展赢得了国际认可。

在数字化转型的时代背景下，开源软件将持续发挥其重要作用，为我国的科技创新和数字化进程提供强有力的支持。未来，中国开源软件推进联盟将继续发挥推动作用，引领我国开源软件走向更加辉煌的明天。

项目练习题

1. 选择题

（1）以下关于 Shell 数组的描述中正确的是（　　）。

A. 数组可以只包含数字类型的元素　　B. 数组在声明时需要指定长度

C. 数组的索引从 1 开始　　D. 数组可以包含不同类型的元素

（2）在 Shell 脚本中，可以声明一个数组的是（　　）。

A. array=1, 2, 3　　B. array={1, 2, 3}　　C. array=[1, 2, 3]　　D. array=("1" "2" "3")

（3）获取数组的长度（元素个数）的语句是（　　）。

A. ${array[length]}　　B. ${array.size}　　C. ${#array[@]}　　D. ${array.length}

（4）在 Shell 脚本中定义函数的正确语法是（　　）。

A. function myFunction { echo "Hello World" }

B. def myFunction() { echo "Hello World" }

C. func myFunction() { echo "Hello World" }

D. myFunction() { echo "Hello World" }

（5）在 Shell 脚本中，可以遍历数组 array 并输出其每个元素的是（　　）。

A. for i in ${array}; do echo $i; done

B. for i in "${array[@]}"; do echo $i; done

C. for i in ${array[@]}; do echo $i; done

D. for i in "${array}"; do echo $i; done

（6）在 Shell 脚本中创建关联数组的正确方法是（　　）。

A. declare -a assoc_array=("key1" "value1" "key2" "value2")

B. assoc_array=("key1" "value1" "key2" "value2")

C. declare -A assoc_array=("key1" "value1" "key2" "value2")

D. assoc_array["key1"]="value1" assoc_array["key2"]="value2"

（7）在 Shell 函数中，用于获取传递给函数的参数个数的是（　　）。

A. $0　　B. $#args　　C. $@　　D. $#

（8）在 Shell 函数中，用于定义一个局部变量的是（　　）。

A. local myVar="value"　　B. myVar="value"

C. set myVar="value"　　D. var myVar="value"

（9）在 Shell 脚本中，用于删除数组中指定索引元素的是（　　）。

A. unset array[index]　　B. unset array[index-1]

C. delete array[index]　　D. delete array[index-1]

（10）在 Shell 脚本中定义了函数 function add_numbers() { sum=$(($1 + $2)); echo "The sum of $1 and $2 is: $sum"; }，则调用函数时传递参数的正确方法是（　　）。

A. add_numbers 10 20　　B. add_numbers(10, 20)

C. add_numbers -p 10 20　　D. add_numbers [10 20]

（11）在 Shell 脚本中定义了函数 function get_date() { echo $(date); }，（　　）可将函数的输出结果保存到变量中。

A. result=get_date　　B. result=$(get_date)

C. result=[get_date]　　D. result={get_date}

2. 实训题

（1）编写一个 Shell 脚本，要求用户输入 5 个城市名称，将这些城市名称存储在一个数组中，输出数组中的城市名称列表。

（2）编写一个 Shell 脚本，定义一个包含 10 个整数的数组，使用循环遍历数组中的所有元素，计算它们的总和和均值并将结果输出。

（3）编写一个 Shell 脚本，定义一个包含 10 个随机数的数组，找到数组中的最大值和最小值并输出。

（4）编写一个 Shell 脚本，定义两个包含 5 个元素的数组，分别用于存储学生的姓名和对应的成绩。按成绩从高到低的顺序对学生姓名进行排序，输出排序后的学生姓名和对应的成绩。

（5）编写一个 Shell 脚本，定义一个函数 check_disk_space。该函数接收一个路径作为参数，并检查该路径的磁盘空间使用情况。如果磁盘空间使用率超过 80%，则输出警告信息；否则输出磁盘空间使用情况。调用该函数，传递一个路径参数进行测试。

（6）编写一个 Shell 脚本，定义一个函数 calculate_factorial。该函数接收一个正整数作为参数，并计算其阶乘。调用该函数，输出 1～10 的阶乘值。

（7）编写一个 Shell 脚本，定义一个函数 backup_files。该函数接收两个参数，分别是源目录和目标目录。该函数将源目录中的所有文件备份到目标目录中，并保留文件的目录结构。调用该函数，传递两个目录参数进行测试。

（8）编写一个 Shell 脚本，定义一个函数 check_service_status。该函数接收一个服务名称作为参数，并检查该服务是否正在运行。如果服务正在运行，则输出“Service is running”；否则输出“Service is not running”。调用该函数，传递一个服务名称进行测试。

（9）编写一个 Shell 脚本，定义一个函数 find_duplicate_files。该函数接收一个目录作为参数，查找该目录及其子目录中的重复文件，并输出所有重复文件的列表。提示：可以使用 md5sum 命令计算文件的 MD5 值来判断文件是否重复。调用该函数，传递一个目录参数进行测试。

项目 5

sed流编辑器与awk文本处理工具

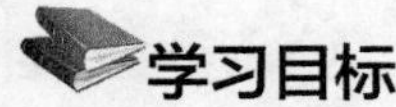

学习目标

【知识目标】

- 了解正则表达式的基本概念和语法。
- 了解 sed 的基本概念和语法。
- 了解 awk 的基本概念和语法。

【技能目标】

- 掌握正则表达式的使用方法。
- 掌握 sed 流编辑器的使用方法。
- 掌握 awk 文本处理工具的使用方法。

【素质目标】

- 培养读者诚信、务实和严谨的职业素养，使其在自动化管理工作中保持诚信态度，踏实工作，严谨细致，提高服务质量和工作效率。
- 培养读者的逻辑思维能力，使其能够分析问题，形成严密的推理和论证思维。
- 培养读者系统分析与解决问题的能力，使其能够深入分析问题，掌握相关知识点，在实践中高效地完成项目任务。

5.1 项目描述

sed 和 awk 是在 UNIX 和 Linux 环境下常用的文本处理工具，它们提供了灵活而强大的功能，能够对文本数据进行处理、转换和分析。正则表达式作为一种强大的模式匹配工具，可以在文本中查找、匹配和替换特定的模式。在 Shell 自动化运维中，sed、awk 与正则表达式的结合可以实现复杂的文本处理逻辑，处理日志文件、配置文件、文本报告等各种文本数据，还可以完成提取关键信息、进行数据过滤、修改格式等操作。对于 Shell 脚本开发人员和自动化运维工程师来说，掌握 sed、awk 和正则表达式的使用方法是非常重要的。

本项目主要介绍正则表达式的基本概念和语法，利用正则表达式进行模式匹配和数据提取，以及使用 sed 和 awk 工具对文本文件进行提取、修改和格式化数据等操作。

5.2 知识准备

5.2.1 正则表达式

V5-1　正则表达式

正则表达式又称规律表达式、规则运算式，通常写为 regex、regexp 或 RE。在编程语言中，正则表达式常用于简化文本处理逻辑，用简单字符串来描述、匹配文本中符合指定格式的全部字符串，以实现校验数据的有效性、查找符合要求的文本，以及对文本进行切割和替换等操作。

正则表达式广泛应用于各种领域，特别是文本处理和模式匹配领域，如 Perl、Python、JavaScript 等编程语言，以及 Atom、Sublime Text、Visual Studio Code 等文本编辑器，都支持使用正则表达式进行字符串操作，这些语言和文本编辑器提供了强大的正则表达式引擎，使开发人员能够方便地利用正则表达式来搜索、提取、验证或替换文本数据。

在 Linux 操作系统中，使用正则表达式可以轻松地查找和编辑文件内容，或者在整个文件夹中进行批量替换操作。一些常见的命令和工具，如 grep、egrep、sed、awk 和 vim 等，都支持使用正则表达式进行文本处理。

1．正则表达式元字符

正则表达式是一种用于描述文本模式的表达式，正则表达式使用一系列的字符和特殊符号来构建模式，可以描述出符合特定格式的字符串。例如，使用正则表达式可以匹配电子邮件地址、统一资源定位符（Uniform Resource Locator，URL）、电话号码等具有特定格式的字符串。在 Shell 中，可以使用正则表达式进行字符串匹配、查找、替换等操作，正则表达式由普通字符和元字符两种类型的字符组成。

普通字符指的是除了元字符之外的所有字符，包括字母、数字、标点符号等基本字符。在正则表达式中，普通字符表示它本身，即匹配输入文本中与之完全相同的字符。例如，正则表达式 hello 匹配输入文本中的字符串 hello。

元字符是正则表达式中具有特殊含义的字符。常见的正则表达式元字符如表 5-1 所示，它们用于定义模式和进行更高级的匹配。元字符通常可以分成以下几种类型。

（1）表示单个特殊字符的元字符：这类元字符表示一个特定的字符，包括英文的点号（.）、\d、\D、\w、\W、\s、\S 等。

（2）表示空白字符的元字符：这类元字符表示空格符、制表符、换行符等空白字符，包括\n、\r、\t、\f、\v、\s 等。

（3）表示某个范围的元字符：这类元字符表示一个字符集合中的任意一个字符，包括|、[...]、[^...]、[a-z]、[A-Z]、[0-9]等。

（4）表示次数的量词元字符：这类元字符表示一个字符、子表达式或字符集合出现的次数，包括*、+、?、{n}、{n,}、{n,m}等。

（5）表示断言的元字符：这类元字符用于边界限定和条件匹配，包括^、$、\b、\A、\Z、(?<=Y)X、(?<!Y)X 等。

表 5-1　常见的正则表达式元字符

序号	元字符	描述
1	.	匹配任意单个字符，但除了换行符
2	*	匹配前面的字符 0 次、1 次或多次
3	.*	匹配多个任意字符

续表

序号	元字符	描述
4	+	匹配前面的字符 1 次或多次
5	?	匹配前面的字符 0 次或 1 次
6	^	匹配字符串的开头
7	$	匹配字符串的结尾
8	|	逻辑或，匹配|左右任意一边，即匹配|前后的字符
9	()	用来分组，可以改变优先级或用于后续的引用
10	[ ]	匹配方括号内的任意一个字符，如[abc]表示匹配 a、b、c 中的任意一个字符
11	[^]	匹配否定，对方括号中的集合取反
12	[x-y]	匹配连续的字符串范围
13	[^]	匹配不在方括号内的任意一个字符，如[^abc]表示不匹配 a、b、c 中的任意一个字符
14	{n}	匹配前面的字符 n 次
15	{n,}	匹配前面的字符至少 n 次
16	{n,m}	匹配前面的字符至少 n 次，但是不超过 m 次
17	\	将下一个字符标记为特殊字符或字面值。例如，n 匹配字符 n，而 \n 匹配换行符，\(匹配(，\.匹配点号

2. POSIX 字符组

可移植操作系统接口（Portable Operating System Interface，POSIX）是一个操作系统接口标准，定义了一系列 API，以提高软件在不同 UNIX 操作系统中的可移植性。POSIX 正则表达式是一种符合 POSIX 标准的正则表达式，其语法相对简单，不包含一些扩展的特性，但仍可以满足基本的字符串匹配和处理需求。POSIX 中定义了一些常见的字符集，用于在正则表达式中匹配特定的字符类型。常见的 POSIX 字符集如表 5-2 所示。

表 5-2 常见的 POSIX 字符集

序号	字符集	描述
1	[:alnum:]	匹配字母和数字字符
2	[:alpha:]	匹配字母字符
3	[:blank:]	匹配空格符和制表符
4	[:cntrl:]	匹配控制字符
5	[:digit:]	匹配数字字符
6	[:graph:]	匹配可打印字符，不包括空格符
7	[:lower:]	匹配小写字母字符
8	[:print:]	匹配可打印字符，包括空格符
9	[:punct:]	匹配标点符号字符
10	[:space:]	匹配任意空白字符
11	[:upper:]	匹配大写字母字符
12	[:xdigit:]	匹配十六进制数字字符

3. grep 数据过滤

grep 命令是一种常用的文本搜索工具。它可以在文件中查找指定的字符串或正则表达式，并将匹配的行输出到标准输出。

grep 命令的基本语法如下。

```
grep [options] pattern [file ...]
```

其中，pattern 表示要查找的字符串或正则表达式；file 表示要搜索的文件，如果省略 file，则默认搜索标准输入。

grep 命令默认使用基本正则表达式（Basic Regular Expression，BRE），而 egrep 支持扩展正则表达式（Extended Regular Expression，ERE）。在基本正则表达式中，元字符如+、？、|等没有特殊含义，需要用\进行转义；而在扩展正则表达式中，许多特殊字符可以直接使用，如括号、加号、问号等。这使得扩展正则表达式更加简洁和易读。

grep 命令使用基本正则表达式来匹配模式，它对正则表达式中的特殊字符进行了简化，需要使用反斜线来转义某些字符，例如，"\+"表示匹配一个或多个前导字符。

```
echo "123" | grep '[0-9]\+'   # 匹配一个或多个数字字符
```

grep 命令在默认情况下不支持元字符的特殊含义，除非使用转义符进行显式指定。grep -E 可以启用扩展正则表达式进行模式匹配，等同于使用 egrep 命令。

```
echo "123" | grep -E '[0-9]+'  # 匹配一个或多个数字字符
```

egrep 命令使用扩展正则表达式来匹配模式，它支持更多的元字符和特殊符号，例如，"+"表示匹配一个或多个前导字符，而不需要使用转义符。

```
echo "123" | egrep '[0-9]+'  # 匹配一个或多个数字字符
```

使用 grep 命令查找文件中包含指定字符串的行：

```
grep "string" file.txt
```

使用 grep 命令查找多个文件中包含指定字符串的行：

```
grep "string" file1.txt file2.txt
```

使用 grep 命令忽略字母大小写查找指定字符串：

```
grep -i "string" file.txt
```

使用 grep 命令查找不包含指定字符串的行：

```
grep -v "string" file.txt
```

使用 grep 命令输出匹配到的行数：

```
grep -c "string" file.txt
```

使用 grep 命令递归查找子目录中包含指定字符串的文件：

```
grep -r "string" /path/to/directory
```

通过 grep 命令使用正则表达式进行查找：

```
grep -E "pattern" file.txt
```

通过 grep 命令使用文件中的模式进行查找：

```
grep -f patterns.txt file.txt
```

5.2.2 sed 流编辑器

sed 最初是由贝尔实验室的计算机科学家 Lee E. McMahon（李·E·麦克马洪）在 1973—1974 年开发的。sed 这个名称来源于"stream editor"，意为流编辑器，它最初在 UNIX 操作系统中开发和使用，现在也被移植到很多 Linux 发行版中。目前，大部分 Linux 发行版使用的是由自由软件基金会（Free Software Foundation，FSF）管理和维护的 GNU sed。FSF 是一个非营利性组织，致力于推广自由软件和开放源码。FSF 维护和发布了 GNU sed，它是一个免费的、开源的 sed 版本，根据 sed 的原始设计进行改进和扩展，提供了更多的特性和功能。

V5-2 sed 流编辑器

1. sed 工作原理

vi、vim 这类文本编辑器需要在打开文本文件后再进行编辑和操作。与 vi、vim 这些交互式文本编辑器不同，sed 是一种非交互式编辑器，它通过命令行或脚本来操作文本文件，可对文本文件进行批量替换、提取、过滤、查找和删除操作，而不需要打开文件，非常适合用于自动化和批量处理。

sed 借鉴了 ed 编辑器的语法和许多有用的功能，支持正则表达式，接收来自文件和管道的输入，以及来自标准输入的输入。

sed 按行处理文本，根据给定的编辑指令对每一行进行匹配和替换操作。它使用模式匹配来确定需要处理的行，并根据指定的规则进行相应的替换或其他操作。其基本工作流程如下。

（1）sed 从输入文本中逐行读取文本，并将每一行存储在称为模式空间（Pattern Space）的缓冲区中。

（2）sed 检查模式空间中的行是否与给定的模式匹配，如果匹配成功，则执行相应的编辑指令。例如，s/old/new/g 命令用于替换文本中的所有 old 为 new。sed 会将缓冲区中的文本作为输入来执行编辑命令，并将结果存储在输出缓冲区中。

（3）如果编辑指令是 s，则 sed 会将输出缓冲区中的结果写回到缓冲区中，覆盖原有的文本；如果编辑指令是其他命令，如 d、p、a 等，则 sed 会将输出缓冲区中的结果输出到标准输出或指定的文件中。

（4）sed 处理完当前行后，将结果输出到标准输出。如果指定了输出文件，则可以将结果写入文件。

（5）如果还有未处理的文本行，则继续处理下一行。重复上述步骤，直到处理完所有的文本行。

2. sed 基本语法

sed 是一种流编辑器，常用于在命令行中对文本进行处理和替换。它按照行处理输入文本，根据给定的编辑指令进行匹配和替换操作，并将结果输出到标准输出。sed 支持正则表达式以及模式匹配和替换功能。

sed 的基本语法如下。

```
sed [options] 'command' files
```

其中，options 表示 sed 的选项，如-n、-i、-f 等；files 表示要编辑的文件，如果没有指定文件，则可以从标准输入读取文本；command 表示 sed 的命令，也称为编辑指令，命令使用一对引号标识，可以是单个命令或由多个命令组成，多个命令之间用分号隔开。

sed 命令的示例如下。

```
sed  's/old_string/new_string/g'  file.txt
```

其中，s 是命令，表示替换；old_string 是要被替换的字符串或正则表达式的模式；new_string 是替换后的新字符串；g 是替换标志，即替换所有匹配到的字符串；file.txt 是要进行替换操作的目标文件。

（1）sed 选项

sed 选项可以控制 sed 的运行方式，改变 sed 的工作流程。常见的 sed 选项如表 5-3 所示。

表 5-3　常见的 sed 选项

序号	选项	描述
1	-n	不自动输出模式空间的内容，用于禁止自动输出模式空间的内容，通常配合 p 命令使用来输出指定行。示例：sed -n '2p' file.txt
2	-e	允许在同一个 sed 命令中使用多个子命令。示例：sed -e 's/old_string/new_string/g' -e '3d' file.txt
3	-f	将命令保存在文件中。使用-f 选项读取命令，可以避免在命令行中使用很长的命令。示例：sed -f commands.txt file.txt
4	-i	直接修改文件，而不是将结果输出到标准输出。示例：sed -i 's/old_string/new_string/g' file.txt
5	-r	使用扩展正则表达式。示例：sed -r 's/([a-z]+)([0-9]+)/\2\1/g' file.txt
6	-h	显示帮助信息。示例：sed -h

（2）sed 命令

sed 命令分为两类，分别是地址命令和动作命令。常见的 sed 命令如表 5-4 所示。

表 5-4 常见的 sed 命令

序号	命令	描述
1	p	输出指定行或匹配行。示例：sed -n '2,4p' file.txt
2	=	输出行号。示例：sed '3=' file.txt
3	a	在指定行之后追加文本。示例：sed '2a New line' file.txt
4	c	用新文本替换匹配的行。示例：sed '/RHEL/c Ubuntu Linux' file.txt
5	d	删除匹配的行。示例：sed '3d' file.txt
6	i	在指定行之前插入文本。示例：sed '3i\header text' file.txt
7	a	在指定行之后应用动作指令。示例：sed '3a\append_string' file.txt
8	s	将匹配的文本替换为指定内容。示例：sed 's/RHEL/rhel9/g' file.txt
9	y	将模式空间中的字符替换成指定的字符，如 y/source-chars/target-chars/，其中 source-chars 和 target-chars 的长度必须相同。示例：sed 'y/RHEL/cent/' file.txt
10	r	从指定文件中读取内容，并将内容插入指定行之后。示例：sed '/openEuler/r file.txt' file1.txt
11	w	将匹配的行写入指定文件。示例：sed -n '/RHEL/w output.txt' file1.txt
12	q	退出 sed。示例：sed '3q' file.txt

地址命令也称为定位命令，用于指定要应用动作命令的文本行范围，可以使用数字、正则表达式、first~step 语法等。地址命令可以单独使用，也可以与动作命令一起使用。

动作命令用于对已定位的文本行进行操作，包括删除、修改、添加、输出等。动作命令必须与地址命令配合使用才能生效。

（3）sed 数据定位方法

在 sed 中，可以使用数字和正则表达式精确选择要操作的文本行，数字通常用于定位文件中的行号，正则表达式则可以用来匹配符合特定模式的文本。常见的 sed 数据定位方法如表 5-5 所示。

表 5-5 常见的 sed 数据定位方法

序号	数据定位方法	描述
1	number	直接根据行号匹配。示例：sed -n '3p' file.txt
2	first~step	从第 first 行开始，每隔 step 行进行操作。示例：sed -n '3~2p' file.txt
3	$	匹配最后一行。示例：sed -n '$p' file.txt
4	/regexp/	匹配正则表达式 regexp 的行。示例：sed -n '/Open/p' file.txt、sed '/^Open/d' file.txt
5	addr1,addr2	匹配从 addr1 行到 addr2 行范围内的行，addr1 和 addr2 可以是数字、正则表达式或 first~step 语法。示例：sed -n '3,5p' file.txt，sed '/Ubuntu/,/Open/d' file1.txt
6	addr,+N	匹配从 addr 开始，连续 N 行，addr 可以是数字、正则表达式或 first~step 语法。示例：sed -n '3,+2p' file.txt，sed '/Ubuntu/,+3d' file

5.2.3 awk 文本处理工具

V5-3 awk 文本处理工具

awk 是一种强大的文本处理工具，它由 Alfred Aho（艾尔弗雷德·阿霍）、Peter Weinberger（彼得·温伯格）和 Brian Kernighan（布赖恩·柯林汉）这 3 位计算机科学家共同创造。awk 的名称来源于其 3 位创造者的英文姓氏首字母。

在 Linux 和 UNIX 环境中，awk 可提供包括正则表达式匹配、流程控制语句、数学运算符、内置变量和函数等文本处理功能。使用 awk，用户可以方便地处理文本数据，完成模式匹配、数据操作、计算和生成报表等各种任务。

1. awk 工作流程

awk 的工作流程包括从输入文件中逐行读取数据，对每一行应用事先定义好的规则（模式和动作），并输出结果，具体工作流程如下。

（1）读取输入：awk 从指定的输入文件或标准输入逐行读取数据。

（2）分割记录：每行数据被分割成一系列字段，字段默认使用空格作为分隔符，但可以通过修改内置变量 FS（字段分隔符）来自定义分隔符。每个字段可以通过 $1, $2, $3 ... 来引用，分别表示第一个、第二个、第三个字段，以此类推。

（3）模式匹配：awk 逐行遍历记录，将每一行的数据与用户定义的规则中的模式进行匹配。规则由模式和关联的动作组成。

（4）执行动作：当模式匹配成功时，awk 执行与该规则关联的动作。动作可以是一个简单的命令，也可以是一系列复杂的操作。

（5）处理下一行：在完成当前行的处理后，awk 继续读取下一行数据，重复上述过程，直到处理完所有输入数据。

（6）输出结果：根据规则中定义的动作，将处理结果输出到标准输出或其他指定的输出文件中。输出可以包括整行记录或记录的特定字段，具体内容取决于规则中的动作。

2. awk 基本语法

awk 的基本语法由一系列由花括号标识的模式和动作组成，其中，模式用于匹配输入数据，动作则用于处理匹配的数据。

awk 的基本语法如下。

```
awk 'pattern { action }' file
```

其中，file 表示要处理的文件，如果省略输入文件，则 awk 会从标准输入读取数据；pattern 表示匹配文本的模式，可以是条件或规则，用于匹配输入数据的某种特征；当输入数据符合指定的模式时，执行对应的 action 表示的动作。可以有多个“模式-动作”组合，每个组合占据一行或多行。

（1）awk 模式和动作结构

awk 程序由一个或多个模式及与之关联的动作语句组成。多个操作模式语句由换行符分隔，并使用花括号进行界定，其基本结构如下。

```
pattern1 { action1 }
pattern2 { action2 }
...
patternN { actionN }
```

其中，pattern1 表示第 1 个模式，action1 表示与之关联的动作；pattern2 和 action2 表示第二个模式及与之关联的动作，以此类推。程序会按照 awk 模式和动作的顺序逐行读取输入，对每一行依次检查模式，如果模式匹配成功，则执行与之关联的动作。

模式可以是正则表达式、关系表达式、条件表达式等，动作可以是输出、变量赋值、流程控制、内置函数调用等操作。

（2）awk 命令的选项

awk 命令可以使用选项和模式来修改其行为并提供额外的功能。常见的 awk 命令的选项或模式元素如表 5-6 所示。

表 5-6　常见的 awk 命令的选项或模式元素

序号	选项或模式元素	描述
1	-F	用于指定字段分隔符，默认为空格符。示例：awk -F':' '{ print $1 }' /etc/passwd
2	-v	用于设置变量的值。示例：awk -v name="John" '{ print "Hello, " name "!" }' file.txt
3	-f	用于指定 awk 脚本文件。示例：awk -f script.awk file.txt
4	' '	用于引用代码块。示例：awk '$1 > 3 { print $1 }' array-number.txt
5	//	用于指定正则表达式。示例：awk '/[0-9]/ { print $2 }' file.txt
6	{}	定义 awk 程序中的动作部分，可以包含一个或多个命令，也可以是一个复杂的代码块。示例：awk '{ if ($1 > 2) { print $1; count++ } }' array-number.txt
7	BEGIN	在读取文本文件之前执行的模式，用于进行初始化操作或设置变量。BEGIN 模式只执行一次，通常用于执行一些预处理任务，可以用于输出标题、设置计数器、加载配置等。示例：awk 'BEGIN { print "Start of the program" } { print $0 }' file.txt
8	END	在读取文本文件之后执行的模式，在 awk 程序执行结束之后执行，用于进行总结、输出统计结果等操作。END 模式只执行一次，通常用于执行一些收尾任务，可以用于输出总计、计算均值、输出最终结果等。示例：awk '{line_count += 1} END {print "Line count: " line_count}' file.tx

3. awk 内置变量

awk 内置变量是预定义的变量，这些变量用于访问和操作输入数据的不同属性和上下文信息。内置变量可在 awk 中直接使用，通常以大写字母表示。常见的 awk 内置变量如表 5-7 所示。

表 5-7　常见的 awk 内置变量

序号	内置变量	描述
1	FILENAME	当前正在处理的文件。示例：awk '{print FILENAME}' file1.txt file2.txt
2	NF	当前输入行的字段数量。示例：awk '{print NF}' file.txt
3	$NF	当前输入行的最后一个字段的值。示例：awk '{print $NF}' file.txt
4	NR	当前行的行号（记录号）。示例：awk '{print NR, $0}' file.txt
5	FNR	当前输入文件中的行号。示例：awk '{print FNR, $0}' file.txt
6	FS	指定输入行中字段之间的分隔符，默认是空格符或水平制表符。示例：awk -F':' '{print $1, $2}' /etc/passwd
7	$0	当前输入行的完整内容，即整行文本。示例：awk '{print $0}' file.txt
8	$n	当前输入行的第 n 个字段的值。示例：awk '{print $2}' file.txt
9	OFS	输出字段分隔符，默认为空格。示例：awk 'BEGIN {OFS=","} {print $1, $2}' file.txt
10	ORS	输出记录分隔符，用于指定输出时记录之间的分隔符，默认为换行符。示例：awk 'BEGIN {ORS="\n---\n"} {print $0}' file.txt
11	ARGC	命令行参数的数量。示例：awk 'BEGIN {print ARGC}' file.txt
12	ARGV	包含命令行参数的数组，每个元素对应一个命令行参数。示例：awk 'BEGIN {print ARGV[1]}' file.txt

4. 在 awk 中使用条件和循环语句

（1）条件判断

awk 中的条件判断通常使用 if 语句实现，if 语句会根据给定的条件决定是否执行某个代码块。

if 语句的基本语法如下。

```
if (条件) {
```

```
    代码块
}
```

if语句的示例如下。

```
awk '{ if ($7 > 2500) print $0 }' emp.dat
```

（2）循环语句

awk中的循环语句允许多次执行一组语句，以实现重复操作。awk支持for和while两种类型的循环语句。

for语句的基本语法如下。

```
for (初始化语句; 条件; 递增语句) {
    代码块
}
```

for语句的示例如下。

```
awk 'BEGIN { for (i = 1; i <= 10; i++) print i }'
awk 'BEGIN { for (i = 1; i <= 9; i++) { for (j = 1; j <= i; j++) { printf("%d x %d = %d\t", j, i, j * i); } printf("\n"); } }'
```

while语句的基本语法如下。

```
while (条件) {
    代码块
}
```

while语句的示例如下。

```
awk 'BEGIN { i = 1; while (i <= 5) { print i; i++ } }'
awk 'BEGIN { i = 1; while (i <= 9) { j = 1; while (j <= i) { printf("%d x %d = %d\t", j, i, j*i); j++; } printf("\n"); i++; } }'
```

5. 在awk中使用数组

在awk中，数组是一种用于存储和操作数据的数据结构，可以通过索引访问和操作元素，使得处理数据更加灵活和高效。

（1）普通数组示例

```
# 单行模式
awk 'BEGIN { my_array[1] = "openeuler"; my_array[2] = "rhel"; my_array[3] = "centos"; for (i in my_array) print my_array[i]; }'
# 多行模式
awk  'BEGIN {
  my_array[1] = "openeuler";
  my_array[2] = "rhel";
  my_array[3] = "centos";
  for (i in my_array)
    print my_array[i];
}'
```

（2）关联数组示例

```
awk 'BEGIN {
  # 声明并初始化关联数组
  os["hauwei_openeuler_version"] = 22;
  os ["redhat_rhel_version"] = 9;
  os["centos_stream_version"] = 9;
```

```
    # 访问和输出数组元素
    print "Version of openeuler:", os["hauwei_openeuler_version"];
    print "Version of rhel:", os ["redhat_rhel_version"];
    print "Version of centos:", os["centos_stream_version"];
}'
```

6. 编写并执行 awk 脚本

awk 脚本是一个由 awk 命令解释并执行的脚本文件。它包含一系列命令和模式，用于对输入数据进行处理和转换。awk 脚本可以通过命令行参数或文件重定向来接收输入数据，并将处理结果输出到屏幕或文件中。

awk 脚本 script.awk 的示例如下。

```
# script.awk
{
    sum += $2;
    count++;
}
END {
    if (count > 0) {
        average = sum / count;
        print "Average age:", average;
    }
}
```

执行 awk 脚本的命令如下。

```
awk -f script.awk data.txt
```

其中，-f 选项指定了要执行的 awk 脚本文件；data.txt 指定了要处理的输入数据文件。

7. awk 函数

awk 内置了许多函数，这些函数可以用于处理文本、数值、日期等数据。常见的内置函数有字符串函数 length(str)、index(str, substr)、match(str, regexp)、toupper(str)，数值函数 int(x)、rand、sqrt(x)，日期函数 systime，等等。

使用内置函数 length 计算字符串的长度：

```
awk 'BEGIN { str = "Hello, World!"; len = length(str); print "Length:", len; }'
```

使用内置函数 toupper 将字符串转换为大写形式：

```
awk '{ print toupper($0) }' file.txt
```

使用内置函数 substr 提取字符串中的子字符串，从指定位置开始提取，并指定提取长度：

```
awk '{ print substr($0, 3, 5) }' file.txt
```

awk 也支持自定义函数，用户可以根据需求编写自己的函数来完成特定的任务。自定义函数时，需要先定义函数名和参数列表，再在需要调用的地方引用函数名。函数定义可以放在 awk 脚本的任意位置。

自定义函数的基本语法如下。

```
function function_name(argument_list) {
    action
    return value
}
```

awk 自定义函数的示例如下。

```
# 在 define-func.awk 中自定义函数，用于计算两个数字的均值
```

```
function calculateAverage(a, b) {
    return (a + b) / 2;
}
# 主程序
BEGIN {
    num1 = 10;
    num2 = 20;
    avg = calculateAverage(num1, num2);
    print "Average:", avg;
}
```

执行 awk 脚本的命令如下。

```
awk -f define-func.awk
```

5.3 项目实训

【实训任务】

本实训的主要任务是编写正则表达式文本以根据给定的模式从文本中提取特定信息，使用 sed 命令批量替换文本中的内容或执行其他编辑操作，以及编写 awk 脚本处理文本数据，进行数据提取、计算、格式化输出等操作。

【实训目的】

（1）理解正则表达式的基本语法和常见元字符。

（2）掌握正则表达式在文本匹配和搜索中的使用方法。

（3）掌握 sed 命令中的替换、删除、插入等编辑操作。

（4）理解 awk 中的模式匹配和动作执行的结构。

（5）掌握使用 awk 命令对文本进行分隔、过滤、计算和格式化处理的方法。

【实训内容】

（1）通过编写适当的正则表达式，从给定的文本中提取出所需的数据。

（2）使用 grep 命令根据给定的模式搜索文本，输出符合条件的行。

（3）使用 sed 命令对文本进行修改、删除、插入等操作，实现对文本的批量处理。

（4）使用 awk 脚本进行数据提取、格式化输出等操作，通过指定模式和动作，对文本进行灵活的处理和转换。

【实训环境】

在进行本项目的实训操作前，提前准备好 Linux 操作系统环境，RHEL、CentOS Stream、Debian、Ubuntu、华为 openEuler、麒麟 openKylin 等常见 Linux 发行版都可以进行项目实训。

5.4 项目实施

任务 5.4.1 正则表达式提取文本

V5-4 实训-正则表达式提取文本

1. 任务描述

（1）在 Linux 操作系统中创建测试文件 file.txt。

（2）以 file.txt 的内容为示例文本，使用不同的元字符及其组合，结合正则表达式来提取数据。

2. 任务实施

（1）在 huawei 用户家目录中，创建测试文件 file.txt。

```
[huawei@openeuler ~]# cat file.txt
This is a sample text for testing regular expressions.
The quick brown fox jumps over the lazy dog.
1234567890
E-mail: example@example.com
Regular expressions is too simple
```

（2）提取包含字母“o”且其后为任意字符的行，将结果显示在终端上。

```
[huawei@openeuler ~]# grep "o." file.txt
```

（3）提取包含字母“o”的 0 个、1 个或多个实例的行，将结果显示在终端上。

```
[huawei@openeuler ~]# grep "o*" file.txt
```

（4）提取以字母“b”开头、以字母“n”结尾的行，将结果显示在终端上。

```
[huawei@openeuler ~]# grep "b.*n" file.txt
```

（5）提取包含字母“u”的 1 个或多个实例的行，将结果显示在终端上。

```
[huawei@openeuler ~]# egrep "u+" file.txt
```

（6）提取包含单词“This”且其后有 0 个或 1 个字母“s”的行，将结果显示在终端上。

```
[huawei@openeuler ~]# egrep "This?" file.txt
```

（7）提取以单词“The”开头的行，将结果显示在终端上。

```
[huawei@openeuler ~]# grep "^The" file.txt
```

（8）提取以“com”结尾的行，将结果显示在终端上。

```
[huawei@openeuler ~]# grep "com$" file.txt
```

（9）提取包含“fox”或“dog”的行，将结果显示在终端上。

```
[huawei@openeuler ~]# egrep "fox|dog" file.txt
```

（10）提取包含元音字母的行，将结果显示在终端上。

```
[huawei@openeuler ~]# grep "[aeiou]" file.txt
```

（11）提取包含点号的行，将结果显示在终端上。

```
[huawei@openeuler ~]# grep "\." file.txt
```

（12）提取包含 1～3 个字母“o”的行，将结果显示在终端上。

```
[huawei@openeuler ~]# egrep "o{1,3}" file.txt
```

（13）提取包含字母“f”且其后接 0 个或 1 个字母“o”，最后是字母“x”的行，将结果显示在终端上。

```
[huawei@openeuler ~]# egrep "fo?x" file.txt
```

（14）提取包含“fox jumps”或“dog jumps”的行，将结果显示在终端上。

```
[huawei@openeuler ~]# egrep "(fox|dog) jumps" file.txt
```

（15）提取包含连续两个字母“o”的行，将结果显示在终端上。

```
[huawei@openeuler ~]# egrep "o{2}" file.txt
```

（16）提取以“dog.”结尾的行，将结果显示在终端上。

```
[huawei@openeuler ~]# egrep "dog\.$" file.txt
```

任务 5.4.2 sed 案例

V5-5 实训-sed 案例

1. 任务描述

（1）在 Linux 操作系统中创建测试文件 file1.txt。

（2）以 file1.txt 的内容为示例文本，使用 sed 命令和正则表达式对文本进行操作。

2. 任务实施

（1）在 huawei 用户家目录中，创建测试文件 file1.txt。

```
[huawei@openeuler ~]# cat file1.txt
Distribution    Kernel Version    Community
Ubuntu            6.3.4          Ubuntu Community
Fedora            6.3.4          Fedora Project
Debian            6.1.30         Debian Project
Arch Linux        6.2.16         Arch Linux Community
Mint              5.4.243        Mint Community
Manjaro           5.10.180       Manjaro Community
openSUSE          5.10.180       openSUSE Community
openEuler         6.2.16         openEuler Community
RHEL              5.15.113       Red Hat Inc.
```

（2）将文本中的“Ubuntu”替换为“Ubuntu Linux”，将结果显示在终端上。

```
[huawei@openeuler ~]# sed 's/Ubuntu/Ubuntu Linux/g' file1.txt
```

（3）删除包含“Community”的行，将结果显示在终端上。

```
[huawei@openeuler ~]# sed '/Community/d' file1.txt
```

（4）提取以“Mint”开头的行，将结果显示在终端上。

```
[huawei@openeuler ~]# sed -n '/^Mint/p' file1.txt
```

（5）在每行的末尾添加“ - Stable Version”，将结果显示在终端上。

```
[huawei@openeuler ~]# sed 's/$/ - Stable Version/' file1.txt
```

（6）在以“Debian”开头的行前插入一行内容“New Line”，将结果显示在终端上。

```
[huawei@openeuler ~]# sed '/^Debian/i New Line' file1.txt
```

（7）提取每行中匹配模式“5.x.x”的内容，将结果显示在终端上。

```
[huawei@openeuler ~]# sed -n 's/.*\(5\.[0-9]\+\.[0-9]\+\).*$/\1/p' file1.txt
```

（8）将动作命令写入文件，通过 sed 选项读取命令，将结果显示在终端上。

```
[huawei@openeuler ~]# echo "p" > commands
[huawei@openeuler ~]# sed -n -f commands file1.txt
```

（9）删除第 1 行、第 2 行和第 5 行，将结果显示在终端上。

```
[huawei@openeuler ~]# sed -e '1d' -e '2d' -e '5d' file1.txt
```

（10）将文本中的所有数字替换为字母“X”，将结果显示在终端上。

```
[huawei@openeuler ~]# sed 's/[0-9]/X/g' file1.txt
```

（11）提取每行的第 2 列内容，将结果显示在终端上。

```
[huawei@openeuler ~]# sed 's/^[^[:blank:]]\+[[:blank:]]\+\([^[:blank:]]\+\).*/
\1/' file1.txt
```

（12）在文件中的所有行的开头添加行号，将结果显示在终端上。

```
[huawei@openeuler ~]# sed = file1.txt | sed 'N; s/\n/ /'
```

任务 5.4.3　awk 案例

V5-6　实训-awk 案例

1. 任务描述

（1）在 Linux 操作系统中创建测试文件 awkfile.txt。

（2）以 awkfile.txt 的内容为示例文本，使用 awk 命令对文本进行操作。

2. 任务实施

（1）在 huawei 用户家目录中，创建测试文件 awkfile.txt。

```
[huawei@openeuler ~]# cat awkfile.txt

EmployeeID,FirstName,LastName,Age,Position,Company,StartDate
101,John,Doe,30,Software Engineer,Huawei Technologies Co.Ltd.,2022-01-15
102,Alice,Smith,28,Data Scientist,Red Hat Inc.,2021-11-20
103,Bob,Johnson,35,Project Manager,CentOS Project,2022-03-10
104,Emma,Williams,25,UX Designer,Example Company,2020-09-05
105,David,Anderson,40,HR Manager,Another Company,2023-02-28
106,Tommy,Alex,45,HR Manager,Other Company,2019-02-28
```

（2）输出 EmployeeID 和 FirstName 信息，将结果显示在终端上。

```
[huawei@openeuler ~]# awk -F',' '{print $1, $2}' awkfile.txt
```

（3）输出年龄大于等于 30 的员工信息，将结果显示在终端上。

```
[huawei@openeuler ~]# awk -F',' '$4 >= 30 {print}'  awkfile.txt
```

（4）输出所有职位为 "Project Manager" 的员工信息，将结果显示在终端上。

```
[huawei@openeuler ~]# awk -F',' '$5 == "Project Manager" {print}' awkfile.txt
```

（5）输出员工平均年龄，将结果显示在终端上。

```
[huawei@openeuler ~]# awk -F',' '{sum += $4; count++} END {print "Average Age:",
sum/count}' awkfile.txt
```

（6）输出入职日期在 2022 年之后的员工信息，将结果显示在终端上。

```
[huawei@openeuler ~]# awk -F',' '$7 > "2022-01-01" {print}' awkfile.txt
```

（7）按照部门统计员工数量，将结果显示在终端上。

```
[huawei@openeuler ~]# awk -F',' '{dept[$5]++} END {for (d in dept) print
"Department:", d, "Employee Count:", dept[d]}' awkfile.txt
```

（8）输出每个员工姓名的长度，将结果显示在终端上。

```
[huawei@openeuler ~]# awk -F',' ' NR != 1 {len = length($2 $3); print "EmployeeID:",
$1, "FullName Length:", len}' awkfile.txt
```

（9）使用正则表达式“[,.]”作为字段分隔符，提取第 1 个字段和第 4 个字段，将结果显示在终端上。

```
[huawei@openeuler ~]# awk -F'[,.]' '{print $1, $4}' awkfile.txt
```

（10）使用内置变量 NF 输出每行的最后一个字段的内容，将结果显示在终端上。

```
[huawei@openeuler ~]# awk -F',' '{print "Last Field:" $NF}' awkfile.txt
```

（11）使用内置变量 NR 输出每行的行号和内容，将结果显示在终端上。

```
[huawei@openeuler ~]# awk '{ print "Line:", NR, "Content:", $0 }' awkfile.txt
```

（12）使用内置函数 split 将字段内容按逗号分隔成数组，并输出数组元素。

```
[huawei@openeuler ~]# awk -F ',' '{ split($0, arr, ","); for (i in arr) print
"Element:", arr[i] }' awkfile.txt
```

（13）使用内置函数 tolower 将 FirstName 转换为小写字母形式，将结果显示在终端上。

```
[huawei@openeuler ~]# awk -F ',' '{ print "Lowercase Distribution:", tolower($2) }'
awkfile.txt
```

（14）创建 awk 脚本，以逗号作为分隔符，输出员工 ID，并计算每个员工的工作年限。

```
[huawei@openeuler ~]# cat define-func.awk
BEGIN {
    FS = ","
    print "EmployeeID,WorkYears"  # 输出标题行
}
NR > 1 {
    # 将 StartDate 字段拆分为年、月、日
    split($7, start_date, "-")
    start_timestamp = mktime(start_date[1] " " start_date[2] " " start_date[3] "
00 00 00")
    current_timestamp = systime()
    work_years = int((current_timestamp - start_timestamp) / (365 * 24 * 3600))
    print $1, work_years
}
# 执行 awk 脚本
[huawei@openeuler ~]# awk -f define-func.awk awkfile.txt
```

项目练习题

1. 选择题

（1）通过 grep 命令，查找包含字母“k”的行，正确的命令是（　　）。

A. grep "k" data.txt　　B. grep "k$" data.txt

C. grep "^k" data.txt　　D. grep "ki" data.txt

（2）通过 grep 命令，查找以“e”结尾的行，正确的命令是（　　）。

A. grep "e" data.txt　　B. grep "e$" data.txt

C. grep "^e" data.txt　　D. grep "end$" data.txt

（3）通过 grep 命令，查找包含“ap”的行，正确的命令是（　　）。

A. grep "ap" data.txt　　B. grep "ap$" data.txt

C. grep "^ap" data.txt　　D. grep "apple" data.txt

（4）通过 grep 命令，查找以“a”开头且以“e”结尾的行，正确的命令是（　　）。

A. grep "a" data.txt | grep "e$"　　B. grep "^a" data.txt | grep "e$"

C. grep "a.*e" data.txt　　D. grep "^a.*e$" data.txt

（5）通过 grep 命令，查找以“k”开头或以“e”结尾的行，正确的命令是（　　）。

A. grep "k|e" data.txt　　B. grep "k\|e" data.txt

C. grep "^[k|e]" data.txt　　D. grep "k.*|.*e$" data.txt

（6）通过 grep 命令，查找包含连续相同的两个字母的行（如“banana”），正确的命令是（　　）。

A. grep "\(.\)\\1" data.txt　　B. grep "\(..\)\\1" data.txt

C. grep "\(.\)\\1{2}" data.txt　　D. grep "\(..\)\\1{2}" data.txt

（7）使用 sed 命令删除源数据中所有包含“apple”的行，正确的命令是（　　）。

A. sed '/^apple$/d' data.txt　　B. sed '/apple/d' data.txt

C. sed 's/apple//g' data.txt D. sed 's/^apple$//g' data.txt

（8）使用 sed 命令将源数据中所有的“Shell”替换为“Python”，正确的命令是（ ）。

A. sed 's/Shell/Python/g' data.txt B. sed 's/Shell/Python/' data.txt

C. sed '/Shell/Python/' data.txt D. sed '/Shell/Python/g' data.txt

（9）使用 sed 命令将源数据中的电话号码格式转换为“(123) 456-7890”格式，正确的命令是（ ）。

A. sed 's/\([0-9]\{3\}\)-\([0-9]\{3\}\)-\([0-9]\{4\}\)/(\1) \2-\3/' data.txt

B. sed 's/\([0-9]\{3\}\)-\([0-9]\{3\}\)-\([0-9]\{4\}\)/(\2) \3-\1/' data.txt

C. sed 's/\([0-9]\{3\}\)-\([0-9]\{3\}\)-\([0-9]\{4\}\)/(\3) \2-\1/' data.txt

D. sed 's/\([0-9]\{3\}\)-\([0-9]\{3\}\)-\([0-9]\{4\}\)/(\1) \3-\2/' data.txt

（10）使用 sed 命令在源数据的每行最前面添加行号，正确的命令是（ ）。

A. sed = data.txt | sed 'N;s/\n/\t/' B. sed = data.txt | sed 'N;g/\n/\t/'

C. sed = data.txt | sed 'N;d/\n/\t/' D. sed = data.txt | sed 'N;t/\n/\t/'

（11）通过 awk 命令，提取出文件中的所有姓名（即第一列数据），正确的命令是（ ）。

A. awk '{print $1}' data.txt B. awk '{print $2}' data.txt

C. awk '{print $0}' data.txt D. awk '{print $1,$2}' data.txt

（12）通过 awk 命令，以逗号为分隔符，计算第二列数据的总和，源文件为 data.txt，正确的命令是（ ）。

A. awk -F ',' '{sum += $0} END {print sum}' data.txt

B. awk -F ',' '{sum += $1} END {print sum}' data.txt

C. awk -F ',' '{sum += $2} END {print sum}' data.txt

D. awk -F ',' '{sum += $3} END {print sum}' data.txt

（13）通过 awk 命令，以逗号为分隔符，计算第二列数据的均值并输出，正确的命令是（ ）。

A. awk -F ',' '{sum += $2} END {print sum/NR}' data.txt

B. awk -F ',' '{sum += $1} END {print sum/NR}' data.txt

C. awk -F ',' '{avg += $2} END {print avg}' data.txt

D. awk -F ',' '{avg += $1} END {print avg}' data.txt

（14）通过 awk 命令，查找第一列包含“an”的行并输出，正确的命令是（ ）。

A. awk '/an/ {print $1}' data.txt B. awk '/an/ {print $2}' data.txt

C. awk '/an/ {print $0}' data.txt D. awk '/an/ {print $3}' data.txt

（15）通过 awk 命令，将文本中的逗号替换为冒号并输出，正确的命令是（ ）。

A. awk '{gsub(",", ":", $0); print}' data.txt B. awk '{sub(",", ":", $0); print}' data.txt

C. awk '{gsub(":", ",", $0); print}' data.txt D. awk '{sub(":", ",", $0); print}' data.txt

2. 实训题

（1）使用 sed 命令将文件 data.txt 中的所有字母转换为大写字母，将结果输出到新文件 data_uppercase.txt 中。

（2）使用 sed 命令从文件 employees.txt 中删除所有包含“Manager”的行，将结果输出到新文件 updated_employees.txt 中。

（3）使用 sed 命令从文件 contacts.csv 中提取所有以电子邮箱结尾的行，将结果输出到新文件 emails.txt 中。

（4）使用 sed 命令将文件 numbers.txt 中所有数字“加倍”（如 1 变成 11，2 变成 22，3 变成 33），将结果输出到新文件 doubled_numbers.txt 中。

（5）使用 sed 命令从文件 data.xml 中提取所有<name>标签的内容，将结果输出到新文件 names.txt 中。

（6）假设有一个数据文件 students.txt 记录了学生信息，每行格式如下：学生姓名 学号 课程 1 成绩 课程 2 成绩 课程 3 成绩。使用 awk 命令计算每名学生的平均成绩，将结果输出到终端。

（7）假设有一个数据文件 sales.txt 记录了每名销售人员的销售业绩，每行格式如下：姓名 销售金额。使用 awk 命令找出销售金额最高的销售人员姓名和销售金额，将结果输出到终端。

（8）假设有一个数据文件 inventory.txt 记录了商品库存信息，每行格式如下：商品编号 商品名称 库存数量。使用 awk 命令找出库存数量小于 10 的商品的信息，将结果输出到终端。

（9）假设有一个数据文件 sales.txt 记录了每名销售人员的销售业绩，每行格式如下：姓名 月份 销售金额。使用 awk 命令计算每名销售人员全年的总销售金额，将结果输出到终端。

（10）假设有一个数据文件 expenses.txt 记录了公司员工的交通费用和餐饮费用，每行格式如下：姓名 交通费用 餐饮费用。使用 awk 命令计算每名员工的总费用，将结果输出到新文件 total_expenses.txt 中，每行格式为姓名 总费用。

项目 6 Ansible自动化概述

06

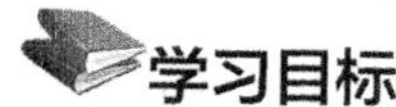

学习目标

【知识目标】

- 了解自动化和 IT 基础设施自动化的基本概念。
- 了解 Ansible 的基本概念和基本架构。
- 了解 Ansible 清单文件和配置文件主要参数的功能。

【技能目标】

- 掌握 Ansible 的安装方法，能够在 RHEL、Ubuntu 等 Linux 发行版中安装 Ansible。
- 掌握 Ansible 清单文件和配置文件主要参数的使用方法。
- 掌握清单文件的构建方法和 ansible.cfg 文件的基本配置。

【素质目标】

- 培养读者的信息素养和学习能力，使其能够灵活运用正确的学习方法和技巧，快速掌握新知识和技能，不断学习和进步。
- 培养读者的职业道德素养，使其明确在自动化运维中的职业责任与义务，引导读者树立正确的职业态度。
- 培养读者严谨的逻辑思维能力，使其在解决问题时使用逻辑思维，提高自主学习能力。

6.1 项目描述

Ansible 是一种被广泛使用的自动化工具，旨在简化 IT 任务的管理和部署。企业可以使用 Ansible 来管理跨多个环境、技术和地域的 IT 基础设施，以提高效率、减少人工干预和降低出错率。Ansible 基于 Python 编写，可以在几乎所有主流操作系统和云平台上运行。Ansible 支持模块化的任务管理，可以使用预先定义的模块来执行任务，也可以编写自定义模块以满足特定需求。通过 YAML 格式的 Playbook 脚本，Ansible 可完成软件安装、配置文件、更新系统、部署应用程序等任务。Ansible 还提供了丰富的库和插件，支持自动化管理云平台资源、网络设备、安全和监控设备等。这些库和插件可以方便地集成到 Ansible 任务中，使管理和部署变得更加便捷。

Ansible 的自动化过程具有良好的可扩展性和安全性。Ansible 使用安全外壳（Secure Shell，SSH）来与主机进行通信，所有的通信都是加密的，可以保证安全性。Ansible 还可以轻松地扩展到数千个主机，使企业可以轻松地管理大规模 IT 基础设施。

本项目主要介绍 IT 基础设施自动化，以及 Ansible 的基本概念和基本架构，包括 Ansible 的安装方法、清单文件的构建方法、ansible.cfg 文件的基本设置等内容。

6.2 知识准备

自动化是指通过技术手段，在减少人工协助的情况下执行各项任务，使工作或过程自动完成。目前，自动化已经被应用于各种行业和领域。在制造业中，自动化可以通过使用机器人和自动装配线等技术来实现；在能源行业中，企业可以使用自动化技术更好地监控现场资产，即使资产分布的地理区域十分广泛，也可以收集诸如电网性能、管道流量或排放情况等实时数据。

在实际应用中，自动化技术和人工智能经常一起使用，以实现更高效、更准确和更智能的自动化过程。通过结合机器学习和自动化技术，可以实现自动化的文本分类、图像识别和语音识别等任务。同时，自动化技术可以为人工智能提供更好的支持和服务，如自动化数据清洗、自动化数据挖掘和自动化模型训练等。以 GitHub Copilot 为例，它是一种由 OpenAI 和 GitHub 共同开发的自动化编程工具，是基于人工智能和自动化技术的代码生成器，可以帮助开发人员更快地编写代码并提高生产效率。

自动化可以帮助企业实现数字化转型，IBM、微软、百度、华为、阿里巴巴、红帽等企业正在引领着这一转型浪潮，这些企业通过提供更先进的云计算和人工智能技术，帮助用户更好地管理和利用数据，并实现自动化和智能化。自动化在数字化转型中扮演着重要的角色，它不仅能够管理、改变和调整 IT 基础设施，还会影响企业的流程运作方式。

自动化可以帮助用户加快流程变革和环境拓展，构建持续集成、持续交付和持续部署（Continuous Integration/Continuous Delivery，CI/CD）工作流。自动化的种类有很多，其中包括 IT 自动化、业务自动化、机器人流程自动化、工业自动化、AI 应用部署和管理自动化等。

未来的自动化程度肯定会进一步提高，更强大的智能也会构建到各种数字化系统中。它们将拓展至更多的 IT 软件堆栈组成部分，在裸机、中间件、应用、安全、更新、通知、故障转移、预测分析和决策制定等方面实现自动化。

6.2.1 IT 基础设施自动化

IT 基础设施是指企业运行和管理 IT 环境所需的基础组件及技术，这些基础组件及技术包括硬件、软件、网络、操作系统、安全设备和数据存储等，它们共同提供各种 IT 服务和解决方案。

随着云计算技术的快速发展，计算资源和服务变得更加灵活和可扩展，IT 基础设施的规模也在不断扩大。现代数据中心通常包含数百甚至数千个机架，以及数以万计的服务器、存储设备和网络设备等。IT 基础设施已经从传统数据中心中的物理硬件逐步转移到虚拟化、容器、云计算等混合云或多云环境中。云计算技术的变革推动了软件架构和开发模式的变革，应用发布流程和发布频率发生了很大的变化。

为了满足复杂多变的业务要求，现代数据中心采用了各种自动化和智能化技术，以提高自身的效率和可管理性。例如，自动化的服务器配置、存储管理和网络管理可以大大减少人工干预，减少人为错误和故障，提高数据中心的效率和可靠性。通过 Ansible、Puppet、SaltStack 等自动化部署和配置工具，可自动部署和配置应用程序及其相关组件；基于 Jenkins、GitLab 等持续集成和持续部署工具，可自动对软件进行测试、构建和部署，从而提高软件的质量和开发效率。这种自动化部署和配置可以大大减少发布流程中的人工干预，提高发布效率和质量。

为了实现 IT 基础设施自动化，基础设施即代码（Infrastructure as Code，IaC）应运而生。IaC 是通过代码而非手动流程来管理和置备基础设施的方法。它使用编码语言（如 Ruby、Python）自动化进行 IT 基础设施的配置，使 IT 基础设施的配置、部署、运维等操作以代码的形式进行编写和管理。例如，当开发人员或运维人员想要开发、测试或部署软件时，手动配置和管理服务器、操作系统，数据库连接、存储和其他基础设施元素的需求，都可以通过使用代码定义、配置和管理软件基础设施的方法来实现，这样可以提高一致性并减少错误和手动配置，能够以更快的速度、更低的风险和更低的成本开发、部署和扩展云应用程序。

6.2.2 Ansible 简介

V6-1 Ansible简介

1. Ansible 基本概念

Ansible 是一个开源 IT 自动化引擎，它能够实现 IT 流程的自动化，包括置备、配置管理、应用部署和编排等任务。Ansible 通过软件工程的方法重新定义和描述 IT 应用基础设施，用自动化技术替代重复和手动操作，可提高工作效率并降低人工干预的风险。通过运用 Ansible 自动化工具，IT 团队可以在整个企业范围内更高效地安装软件、置备基础设施、管理配置、修补系统并共享自动化等。

Ansible 起源于计算机工程师 Michael DeHaan（迈克尔·德哈恩）在 2012 年发起的 AnsibleWorks 项目。DeHaan 曾经在红帽公司工作，离开红帽公司后，随着云计算技术和 DevOps 的流行，他认为当时市面上的自动化工具都过于复杂，希望能够开发一种简单易用的自动化运维工具。DeHaan 选择用 Python 语言开发 Ansible，并在 GitHub 上开源了该项目。在开发过程中，DeHaan 汲取了 Cobbler、Puppet、Chef 等项目开发的经验教训。在接下来的几年中，Ansible 得到了广泛的关注和使用，并成为自动化运维领域的知名项目。

在 2015 年，红帽公司将 Ansible 作为核心产品之一收入旗下，并继续推广和开发此工具。在收购 Ansible 后，红帽公司不仅继续维护 Ansible 的开源版本，还推出了商业版本，通过制定企业级自动化方案，为企业用户提供更多的支持和服务。近几年，Ansible 在云计算、容器、DevOps 等领域继续发挥着重要作用，被广泛用于配置管理、应用部署、任务自动化等领域，可实现自动化运维和持续交付等功能。

Ansible 可应用于绝大多数 Linux 发行版中，如 RHEL、CentOS、openSUSE、Debian、Ubuntu、华为 openEuler 等。通过不同的模块和插件，Ansible 还可以用于 Windows、FreeBSD、macOS 等操作系统。

Ansible 的设计目标如下。

（1）简单易用：Ansible 使用简单的 YAML 来编写配置文件，不需要编写复杂的代码。

（2）无须安装客户端：Ansible 不需要在目标系统上安装任何代理软件，可以基于 SSH 进行远程操作。

（3）高效实用：Ansible 可以管理各类系统和网络设备，支持多种操作系统，还可以进行多种类型的任务自动化。

（4）支持大规模部署：Ansible 提供大量的模块、插件、角色、集合并行化执行操作，可管理大规模的服务器和网络设备，完成大规模部署任务。

（5）易于维护：Ansible 提供可读性高的配置文件，使用版本控制工具，易于维护和回滚。

（6）安全性：Ansible 支持多种安全机制，以保护机密信息不被窃取或泄露。Ansible 支持密钥验证和传输层安全（Transport Layer Security，TLS）协议/安全套接字层（Secure Socket Layer，SSL）加密来确保数据传输的安全性，可以使用 ansible-vault 命令来加密配置文件中的敏感信息。

2. Ansible 基本架构

Ansible 可以满足自动化云环境的设置、配置管理、应用程序部署、内部服务编排等 IT 需求。Ansible 被设计用于多层部署，通过描述所有系统的相互关系将 IT 基础设施代码化，以实现对复杂的 IT 环境的管理。

与 Puppet、Chef 等 IT 自动化工具不同的是，Ansible 不需要使用代理或其他自定义安全基础设施，因此易于部署和使用。此外，它使用基于 YAML 格式的 Ansible Playbook 自动化文件，可以让用户以接近英语的方式描述自动化工作。Ansible 基本架构中的核心概念如表 6-1 所示。

表 6-1 Ansible 基本架构中的核心概念

序号	名称	描述
1	Control Node	控制节点，安装 Ansible 且用于管理远程节点（受管主机）的系统都可以称为控制节点，控制节点通常使用 SSH 连接远程主机和设备
2	Managed Node	受管节点，被 Ansible 控制节点管理的主机或设备
3	Inventory	清单文件，用于存储远程主机和设备的信息，如 IP 地址、主机名称、组名等。Ansible 通过清单文件来管理远程主机和设备
4	User	使用 Ansible 的用户，包括系统管理员、运维工程师等
5	Playbook	Ansible 的配置脚本文件，用于定义需要执行的任务和操作
6	Public/Private Cloud	Ansible 可以在公有云或私有云中运行，可以管理云上的资源
7	Plugin	Ansible 提供的插件，用于扩展 Ansible 的功能，如 lookup 插件、filter 插件、callback 插件、netconf 插件等
8	Module	Ansible 模块，模块也可以理解为在受管节点（通常是远程系统）上执行自动化任务的插件。Ansible 内置了大量的模块，如文件操作、包管理、用户管理等模块，用户也可以使用 Python 或者 PowerShell 自行编写模块以执行特定任务。通过 Ansible 模块，可以实现对目标系统的控制和配置
9	API	Ansible 提供的 API，可以通过脚本和程序来调用 Ansible 的功能
10	Networking	Ansible 支持管理网络设备，如交换机、路由器等
11	Host	被 Ansible 管理的主机或设备
12	CMDB	Ansible 可以将收集到的配置信息与其他配置管理数据库（Configuration Management Database，CMDB）工具进行集成，通过可视化方式展示 IT 环境中的配置信息，使 IT 运维团队能够更好地了解整个 IT 环境的配置信息，便于计划和管理 IT 资源

6.2.3 Ansible 安装方式与目录结构

Ansible 由若干个组件组成，包括 ansible-core、ansible-galaxy、ansible-lint 等，这些组件都是 Ansible 的一部分，能够协同工作，为用户提供更加强大和全面的自动化运维功能。ansible-core 是 Ansible 的核心组件，包含 Ansible 的核心功能。

V6-2 Ansible安装方式与目录结构

对于控制节点（运行 Ansible 的机器），可以安装在具有 Python 3.9 或更新版本的 Linux 发行版中，包括 RHEL、Debian、Ubuntu、macOS 和 Windows Subsystem for Linux（WSL）发行版下的 Windows 等，目前 Windows 本身不支持作为控制节点。

受管节点（Ansible 管理的机器）不需要安装 Ansible，但需要 Python 2.7 或 Python 3.5～Python 3.11 来运行 Ansible 库代码。受管节点还需要一个用户账户，该账户允许 Ansible 通过 SSH 方式连接到受管节点，并具有使用交互式 Shell 的权限。表 6-2 所示为 Ansible 控制节点和受管节点所需的 Python 版本。

表 6-2 Ansible 控制节点和受管节点所需的 Python 版本

序号	ansible-core 版本	控制节点 Python 版本	受管节点 Python 版本
1	2.11	Python 2.7、Python 3.5～Python 3.9	Python 2.6～Python 2.7、Python 3.5～Python 3.9

续表

序号	ansible-core 版本	控制节点 Python 版本	受管节点 Python 版本
2	2.12	Python 3.8～Python 3.10	Python 2.6～Python 2.7、Python 3.5～Python 3.10
3	2.13	Python 3.8～Python 3.10	Python 2.7、Python 3.5～Python 3.10
4	2.14	Python 3.9～Python 3.11	Python 2.7、Python 3.5～Python 3.11

Ansible 的安装方式主要有以下几种。

（1）源码安装：通过下载 Ansible 的源码并手动编译安装，安装目录通常是用户指定的目录。

（2）pip 安装：通过 Python 的包管理器 pip 安装 Ansible，安装目录通常由包管理器默认指定。

（3）包管理器安装：使用不同 Linux 发行版自带的包管理器（如 apt、yum 等）安装 Ansible，安装目录通常由包管理器默认指定。

（4）git 安装：通过 git clone 的方式安装 Ansible。

安装 Ansible 的步骤需要根据操作系统及其版本来确定，使用不同的方式安装和部署 Ansible 时，会导致软件安装目录、配置文件、可执行命令、插件等的存放位置不同。以 RHEL、CentOS、华为 openEuler 等 Linux 发行版的包管理器为例，使用 yum 方式安装的 Ansible 的主要目录结构如下。

（1）/etc/ansible：存储系统级别的配置文件，如 ansible.cfg、hosts 等。

（2）/usr/share/ansible：存储 Ansible 的文档、示例、插件等。

（3）/usr/bin/ansible：存储 Ansible 命令的可执行文件，如 ansible、ansible-config、ansible-galaxy、ansible-playbook、ansible-vault、ansible-doc、ansible-inventory 等。

（4）/usr/lib/python×.×/site-packages/ansible：存储 Ansible 的 Python 模块。其中，×.×代表 Python 的版本号。这个目录中存储了 Ansible 所需要的 Python 模块和库，这些模块和库用于在 Ansible 的命令和脚本中执行 Python 代码。

（5）~/.ansible：用户级别的配置文件和目录，如 ansible.cfg、roles 等。

在 RHEL、CentOS、华为 openEuler 等 Linux 发行版中，可以使用 rpm -ql ansble 命令；在 Debian、Ubuntu 等 Linux 发行版中，可以使用 dpkg -L ansible 命令，以查询 Ansible 的安装路径、配置文件等。

也可以使用 ansible --version 命令查看相关信息，该命令会输出当前 Ansible 的版本号、配置文件路径、模块搜索路径、Python 模块位置、Ansible 集合（collection）和角色（role）位置，以及 Ansible 可执行文件位置等。

```
[rhce@control ~]$ ansible --version
ansible [core 2.14.1]
  config file = /etc/ansible/ansible.cfg
  configured module search path = ['/home/rhce/.ansible/plugins/modules', '/usr/share/ansible/plugins/modules']
  ansible python module location = /usr/lib/python3.9/site-packages/ansible
  ansible collection location = /home/rhce/.ansible/collections:/usr/share/ansible/collections
  executable location = /usr/bin/ansible
  python version = 3.9.10 (main, Feb  9 2022, 00:00:00) [GCC 11.2.1 20220127 (Red Hat 11.2.1-9)] (/usr/bin/python3.9)
  jinja version = 3.1.2
  libyaml = True
```

这些信息可以帮助用户了解当前安装的 Ansible 的版本和配置情况。ansible--version 输出信息如表 6-3 所示。

表 6-3 ansible--version 输出信息

序号	名称	描述
1	config file	当前使用的 Ansible 配置文件的路径。在执行 Ansible 命令时，Ansible 会按照一定的优先级查找配置文件。这个文件包含 Ansible 的许多全局设置，如连接方式、插件路径、环境变量等
2	configured module search path	Ansible 模块搜索的配置路径。这个路径是在 Ansible 配置文件（ansible.cfg）中指定的，是 Ansible 在执行时用来查找模块的路径。如果没有配置，那么 Ansible 会使用默认的模块搜索路径
3	ansible python module location	Ansible 的 Python 模块的位置，包含 Ansible 核心模块、插件和其他相关 Python 库。这个路径是 Ansible 在运行时寻找和加载 Python 模块的重要路径
4	ansible collection location	Ansible 集合文件所在的位置。Ansible 集合是一组功能相关的 Ansible 模块和资源的集合，通常是由第三方组织或个人开发并发布的。这些集合可以通过 Ansible Galaxy 工具安装和管理
5	executable location	Ansible 可执行文件的位置
6	python version	Python 的版本信息
7	jinja version	Jinja 模板引擎的版本号，Jinja 是 Ansible 用于模板处理的引擎，它允许在 Ansible Playbooks 中使用模板语法
8	libyaml	系统支持 YAML 解析库 libyaml

6.2.4 清单文件

1. 清单文件简介

IT 基础设施环境中存在大量的服务器、云主机等设备。清单（inventory）文件是 Ansible 用来描述目标主机和主机组的文件。在清单文件中，用户可以指定每个主机的 IP 地址、主机名、组名、变量、连接方式等信息。Ansible 使用清单文件来确定要管理的主机集合，以及在执行任务时如何与这些主机进行交互，还可以使用模式来选择清单文件中的主机或组，针对 IT 基础设施中的多个受管节点执行自动化任务。

V6-3 清单文件

最简单的清单文件是一个包含主机和组列表的文件。该文件的默认位置为/etc/ansible/hosts。通常的做法是不使用该文件，而在 Ansible 配置文件中指定一个清单文件的位置，或者使用 ansible 和 ansible-playbook 命令来执行 Ansible 临时命令（即 Ad Hoc 命令）和 Playbook，可使用 -i <path> 选项指定不同的清单文件，其中 path 是所需清单文件的路径。

Ansible 的清单文件有静态清单文件和动态清单文件两种类型。

（1）静态清单文件：静态清单文件可以通过文本文件定义，在文件中直接列出要管理的主机的主机名或 IP 地址。静态清单文件是 Ansible 常见的清单文件类型，这种清单文件适用于主机数量固定，且这些主机的 IP 地址或主机名不会经常发生变化的环境。

（2）动态清单文件：动态清单文件可以根据需要在运行自动化任务时由外部脚本或程序生成，动态清单文件使用外部数据源，如 CMDB 或云平台 API 来动态查找主机，并生成清单文件。动态清单文件适用于管理数量较多、动态变化的主机，如 Amazon EC2 实例、VMware 虚拟机、OpenStack 实例等。Ansible 提供了一些官方的清单文件插件用于动态生成清单文件。

静态清单文件定义了 Ansible 管理的一批主机，这些主机也可以分配到组中，以进行集中管理。组可以包含子组，一个主机可以是多个组的成员。清单文件还可以设置应用到它所定义的主机和组的变量。

2. 清单文件格式

Ansible 的清单文件主要有两种格式，即 INI 格式和 YAML 格式，这两种格式广泛应用于生产环境中。

（1）INI 格式

INI 格式的清单文件由若干组和主机的信息构成，具有节（section）和键值对的结构。它使用简单的键值对来表示配置项，每个键值对由一个名称（键）和一个值组成，以等号“=”分隔。键值对可以分组存储在节中，每个节用方括号“[]”标识。每个节代表一个主机组，每个键值对代表一个主机及其相关信息。

（2）YAML 格式

YAML 是一种轻量级的数据序列化格式，非常简洁且易于阅读，适合用于维护规模更大的主机信息。其语法基于缩进，YAML 中的键值对使用冒号“:”分隔，all 关键字表示一个包含所有主机的组，hosts 关键字表示主机信息。

INI 格式的清单文件基本格式如下。

```
web.example.com
db.example.com
192.168.100.10
192.168.100.11
[group1]
host1.example.com
host2.example.com
192.168.100.101
192.168.100.102
[group2]
host3.example.com
host3.example.com
192.168.100.103
192.168.100.104
[group_name1]
host1 ansible_host=172.31.32.101
host2 ansible_host=172.31.32.102
[group_name2]
host3 ansible_host=172.31.32.103
host4 ansible_host=172.31.32.104
```

在上述示例中，INI 格式的清单文件包含受管主机的主机名或 IP 地址的列表，如 web.example.com、db.example.com、192.168.100.10、192.168.100.11 分别表示 4 个主机，且不属于任何主机组；group1 和 group2 是两个主机组，用于对主机进行分类，group1 中包含 host1.example.com、host2.example.com、192.168.100.101、192.168.100.102 这 4 个主机，group2 中包含 host3.example.com、host4.example.com、192.168.100.103、192.168.100.104 这 4 个主机；group_name1 和 group_name2 是两个主机组，每个组中有两个主机，变量 ansible_host 用于指定主机的 IP 地址。

YAML 格式的清单文件基本格式如下。

```
all:
  hosts:
    web.example.com:
    db.example.com:
    192.168.100.10:
    192.168.100.11:
  children:
    group1:
```

```
      hosts:
        host1.example.com:
        host2.example.com:
        192.168.100.101:
        192.168.100.102:
    group2:
      hosts:
        host3.example.com:
        host4.example.com:
        192.168.100.103:
        192.168.100.104:
    group_name1:
      hosts:
        host1:
          ansible_host: 172.31.32.101
        host2:
          ansible_host: 172.31.32.102
    group_name2:
      hosts:
        host3:
          ansible_host: 172.31.32.103
        host4:
          ansible_host: 172.31.32.104
```

在上述示例中，顶层的 all 表示 Ansible 清单的默认组，它包含所有的主机和主机组；hosts 表示一个包含所有主机的键，每个主机都是一个键值对，其中键是主机的名称或 IP 地址，值可以为空或是一个字典；children 表示包含所有主机组的键，每个主机组都是一个键值对，其中键是组的名称，值是一个包含所有该组主机的键值对字典。

在此示例中，group1 中包含 host1.example.com、host2.example.com、192.168.100.101 和 192.168.100.102 这 4 个主机；group2 中包含 host3.example.com、host4.example.com、192.168.100.103 和 192.168.100.104 这 4 个主机。

3. all 和 ungrouped

在 Ansible 清单文件中，有两个主机组始终存在，all 主机组包含清单文件中定义的所有主机，ungrouped 主机组表示在清单文件中未被分组的主机。all 和 ungrouped 是隐式的，不会出现在清单文件中。

```
web.example.com
[webserver]
host1
host2
[database]
host3
```

在上面的清单文件中，all 主机组包含 host1、host2 和 host3 这 3 个主机，而 ungrouped 主机组包含 web.example.com 主机。

4. 嵌套组

在 Ansible 清单文件中，可以定义嵌套组，其中父组可以包含多个子组。这可以通过在清单文件中创建一个组并在其中创建另一个组来实现。例如，用户可以创建一个名为 webserver 的父组，该组包含两个分别名为 app1 和 app2 的子组，每个子组都包含一组主机。通过嵌套的方式可以指定父组执行任务或应用模板，以同时处理多个主机。

在 INI 格式中，可以在方括号中定义父组，并用冒号分隔父组的名称和 children 属性。

```
[group_name:children]
group1
group2
```

在上述示例中，group_name 是父组的名称，group1 和 group2 是子组的名称，所有子组中的主机都会被归到父组中。

5. 添加主机范围

如果有很多具有相似模式的主机，则可以通过指定数值或字母范围来简化 Ansible 主机清单文件。添加主机范围的语法格式如下。

```
host[start:end:step]
# host 可以是主机名或 IP 地址，start 表示起始值，end 表示结束值，step 表示步长。范围匹配
# start~end（含）的所有值
```

匹配名为 www01.example.com～www50.example.com 的 50 个主机：

```
www[01:50].example.com
```

匹配名为 server01.example.com～server20.example.com 的所有主机：

```
server[01:20].example.com
```

匹配 192.168.100.0/24～192.168.105.0/24 网络中的所有第 4 版互联网协议（Internet Protocol Version 4，IPv4）地址（192.168.100.0～192.168.105.255）：

```
192.168.[100:105].[0:255]
```

匹配名为 a.node.example.com、b.node.example.com、c.node.example.com 的 3 个主机：

```
[a:c].node.example.com
```

在定义主机的数值范围时，可以指定序列号之间的增量，也就是以 X:Y:Z 的格式来指定序列号范围。其中，X 表示起始值，Y 表示结束值，Z 表示步长。

```
[webservers]
www[01:30:2].example.com
```

www[01:30:2] 表示 www01～www30 且步长为 2 的所有主机，即匹配 www01、www03、www05、……、www49 这些主机，但不匹配 www00、www02、……、www50 这些主机，这样就可以选择性地包含或排除某些主机。

6. 在清单文件中定义别名

可以在清单文件中使用主机变量定义主机别名，别名是自定义的名称，用于表示主机。引用主机时可直接调用别名，而无须知道它们的完整名称。

```
[web_servers]
app1_host ansible_host=app1.example.com
app2_host ansible_host=app2.example.com
```

在上述示例中，可以使用别名 app1_host 和 app2_host 分别代替实际的主机名称 app1.example.com 和 app2.example.com。例如，在运行 Playbook 时，可以使用 app1_host 来指定主机，Ansible 会自动将其解析为 app1.example.com。

7. 清单文件变量

在清单文件中可以指定 Playbook 使用的变量，这些变量仅应用到特定的主机或主机组。通常，应在特殊目录中定义清单文件变量，而不直接在清单文件中进行定义。

Ansible 使用 INI 格式定义清单文件。在清单文件中，可以设置主机或主机组变量。

包含主机变量的 INI 格式清单文件如下。

```
[groupname]
node1 http_port=82 maxRequestsPerChild=202
node2 http_port=92 maxRequestsPerChild=303
```

6.2.5 Ansible 配置文件及 ansible.cfg 主要参数

为管理控制节点和受管节点之间的交互行为，Ansible 提供了多种工具，包括 INI 格式的 ansible.cfg 文件、环境变量、命令行选项、Playbook 的关键字和变量等。在这些工具中，每种工具的优先级都不同，Ansible 会按照优先级查找配置信息。

V6-4 Ansible 配置文件及 ansible.cfg 主要参数

常见的方法是使用配置文件 ansible.cfg 来控制 Ansible 的行为。当 Ansible 执行时，它会按照以下顺序搜索并使用配置文件。

（1）如果设置了环境变量 ANSIBLE_CONFIG，则使用该变量指定的文件作为配置文件，如/opt/ansible/ansible.cfg。

（2）如果当前目录中存在 ansible.cfg 文件，则使用该文件作为配置文件，如/home/rhce/auto-manager/ansible.cfg。

（3）如果用户家目录中存在.ansible.cfg 文件，则使用该文件作为配置文件，如/home/rhce/.ansible.cfg。

（4）如果在上述 3 个位置都没有找到配置文件，则使用默认配置文件/etc/ansible/ansible.cfg。

用户可以在控制节点上的多个位置选择配置文件，按照最高优先级到最低优先级（最容易被覆盖）的顺序，ansible.cfg 文件将按以下顺序进行搜索：ANSIBLE_CONFIG 环境变量指定的 ansible.cfg 文件→执行 Ansible 命令的目录中的 ansible.cfg 文件→当前用户家目录中的~/.ansible.cfg→/etc/ansible/ansible.cfg。

1. 设置 ANSIBLE_CONFIG 环境变量

使用 export 命令可以将 ANSIBLE_CONFIG 环境变量设置为指定的配置文件路径：

```
[rhce@ansible playbook]$ export ANSIBLE_CONFIG=/opt/project/ansile/ansible.cfg
```

执行以下命令可以检查 Ansible 是否使用了新的配置文件路径：

```
[rhce@ansible playbook]$ ansible --version | grep -i cfg
config file =/opt/project/ansile/ansible.cfg
```

如果输出结果中显示了新的配置文件路径，则表示 ANSIBLE_CONFIG 环境变量已成功设置。

使用 export 命令和 -n 选项可以取消 ANSIBLE_CONFIG 环境变量的设置：

```
[rhce@ansible playbook]$ export -n ANSIBLE_CONFIG=/opt/project/ansile/ansible.cfg
```

2. ansible.cfg 文件

ansible.cfg 是 Ansible 的主配置文件，它可以控制 Ansible 的行为和运行方式。该文件包含各种参数和选项，如默认的远程用户、私钥文件位置、任务执行超时时间、任务并发数等。通过配置这些参数和选项，可以对 Ansible 的运行进行定制化设置，以满足不同的需求。

推荐的做法是在运行 Ansible 命令的目录中创建 ansible.cfg 文件，如/home/rhce/project/ansible.cfg。此目录中将包含其他项目文件，如清单文件和 playbooks、roles、collections 等，实践中不常使用~/.ansible.cfg 或/etc/ansible/ansible.cfg 文件。

ansible-config 命令用于查看和管理 Ansible 的配置信息。通过使用该命令，用户可以获取 Ansible 的配置文件路径、查看配置项的值、修改配置项的值等。

```
# 生成一个禁用了所有默认配置的 ansible.cfg 文件
```

```
ansible-config init --disabled > ansible.cfg
# 生成禁用了所有默认配置的 ansible.cfg 文件，其中包含所有可能的配置项
ansible-config init --disabled -t all > ansible.cfg
```

ansible.cfg 文件采用 INI 格式存储配置数据。在文件中，用方括号标识的部分称为配置段（Configuration Section）。每个配置段都有一组相关的配置选项，用于控制 Ansible 的不同行为和功能。Ansible 会根据配置段来读取相应的配置选项并做相应的处理。常用的配置段包括 [defaults]、[privilege_escalation]、[inventory]等，其详细信息如表 6-4 所示。

表 6-4 ansible.cfg 常用配置段的详细信息

序号	配置段名称	描述
1	[defaults]	默认配置段，该配置段设置的值会作为全局默认值，包含一些常用的配置指令，如清单文件路径、远程用户、主机密钥检查等参数。主要的指令有 inventory、remote_user、ask_pass、gather_facts、host_key_checking 等
2	[privilege_escalation]	特权升级配置段，包含一些与特权升级相关的配置指令，如使用 sudo 或 su 提升执行权限等。主要的指令有 become、become_method、become_user、become_ask_pass 等
3	[connection]	默认连接配置段，包含一些与连接类型相关的配置指令，如 ControlMaster、ControlPath 和 ControlPersist 等指令
4	[selinux]	SELinux 配置段，包含一些与 SELinux 相关的配置选项，如在执行任务时是否启用 SELinux 策略等
5	[diff]	差异配置段，包含一些控制任务运行时显示差异信息的配置选项，如任务运行时是否显示差异信息等
6	[inventory]	清单文件配置段，包含一些与 Ansible 清单文件相关的配置选项，如清单文件路径、默认的清单文件名等
7	[galaxy]	Galaxy 配置段，包含一些与 Ansible Galaxy 相关的配置选项，如默认的角色、下载路径等
8	[netconf_connection]	NETCONF 连接配置段，包含一些与 NETCONF 连接相关的配置选项，如默认的 NETCONF 端口号和用户名等
9	[paramiko_connection]	Paramiko 连接配置段，Paramiko 是一个用于实现 SSH 协议的 Python 库，是 Ansible 的一种连接插件。该配置段包含 banner_timeout、look_for_keys、use_rsa_sha2_algorithms 等指令
10	[jinja2]	Jinja2 配置段，包含一些与 Jinja2 相关的配置选项，如 Jinja2 模板文件路径等
11	[tags]	标签配置段，包含一些与标签相关的配置选项，如默认的标签列表等

6.2.6 配置连接和权限提升

Ansible 默认使用 SSH 远程管理受管节点，配置文件可以控制 Ansible 使用什么方法和用户来管理受管主机。在实施自动化管理前，Ansible 通常需要确认如下信息。

（1）确定受管主机和主机组所在清单文件的位置。

（2）使用哪一种连接协议来与受管主机通信（默认为 SSH），以及是否需要非标准网络端口来连接服务器。

（3）用于访问远程主机的 SSH 用户名，远程用户可以是 root 用户或某一非特权用户。

（4）用于身份验证的 SSH 密码或私钥，可以设置是否提示输入 SSH 密码，或者允许免密码验证。

（5）如果远程用户为非特权用户，则 Ansible 需要确认是否允许该用户升级为 root 用户，以及使用何种方式进行权限提升；如果使用 sudo 方式提升权限，则需要确认是否使用 sudo 密码获取特权。

ansible.cfg 配置文件由多个部分组成，每个部分都有一个方括号标识的配置段名称。其中，[defaults]、[privilege_escalation]是常用的配置段。

下面是典型的 ansible.cfg 文件，其中定义了 Ansible 默认的操作和特权升级相关指令，其描述信息如表 6-5 所示。

```
[defaults]
inventory=./inventory
remote_user=rhce
ask_pass=false
host_key_checking=false
[privilege_escalation]
become=true
become_method=sudo
become_user=root
become_ask_pass=false
```

表 6-5 Ansible 默认的操作和特权升级相关指令

序号	指令	描述
1	inventory	用于指定清单文件的位置，默认情况下，Ansible 会搜索/etc/ansible/hosts 来查找主机清单文件，该指令可以设置其他清单来覆盖默认值。 例如，inventory=./inventory、inventory=/opt/playbook/inventory
2	remote_user	要在受管主机上登录的用户的名称。如果未指定，则使用当前用户的名称，例如，remote_user=rhce
3	ask_pass	是否提示输入 SSH 密码。如果使用 SSH 公钥进行身份验证，则可以设置为 false。如果设置为 false，则不管是 root 用户还是普通用户，都需要使用 ssh-keygen 和 ssh-copy-id 配置无密钥验证
4	host_key_checking	是否开启主机密钥检查，即在 SSH 连接时检查主机密钥，可防止中间人攻击，默认值为 true
5	become	是否使用特权升级，默认为 false。如果该指令设置为 true，则在远程连接后会自动在受管主机上切换用户以激活特权升级（通常切换为 root 用户）
6	become_method	指定切换用户的方法，可选值为 sudo 和 su，如 become_method=sudo
7	become_user	要在受管主机上切换到的用户，通常是 root，如 become_user=root
8	become_ask_pass	是否询问特权升级密码，默认为 false。 如果设置为 false，则可以通过 visudo 命令设置 NOPASSWD 或可插拔认证模块（Pluggable Authentication Module，PAM）取消提权密码

1. 连接设置

Ansible 采用无代理模式自动化管理受管节点，默认情况下，Ansible 使用 SSH 连接受管主机。控制 Ansible 如何连接受管主机的指令在 [defaults] 部分设置。当 Ansible 控制主机连接受管主机时，默认使用的用户名与运行 Ansible 命令的本地用户的名称相同。若要指定不同的远程用户，则需要将 remote_user 设置为该用户的名称。

```
[defaults]
inventory = ./inventory
remote_user = rhce
ask_pass = false
```

如果设置指令 ask_pass = true，则远程连接的用户需要输入用户账户和密码。如果 Ansible 控制节点的管理用户配置了 SSH 私钥，通过指令 ask_pass=false，在受管主机上进行远程用户身份验证，可以实现免密码登录。

2. 特权升级

在 Ansible 自动化运维场景中，通常建议使用非特权用户身份连接远程主机，然后通过特权升级获得 root 用户身份的管理权限。特权升级是指在连接到远程主机后，将非特权用户的权限提升到更高级别，对应的指令可以在 [privilege_escalation]中配置，主要的指令如表 6-5 所示。

例如，Ansible 管理用户 rhce 可以通过基于 SSH 密钥的身份连接受管主机，并且可以使用 sudo 以 root 用户身份运行命令而不必输入密码。ansible.cfg 文件如下。

```
[defaults]
inventory = ./inventory
remote_user = rhce
ask_pass = false
[privilege_escalation]
become=true
become_method=sudo
become_user=root
become_ask_pass=false
```

在上述示例中，要默认启用特权升级，可以在配置文件中将 become 设置为 true，除了在 ansible.cfg 配置文件中设置 become 指令之外，还可以在运行 Ad Hoc 命令或 Ansible Playbook 时设置 become 指令；become_method 指令用于指定如何升级特权，有多个选项可用，默认使用 sudo；become_user 指令用于指定要升级到的用户，默认为 root，如果所选的 become_method 机制要求用户输入密码才能升级特权，则可以在配置文件中将 become_ask_pass 设置为 true。

3. sudo 提权

sudo 是一种在 Linux 操作系统中执行特权命令的方式。使用 sudo 可以让普通用户在需要时执行 root 用户权限级别的操作，而不需要切换到 root 用户。在使用 sudo 提权时，用户需要在命令前面加上 sudo，系统会提示用户输入自己的密码，如果密码输入正确，则系统会执行该命令。

sudo 的权限可以通过配置文件/etc/sudoers 来管理，这个文件定义了哪些用户可以执行哪些命令。在 RHEL、CentOS 中，/etc/sudoers 的默认配置允许 wheel 组中的所有用户在输入密码后使用 sudo 获取 root 权限；在 Ubuntu 中，/etc/sudoers 的默认配置允许 sudo 组中的所有用户在输入密码后使用 sudo 获取 root 权限。

例如，用户 rhce 在不输入密码的前提下使用 sudo 成为 root 用户，可将如下指令写入/etc/sudoers.d/rhce 文件。

```
## password-less sudo for Ansible user
rhce ALL=(ALL) NOPASSWD:ALL
```

Ansible 配置 SSH 密钥连接的流程如下。

（1）在控制节点上使用 ssh-keygen 命令生成 SSH 密钥对，默认的密钥文件保存在~/.ssh 目录中。

（2）使用 ssh-copy-id 命令将控制节点公钥复制到受管节点对应用户的 ~/.ssh/authorized_keys 文件中。

（3）修改控制节点和受管节点上普通用户的 sudo 权限，通过使用 visudo 命令或者编辑/etc/sudoers 文件参数实现。

（4）修改 ansible.cfg 文件，设置 become 相关指令。

（5）执行 Ansible 命令，测试 Ansible 控制节点特权是否正常。

除了配置文件指令外，还可以通过命令选项设置远程连接和权限提升。Ansible 命令权限提升选项如表 6-6 所示。

表 6-6　Ansible 命令权限提升选项

序号	选项	描述
1	-K、--ask-become-pass	执行任务时提示输入权限提升密码
2	-k、--ask-pass	提示输入远程登录密码
3	-become-method	指定权限提升的方法，默认为 sudo
4	-become-user	指定权限提升后的用户
5	-b、--become	启用权限提升

6.3 项目实训

【实训任务】

本实训的主要任务是在控制节点主机上使用包管理器安装 Ansible，构建静态清单文件并验证清单文件主机信息，使用 SSH 连接受管主机，以及在 ansible.cfg 文件中设置默认指令和提权指令，并在受管主机上运行测试命令验证特权升级等。

【实训目的】

（1）掌握使用 yum 和 apt 包管理器方式安装 Ansible 的方法。

（2）掌握使用 pip 包管理器方式安装 Ansible 的方法。

（3）掌握 Ansible 版本信息的查询方法。

（4）掌握清单文件的基本格式和构建方法。

（5）掌握 ansible.cfg 文件的基本指令和提权指令的设置方法。

【实训内容】

（1）使用 yum 包管理器安装 Ansible。

（2）使用 apt 包管理器安装 Ansible。

（3）使用 pip 包管理器安装 Ansible。

（4）构建清单文件，并验证清单文件主机信息。

（5）构建 ansible.cfg 文件，并设置[default]中的指令。

（6）构建 ansible.cfg 文件，并设置[privilege_escalation]中的指令。

（7）验证 Ansible 权限提升功能。

【实训环境】

在进行本项目的实训操作前，提前准备好 Linux 操作系统环境，RHEL、CentOS Stream、Debian、Ubuntu、华为 openEuler、麒麟 openKylin 等常见 Linux 发行版都可以进行项目实训。实训的环境清单及 Linux 发行版可根据实际情况进行调整。

实训环境清单如表 6-7 所示。

表 6-7　实训环境清单

序号	受管节点主机名	操作系统	IP 地址	Ansible 角色
1	control.example.com	CentOS Stream 9	172.31.32.100	控制节点
2	control.u22example.com	Ubuntu 22	172.31.32.101	控制节点
3	control.openeuler22.com	openEuler 22	172.31.32.102	控制节点
4	node1.example.com	Ubuntu 22	172.31.32.111	受管节点
5	node2.example.com	CentOS 7	172.31.32.112	受管节点

续表

序号	受管节点主机名	操作系统	IP 地址	Ansible 角色
6	node3.example.com	RHEL 9	172.31.32.113	受管节点
7	node4.example.com	CentOS Stream 9	172.31.32.114	受管节点
8	node5.example.com	openEuler 22	172.31.32.115	受管节点
9	node6.example.com	Rocky Linux 9	172.31.32.116	受管节点

6.4 项目实施

任务 6.4.1 在 CentOS 9 上安装 Ansible

V6-5 实训-在 CentOS 9 上安装 Ansible

1. 任务描述

（1）在 CentOS Stream 9 中，通过系统自带的包管理器安装 Ansible。

（2）控制主机名为 control.example.com。

（3）rhce 用户具有 sudo 特权。

2. 任务实施

（1）将 rhce 用户加入 wheel 组，并赋予 rhce 用户 sudo 权限。

```
[root@control ~]# usermod -G wheel rhce
[root@control ~]# visudo
%wheel  ALL=(ALL)       ALL
%wheel  ALL=(ALL)       NOPASSWD: ALL
```

（2）以 rhce 用户身份，在 control 上将工作目录切换为用户的家目录。

```
[root@control ~]# su - rhce
[rhce@control ~]$ id
uid=1000(rhce) gid=1000(rhce) groups=1000(rhce),10(wheel)
# 查看操作系统发行版信息
[rhce@control ~]$ cat /etc/redhat-release
CentOS Stream release 9
```

（3）查看 yum 仓库、Python 版本信息。

```
[rhce@control ~]$ yum repolist
repo id                                       repo name
appstream                                     CentOS Stream 9 - AppStream
baseos                                        CentOS Stream 9 - BaseOS
[rhce@control ~]$ python --version
Python 3.9.16
```

（4）安装 EPEL 软件仓库。在 RHEL 和 CentOS 中，可以通过安装 epel-release 软件包来启用 EPEL 软件仓库。EPEL 软件仓库中包含各种社区制作的软件包，可以满足用户的更多软件需求。EPEL 软件仓库由 Fedora 项目支持，并由相关社区维护。

```
[rhce@control ~]$ sudo yum -y install epel-release
```

（5）使用 yum 包管理器安装 Ansible。

```
[rhce@control ~]$ sudo yum install ansible
```

（6）使用 ansible--version 命令查看 Ansible 版本信息。

```
[rhce@control ~]$ ansible --version
```

任务 6.4.2 使用 pip 包管理器安装 Ansible

V6-6 实训-使用 pip 包管理器安装 Ansible

1. 任务描述

（1）在 CentOS Stream 9 中，通过 pip 包管理器安装 Ansible。

（2）控制主机名为 control.example.com。

（3）rhce 用户具有 sudo 特权。

2. 任务实施

（1）将 rhce 用户加入 wheel 组，并赋予 rhce 用户 sudo 权限。

```
[root@control ~]# usermod -G wheel rhce
[root@control ~]# visudo
%wheel  ALL=(ALL)       ALL
%wheel  ALL=(ALL)       NOPASSWD: ALL
```

（2）以 rhce 用户身份，在 control 主机上将工作目录切换为用户的家目录。

```
[root@control ~]# su - rhce
[rhce@control ~]$ id
uid=1000(rhce) gid=1000(rhce) groups=1000(rhce),10(wheel)
# 查看操作系统发行版信息
[rhce@control ~]$ cat /etc/redhat-release
CentOS Stream release 9
```

（3）配置 pip 镜像站点为清华大学的镜像站点，加快 Python 包的下载和安装速度。

```
[rhce@control ~]$ mkdir ~/.pip
[rhce@control ~]$ vim ~/.pip/pip.conf
[global]
timeout = 6000
index-url = https://pypi.tuna.tsinghua.edu.cn/simple
trusted-host = pypi.tuna.tsinghua.edu.cn
```

（4）安装 Python 3 的包管理器 pip，并更新 pip 版本。pip 是 Python 附带的包管理器，允许用户安装和管理 Python 库及模块，也可用于安装和管理不属于 Python 标准库的附加包，它可以在线搜索 Python 包索引（Python Package Index，PyPI）库中的软件包，并将它们安装到系统中。

```
[rhce@control ~]$ sudo yum -y install python3-pip
[rhce@control ~]$ pip3 install --upgrade pip
```

（5）使用 pip 包管理器安装 Ansible，--user 选项用于指定将 Ansible 安装到当前用户的家目录下。

```
[rhce@control ~]$ pip3 install ansible --user
Looking in indexes: https://pypi.tuna.tsinghua.edu.cn/simple
Collecting ansible
  Downloading
https://pypi.tuna.tsinghua.edu.cn/packages/57/33/0c6024d1114e267a362f1c5a0593c2c1a
41f5b556da59b48ae47b35acc56/ansible-7.1.0-py3-none-any.whl (42.4 MB)
     ━━━━━━━━━━━━━━━━━━━━━━━━━━━━━━━━━━━━━━━━━━━━━━━━━━━━━━━━━━━
42.4/42.4 MB 9.2 MB/s eta 0:00:00
```

（6）使用 ansible--version 命令查看 Ansible 版本信息。

```
[rhce@control ~]$ ansible --version
ansible [core 2.14.1]
  config file = None
```

```
    configured module search path = ['/home/rhce/.ansible/plugins/modules', '/usr/share/ansible/plugins/modules']
    ansible python module location = /home/rhce/.local/lib/python3.9/site-packages/ansible
    ansible collection location = /home/rhce/.ansible/collections:/usr/share/ansible/collections
    executable location = /home/rhce/.local/bin/ansible
    python version = 3.9.10 (main, Feb  9 2022, 00:00:00) [GCC 11.2.1 20220127 (Red Hat 11.2.1-9)] (/usr/bin/python3)
    jinja version = 3.1.2
    libyaml = True
```

任务 6.4.3 构建清单文件

1. 任务描述

V6-7 实训-构建清单文件

（1）在 CentOS Stream 9 中，控制主机名为 control.example.com，在该主机上构建 Ansible 清单文件。

（2）在默认清单文件/etc/ansible/hosts 中添加受管节点主机和主机组，并进行验证。

（3）创建自定义清单文件/home/rhce/ansible/inventory，添加受管节点主机和主机组信息，并进行验证。

2. 任务实施

（1）在控制节点 control.example.com 主机上，将受管节点各主机 IP 地址和其他信息写入/etc/hosts 文件。

```
[rhce@control ~]$ cat /etc/hosts
172.31.32.111 node1.example.com node1
172.31.32.112 node2.example.com node2
172.31.32.113 node3.example.com node3
172.31.32.114 node4.example.com node4
172.31.32.115 node5.example.com node5
172.31.32.116 node6.example.com node6
```

（2）编辑默认的清单文件/etc/ansible/hosts，将 node1.example.com 添加到默认清单文件末尾，将 web 主机组添加到该文件的底部，并将 node2.example.com、node3.example.com 节点作为 web 主机组成员。

```
[rhce@control ~]$ sudo vim /etc/ansible/hosts
...output omitted...
node1.example.com 172.31.32.111
[web]
node2.example.com
node3.example.com
```

（3）使用 ansible all --list-hosts 命令列出默认清单文件中的所有受管主机。

```
[rhce@control ~]$ ansible all --list-hosts
  hosts (3):
    node1.example.com
    node2.example.com
    node3.example.com
```

（4）使用 ansible ungrouped --list-hosts 命令仅列出不属于任何主机组的受管主机。

```
[rhce@control ~]$ ansible ungrouped --list-hosts
```

```
  hosts (1):
    node1.example.com
```

（5）使用 ansible web --list-hosts 命令仅列出属于 web 主机组的受管主机。

```
[rhce@control ~]$ ansible web --list-hosts
  hosts (2):
    node2.example.com
    node3.example.com
```

（6）在控制节点 control.example.com 上创建静态清单文件，清单文件路径为/home/rhce/ansible/inventory，并验证清单文件主机信息。清单文件中 node1.example.com 和 node2.example.com 是 web 主机组的成员，node3.example.com 是 balancer 主机组的成员，node4.example.com 是 prod 主机组的成员，node5.example.com 是 test 主机组的成员，prod 主机组和 web 主机组是 devops 主机组的成员，node6.example.com 不属于任何主机组。

```
[rhce@control ~]$ mkdir /home/rhce/ansible/
[rhce@control ~]$ vi /home/rhce/ansible/inventory
node6.example.com
[web]
node1.example.com
node2.example.com
[balancer]
node3.example.com
[prod]
node4.example.com
[test]
node5.example.com
[devops:children]
prod
web
```

（7）使用 ansible all --list-hosts 命令列出清单文件中的所有主机信息。

```
[rhce@control ~]$ ansible all -i /home/rhce/ansible/inventory --list-hosts
```

（8）使用 ansible 命令列出清单文件中不属于任何主机组的受管主机。

```
[rhce@control ~]$ cd /home/rhce/ansible/
[rhce@control ansible]$ ansible ungrouped -i inventory  --list-hosts
  hosts (2):
    node6.example.com
```

（9）查看 YAML 格式的清单文件主机信息。

```
[rhce@control ansible]$ ansible-inventory --list
```

（10）使用 ansible_host 变量来指定主机的 IP 地址或主机名，编辑/home/rhce/ansible/inventory 文件，添加 web_server、database_server、kubernetes 这 3 个主机组，并添加新的清单文件信息。

```
[rhce@control ansible]$ /home/rhce/ansible/inventory
[web_server]
web1 ansible_host=172.31.100.111
web2 ansible_host=172.31.100.112
[database_server]
db1 ansible_host=172.31.32.113
db2 ansible_host=172.31.32.114
[kubernetes]
```

```
master ansible_host=master.lab.example.com
work01 ansible_host=work01.lab.example.com
work02 ansible_host=work02.lab.example.com
```

（11）使用 Ansible 命令查看新添加的 3 个清单文件主机组信息。

```
[rhce@control ansible]$ ansible web_server,database_server,kubernetes -i inventory --list-hosts
```

任务 6.4.4 构建配置文件

V6-8 实训-构建配置文件

1. 任务描述

（1）在受管节点 node1.example.com（node1）、node2.example.com（node2）主机上，赋予 rhce 用户 sudo 权限。

（2）在控制节点 control.example.com 主机上，以 rhce 用户身份连接 node1 和 node2 受管节点，该用户可以使用基于 SSH 密钥的身份验证方式登录，并且可以 root 用户身份使用 sudo 命令运行任何命令，而无须提供密码。

（3）在控制节点 control.example.com 主机上，使用/home/rhce/devops/inventory 构建清单文件。

（4）创建自定义配置文件/home/rhce/devops/ansible.cfg，添加清单文件、管理账户和权限提升等相关指令，使用 rhce 用户作为远程管理账户，通过 sudo 方式切换为 root 用户以提升权限，rhce 使用 sudo 提权时无须输入密码。

2. 任务实施

（1）控制节点 control.example.com 主机上已经部署好 Ansible，将受管节点各主机 IP 地址和其他信息写入/etc/hosts 文件。

```
[rhce@control ~]$ cat /etc/hosts
172.31.32.111 node1.example.com node1
172.31.32.112 node2.example.com node2
[rhce@control ~]$ ansible --version
```

（2）在控制节点上的 rhce 用户的家目录/home/rhce 中，创建名为 devops 的新目录，并将当前路径更改到该目录。

```
[rhce@control ~]$ mkdir ~/devops
[rhce@control ~]$ cd ~/devops
[rhce@control devops]$ pwd
/home/rhce/devops
```

（3）在控制节点 control.example.com 主机上，以 rhce 用户身份创建公钥和私钥文件。

```
[rhce@control devops]$ ssh-keygen
Generating public/private rsa key pair.
Enter file in which to save the key (/home/rhce/.ssh/id_rsa): 按Enter键
Enter passphrase (empty for no passphrase): 按Enter键
Enter same passphrase again: 按Enter键
Your identification has been saved in /home/rhce/.ssh/id_rsa.
Your public key has been saved in /home/rhce/.ssh/id_rsa.pub.
The key fingerprint is:
SHA256:yp9dPs0iaJtfTTBqpUwH33deJWXK1vDYt6wmam7Eml0 rhce@node1.example.com
The key's randomart image is:
+---[RSA 3072]----+
|         .   o.+|
```

```
|         o o X.|
|        . * * O|
|       o = +.o=|
|      S =   .o.|
|   . . + E o.  |
|     o =...o=.  |
|      +oBo+= o  |
|      .O=o..o   |
+----[SHA256]-----+
```

（4）使用ssh-copy-id命令，将控制节点rhce用户的公钥复制到受管节点rhce用户的~/.ssh/authorized_keys文件中。

```
[rhce@control devops]$ ssh-copy-id rhce@172.31.32.111
[rhce@control devops]$ ssh-copy-id rhce@172.31.32.112
```

（5）复制完公钥后，控制节点使用 rhce用户通过SSH连接到受管节点时，无须输入密码。

```
[rhce@control devops]$ ssh 172.31.32.111
Last login: Wed Feb  1 20:27:50 2023 from 172.31.32.100
[rhce@node1 ~]$ exit
[rhce@control devops]$ ssh 172.31.32.112
Last login: Wed Feb  1 20:27:50 2023 from 172.31.32.100
[rhce@node2 ~]$
```

注意：如果SSH客户端与OpenSSL库之间存在版本不匹配，会导致远程连接报错，如OpenSSL version mismatch. Built against 30000010, you have 30200010，可以使用sudo yum update openssl openssh命令使系统上的OpenSSL库和SSH客户端保持一致的版本。

（6）在node1和node2主机上，将rhce用户加入wheel主机组，并赋予rhce用户sudo权限。

```
[root@node1~]# usermod -G wheel rhce
[root@ node1 ~]# visudo
%wheel  ALL=(ALL)       ALL
%wheel  ALL=(ALL)       NOPASSWD: ALL
[root@node2~]# usermod -G wheel rhce
[root@ node2 ~]# visudo
%wheel  ALL=(ALL)       ALL
%wheel  ALL=(ALL)       NOPASSWD: ALL
```

（7）创建/home/rhce/devops/ansible.cfg文件，写入[defaults]部分的内容，添加inventory、remote_user、ask_pass等指令。

```
[rhce@control devops]$ cat ansible.cfg
[defaults]
inventory=./inventory
remote_user=rhce
ask_pass=false
host_key_checking=False
```

（8）在ansible.cfg文件中写入 [privilege_escalation] 部分的内容，添加become、become_method、become_user、become_ask_pass等指令，允许权限提升，可以使用root用户身份及sudo方式提升权限，rhce用户无须使用密码进行身份验证。

```
[rhce@control devops]$ cat ansible.cfg
[defaults]
inventory=./inventory
```

```
remote_user=rhce
ask_pass=false
host_key_checking = False
[privilege_escalation]
become=true
become_method=sudo
become_user=root
become_ask_pass=false
```

（9）创建清单文件，写入清单文件主机和主机组信息。

```
[rhce@control devops]$ pwd
/home/rhce/devops
[rhce@control devops]$ ls
ansible.cfg  inventory
[rhce@control devops]$ cat inventory
[web]
node1.example.com
node2.example.com
```

（10）执行 Ansible 命令，测试远程主机网络连接情况。

```
[rhce@control devops]$ ansible web -m ping
```

项目练习题

1. 选择题

（1）Ansible 默认使用（　　）协议与受管主机进行通信。

A. FTP　　B. HTTP　　C. SSH　　D. Telnet

（2）关于 Ansible 自动化工具的描述正确的是（　　）。

A. 需要在远程主机上安装额外的代理程序

B. 只能在 Linux 操作系统中运行

C. 使用 SSH 进行通信，以保证通信安全

D. 不支持对多个主机同时执行任务

（3）Ansible 默认的配置文件是（　　）。

A. ansible.cfg　　B. ansible.conf　　C. ansible.yml　　D. ansible.ini

（4）使用 Ad Hoc 命令时，关于同时指定多个目标主机的描述正确的是（　　）。

A. 可以，使用逗号分隔　　B. 可以，使用空格分隔

C. 不可以，只能指定一个目标主机　　D. 不可以，需要编写一个 Playbook 来实现

（5）如果想要在受管主机上切换到 root 用户，则应该在 Ansible Playbook 中设置（　　）选项。

A. remote_user　　B. host_key_checking　C. become　　D. become_user

（6）如果不想在 SSH 连接时检查主机密钥，则应该在 ansible.cfg 中设置（　　）选项。

A. remote_user　　B. host_key_checking　C. become　　D. ask_pass

（7）如果想要在受管主机上切换用户，并使用 sudo 方式，则应该在 Ansible Playbook 中设置（　　）选项。

A. remote_user　　B. become_method　　C. become_user　　D. become_ask_pass

（8）如果想要在受管主机上切换到特定用户（如 root），且不需要提示输入密码，则应该在 ansible.cfg 中设置（　　）选项。

A. remote_user　　B. become_method　　C. become_user　　D. become_ask_pass

（9）如果在执行 Ansible 命令的目录中同时存在 ansible.cfg 和/etc/ansible/ansible.cfg 文件，则（　　）将被优先使用。

A. ansible.cfg　　B. /etc/ansible/ansible.cfg

C. 两者都不会被使用　　D. 取决于配置文件中的优先级设置

（10）如果在执行 Ansible 命令的目录中存在 ansible.cfg 文件，并且在用户的家目录中存在~/.ansible.cfg 文件，则（　　）将被优先使用。

A. ansible.cfg　　B. ~/.ansible.cfg　　C. 两者都不会被使用　　D. 两者都会被使用

（11）如果在执行 Ansible 命令的目录中不存在 ansible.cfg 和~/.ansible.cfg 文件，但设置了环境变量 ANSIBLE_CONFIG 指向/opt/ansible/ansible.cfg 文件，则（　　）将被优先使用。

A. ansible.cfg　　B. /opt/ansible/ansible.cfg

C. 两者都不会被使用　　D. 取决于配置文件中的优先级设置

2. 实训题

（1）某企业需要在多个 Linux 服务器上进行自动化部署和管理，服务器涵盖多种 Linux 发行版。为了提高运维效率，需要使用 Ansible 作为自动化工具来管理这些服务器。当前，Ansible 服务器操作系统为 CentOS Stream 9，其他受管主机分别使用 CentOS、RHEL、Ubuntu、华为 openEuler 等系统。现需要在 CentOS Stream 9 中安装 Ansible，并创建 Ansible 主机清单文件，将其他远程主机的 IP 地址加入清单文件中，配置 SSH 免密码登录，确保 Ansible 控制节点可以无密码验证连接到其他远程主机。

（2）某企业需要在多个 Linux 服务器上进行自动化部署和管理，服务器涵盖多种 Linux 发行版。为了提高运维效率，需要使用 Ansible 作为自动化工具来管理这些服务器。当前，Ansible 服务器操作系统为 Ubuntu 22，其他受管主机分别使用 CentOS、RHEL、Ubuntu、华为 openEuler 等系统。现需要在 Ubuntu 22 中安装 Ansible，并创建 Ansible 主机清单文件，将其他远程主机的 IP 地址加入清单文件中，配置 SSH 免密码登录，确保 Ansible 控制节点可以无密码验证连接到其他远程主机。

项目 7 Ansible Playbook基本语法

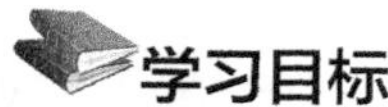

学习目标

【知识目标】

- 了解 YAML 和 JSON 的基本格式。
- 了解 Ansible 常用的内置模块。
- 了解 ansible-doc 命令的基本语法。
- 了解 Ansible Playbook 的基本语法。

【技能目标】

- 掌握 ansible-doc 命令的使用方法，能够查看 Ansible 模块的示例和文档信息。
- 掌握 Ansible Ad Hoc 命令的使用方法，能够使用命令执行临时任务。
- 掌握 Ansible Playbook 的使用方法，能够编写基本的 Ansible Playbook 并实施 Play 任务。

【素质目标】

- 培养读者的团队合作精神、协同创新能力，使其能够在团队中积极合作、有效沟通。
- 培养读者分析和评估信息的能力，使其能够运用逻辑思维解决复杂问题。
- 培养读者的责任感和独立思考能力，使其能够对自己的行为和决策负责，并能够独立思考问题，做出明智的选择。

7.1 项目描述

Ansible Playbook 是一种用于定义 IT 基础设施自动化任务的 YAML 格式文件，通常使用.yml 或.yaml 作为文件扩展名。Playbook 由多个 Play 构成，每个 Play 包含一个或多个任务。每个任务由一个或多个模块组成，这些模块负责完成各种不同的任务，如安装软件、配置文件、设置权限等。Ansible 提供了大量的内置模块，如 yum、copy、service 等，也支持自定义模块以满足特定需求，通过模块的组合，可以实现复杂的自动化操作。

Ansible Playbook 的使用场景非常广泛，特别是在需要管理大规模 IT 基础设施的场景下。企业可以使用 Playbook 来自动化管理多个环境，部署分布式系统、云平台和容器化环境，并自动化管理应用程序、配置文件等。

本项目主要介绍 YAML 和 JavaScript 对象简谱（JavaScript Object Notation，JSON）的基本格式，Ad Hoc 命令的基本语法和使用方法，Ansible Playbook 的编写、语法验证，以及自动化任务实施等。

7.2 知识准备

7.2.1 Ad Hoc 命令

1. Ad Hoc 命令简介

V7-1 Ad Hoc 命令

当使用 Ansible 进行自动化管理时，通常有两种方式，一种是通过 Playbook 文件进行管理，另一种则是使用 Ad Hoc 命令进行管理。在计算机领域中，Ad Hoc 通常指的是一种无须事先准备的、快速解决问题的方法。在 Ansible 中设计 Ad Hoc 命令的初衷是提供一种灵活、易用的自动化解决方案，以快速地完成各种操作，可在命令行中直接执行一些简单的任务，如快速检查远程主机的状态、安装软件包、复制文件、修改配置等，而不需要编写完整的 Playbook。

Ansible 提供 Ad Hoc 命令，该命令可以快速执行单个任务，无须编写 Playbook 即可在线操作。Ad Hoc 命令非常适用于在终端中执行简单的 Ansible 任务，例如，可以使用 Ad Hoc 命令来确保特定行在一组服务器的/etc/hosts 文件中存在，或者在多个计算机上高效重启服务或更新软件包等。Ad Hoc 命令虽然存在一些局限性，但对于快速执行简单任务而言非常实用。对于 Ansible 自动化的专家来说，使用 Ad Hoc 命令可以更加高效地操作服务器；当然，对于更加复杂的场景，需要使用 Ansible Playbook 来充分发挥 Ansible 的作用。

Ad Hoc 命令集由/usr/bin/ansible 实现，其基本语法如下。

```
ansible [pattern] -m [module] -a "[module options]"
ansible <host-pattern> [-m module_name] [-a args]
[-h] [--version] [-v] [-b] [--become-method BECOME_METHOD] [--become-user BECOME_USER] [-K | --become-password-file BECOME_PASSWORD_FILE][-i INVENTORY] [--list-hosts] [-l SUBSET] [-P POLL_INTERVAL] [-B SECONDS] [-o] [-t TREE] [--private-key PRIVATE_KEY_FILE] [-u REMOTE_USER] [-c CONNECTION] [-T TIMEOUT] [-k | --connection-password-file CONNECTION_PASSWORD_FILE] [-C] [--syntax-check] [-D] [-e EXTRA_VARS] [--vault-id VAULT_IDS] [--ask-vault-password | --vault-password-file VAULT_PASSWORD_FILES] [-f FORKS] [-M MODULE_PATH] [--playbook-dir BASEDIR] [--task-timeout TASK_TIMEOUT] [-a MODULE_ARGS] [-m MODULE_NAME]
```

在使用 Ad Hoc 命令时，需要使用 host-pattern 参数来指定要在哪些受管主机上执行命令，host-pattern 可以是清单文件中的特定主机或主机组。使用--list-hosts 选项可以列出与特定主机模式匹配的主机，如果需要指定其他清单文件位置，则可以使用-i 选项替换默认位置。

使用-m 选项可以指定要在目标主机上运行的模块名称。模块是实现任务的小程序，有些模块不需要额外的信息，而有些模块需要使用额外的参数来指定操作细节。使用-a 选项表示以带引号字符串的形式传递参数列表。Ad Hoc 命令常见的参数或选项如表 7-1 所示。

表 7-1 Ad Hoc 命令常见的参数或选项

序号	参数或选项	描述
1	<host-pattern>	表示目标主机或主机组的模式，可以使用 IP 地址、主机名或主机组名称等方式指定。例如，ansible all -m ping 表示对所有主机执行 ping 命令
2	-m module_name	表示要执行的模块的名称，如 setup、debug、yum、shell 等
3	-a args	表示要传递给模块的参数，以字符串的形式表示，多个参数可以使用空格符分隔。例如，ansible all -m shell -a "ls -l /var/log"表示在所有主机上执行 ls 命令
4	-i INVENTORY	表示指定主机清单文件的路径，默认为/etc/ansible/hosts
5	-f FORKS	表示同时运行的进程数，默认为 5
6	-u REMOTE_USER	表示指定要在远程主机上执行命令的远程用户，如果未指定，则默认使用当前用户

续表

序号	参数或选项	描述
7	-k --ask-pass	表示使用远程主机的账户和密码进行身份验证
8	-K --ask-become-pass	表示在远程主机上使用 sudo 命令来执行任务，需要在执行命令时提供远程用户的提权密码
9	-b	表示使用 sudo 权限执行任务，如果不需要输入 sudo 密码，需要在远程主机上配置 sudo 权限 NOPASSWD
10	--ask-vault-password	表示要求输入 Vault 密码进行解密
11	--vault-password-file=VAULT_PASSWORD_FILES	表示指定 Vault 密码文件的路径
12	--syntax-check	表示检查语法错误
13	--list-hosts	表示列出与模式匹配的主机名

2. Ad Hoc 命令通过模块执行任务

Ad Hoc 命令通常使用模块来执行特定任务。Ansible 提供了大量的模块。这些模块已经经过测试，并作为 Ansible 标准安装的一部分。使用这些模块可以轻松地执行许多常见的系统管理任务，而无须自己编写脚本或命令。例如，有许多模块可用于管理文件、用户、组、软件包、服务等。使用这些模块，可以大大减少完成任务所需的时间和工作量。

Ansible 的模块库包括大量的内置模块，其常见模块如表 7-2 所示。这些模块对许多常见操作提供了支持，如文件操作、用户管理、包管理、网络操作、监视等。这些模块可以轻松地与其他 Ansible 组件（如 Playbook、角色、任务等）结合使用，以实现灵活、可重复使用的自动化工作流程。

表 7-2　Ansible 常见模块

序号	模块名	描述	主要选项	模块命令示例
1	copy	用于将本地文件复制到远程受管节点	src：指定要复制到远程节点主机的本地文件的路径，可以是绝对路径或相对路径。如果路径是一个目录，则将进行递归复制。在这种情况下，路径以“/”结尾，只有该目录的内部内容会被复制到目标位置。如果不以“/”结尾，则整个目录及其所有内容都将被复制。 dest：指定复制的文件在远程节点主机上的路径，必须是远程节点主机的绝对路径。 content：在控制节点上生成文件的内容，与 src 参数不能同时使用。 owner：所属用户。 group：所属用户组	ansible webservers -m copy -a "src=/etc/hosts dest=/tmp/hosts"
2	file	管理远程主机上的文件或目录，如创建或删除文件或目录、更改文件或目录的权限或所有者等	path：指定要操作的文件或目录的路径。 state：指定文件或目录的状态，可选项有 absent、directory、touch、link、hard、file 等。 mode：指定文件或目录的权限模式，可以是数字或字符串形式，如 0644 或 u+rwx、g+rx 等。 owner：文件的所属用户。 group：文件的所属用户组	ansible webservers -m file -a "path=/etc/foo.conf mode=600 owner=foo group=foo"

续表

序号	模块名	描述	主要选项	模块命令示例
3	lineinfile	在文件中查找指定的行，并进行添加、删除或替换等操作	path：指定要修改的文件的路径。 line：指定要插入或替换到文件中的行内容。 state：指定要执行的操作，可选项为 present 或 absent。 regexp：用于匹配需要修改或删除的行的正则表达式。 insertafter：指定在哪行之后插入新行	ansible webservers -m lineinfile -a "path=/etc/foo.conf regexp='^Setting' line='Setting=NewValue'"
4	synchro-nize	synchronize 模块是对 rsync 的封装，以同步本地和远程主机的文件或目录	src：指定要同步到目标主机的源主机的路径。 dest：指定从源主机同步的目标主机的路径。 mode：指定同步模式，可选项有 push、pull，默认为 push	ansible webservers -m synchronize -a "src=/path/to/source dest=/path/to/destination"
5	package	用于管理软件包，包括安装、升级、删除等操作，可自动检测操作系统的包管理器	name：软件包名称。 state：软件包状态，present 表示已安装，latest 表示最新版本，absent 表示未安装	ansible webservers -m package -a "name=apache2 state=present"
6	yum	使用 yum 包管理器管理软件包	name：指定软件包名称。 state：指定软件包的状态，可选项有 present、absent、latest 等。 enablerepo：指定要启用的 yum 源的名称	ansible webservers -m yum -a "name=httpd state=present"
7	apt	使用 apt 包管理器管理软件包	name：指定软件包的名称。 state：指定软件包的状态，可选项有 present、absent、latest 等	ansible webservers -m apt -a "name=apache2 state=present"
8	dnf	使用 dnf 包管理器管理软件包	name：要操作的软件包的名称。 state：指定软件包的状态，可选项有 present、latest、absent 等	ansible webservers -m dnf -a "name=httpd state=present"
9	pip	使用 pip 包管理器管理 Python 包	name：指定 Python 包名称。 version：指定 Python 包版本号。 state：指定 Python 包的状态，可选项有 present、absent、latest 等	ansible webservers -m pip -a "name=django state=present"
10	firewalld	管理防火墙规则	service：指定需要添加或移除的服务的名称。 state：指定服务状态，可选项为 enabled、disabled 等。 immediate：是否立即生效。 permanent：是否永久生效	ansible webservers -m firewalld -a "service=http state=enabled"
11	reboot	重新启动一台机器，等待它关机、重新启动并响应命令	reboot_timeout：重启等待时间的限制，规定了等待机器重启并响应测试命令的最大秒数。默认情况下，它的值为 600s。 reboot_command：用于指定重启机器的命令和参数。在使用此选项时，pre_reboot_delay、post_reboot_delay 和 msg 将被忽略	ansible webservers -m reboot

续表

序号	模块名	描述	主要选项	模块命令示例
12	service	管理系统服务	name：指定服务的名称。 state：指定服务的状态，可选项有 started、stopped、restarted、reloaded 等。 enabled：指定服务是否开机自启动	ansible webservers -m service -a "name=httpd state=started"
13	user	管理用户	name：指定用户的名称。 uid：指定用户的 UID。 state：指定用户的状态，可选项有 present、absent 等	ansible webservers -m user -a "name=foo state=present"
14	get_url	从远程 URL 下载文件并将其放置在远程主机的指定路径下	url：需要下载文件的 URL。 dest：远程主机上文件的目标路径。 url_username：如果 URL 需要验证，则其表示提供的用户名。 url_password：如果 URL 需要验证，则其表示提供的密码	ansible webservers -m get_url -a "url=http://example.com/file.tar.gz dest=/tmp/file.tar.gz"
15	nmcli	管理网络设备，配置和管理不同类型的网络连接	conn_name：指定网络连接的名称。 ifname：指定网络接口的名称。 type：指定网络连接的类型，可选项有 ethernet、teams、bonds 等。 ip4：指定 IPv4 地址和相关属性。 gw4：指定 IPv4 网关。 state：指定网络连接的状态。 autoconnect：指定网络连接是否应该在系统引导时自动连接	ansible target -m nmcli -a "conn_name=my-eth1 ifname=eth1 type= ethernet ip4=192.0.2.100/24 gw4=192.0.2.1 state=present autoconnect=true"
16	uri	与 HTTP 和 HTTPS Web 服务交互，支持摘要、HTTP 基本身份验证机制和 WSSE HTTP 身份验证机制	url：指定要执行 HTTP 请求的 URL。 user：HTTP 身份验证用户名。 password：HTTP 身份验证密码。 method：请求方法，支持 GET、POST、PUT、DELETE、HEAD 和 OPTIONS 等。 force_basic_auth：是否强制使用 HTTP 基本身份验证。 status_code：预期的 HTTP 状态码，可用于检查 HTTP 请求是否成功。 dest：指定下载文件的目标路径	ansible target -m uri -a "url=https://example.com/file.zip dest=/tmp/file.zip"
17	blockinfile	在文件中添加、修改或删除块内容	path：指定要操作的文件路径。 block：指定要添加、修改或删除的文本块。 state：指定文本块的状态，可选值有 present、absent。 marker：用于标记开始和结束位置的字符串。 backup：指定是否创建包含时间戳信息的备份文件。 insertbefore：指定在某一行之前插入新文本块。 insertafter：指定在某一行之后插入新文本块。 create：指定是否创建文件	ansible target -m blockinfile -a "path=/var/www/html/index.html marker='<!-- {mark} ANSIBLE MANAGED BLOCK -->' insertafter='<body>' block='<h1>Welcome to {{ ansible_hostname }}</h1>\n<p>Last updated on {{ ansible_date_time.iso8601 }}</p>'"

在 Ad Hoc 命令中，使用-m 选项可以指定要执行的模块。例如，使用 ping 模块来检查清单文件中的所有受管主机是否可达，执行以下命令：

```
[rhce@control ~]$ ansible all -m ping
```

上述示例会在所有受管主机上执行 ping 模块，以测试主机之间的网络连接性。当 Ansible 运行模块时，它将在远程主机上自动部署并执行模块代码，并将结果返回给控制节点。

在 Ad Hoc 命令中，使用 yum 包管理器在受管节点上安装、更新或删除软件包，执行以下命令：

```
[rhce@control ~]$ ansible webservers -m yum -a "name=httpd state=present"
```

在上述示例中，-a 选项用于传递命令行参数给执行的模块。这些参数以字符串列表的形式传递，且必须使用引号（单引号或双引号）标识，以便将整个字符串列表作为一个参数传递给模块。如果需要指定多个参数，则以引号标识的、空格分隔的列表形式提供。

```
[rhce@control ~]$ ansible webservers -m file -a "path=/path/to/test/doc mode=755
owner=rhce group=rhce state=directory"
```

3. 查看模块文档信息

模块是 Ansible 自动化管理中的重要组成部分。自动化运维工程师需要熟悉和掌握模块的功能及使用方法，才能高效地控制远程主机执行自动化任务。

Ansible 提供了 ansible-doc 命令行工具，可以帮助用户快速查找模块的参数、使用方法、示例等，方便用户快速了解模块的功能和使用方法，以及编写正确的 Ansible Playbook 来完成各种自动化任务。

ansible-doc 命令的基本语法如下。

```
ansible-doc [options] module_name
```

其中，module_name 表示要查询的模块名称，可以是 Ansible 自带的模块，也可以是自定义的模块。常见的 ansible-doc 命令参数或选项如表 7-3 所示。

表 7-3　常见的 ansible-doc 命令参数或选项

序号	参数或选项	描述
1	-l、--list	列出所有可用的模块名称
2	-F、--list-files	显示所有插件名称及其源文件，不包括摘要信息
3	-t {TYPE}、--type {TYPE}	指定要查看的插件类型。可用的插件类型包括 become、cache、callback、cliconf、connection、httpapi、inventory、lookup、netconf、shell、vars、module、strategy、test、filter、role 和 keyword 等
4	-s、--snippet	显示指定类型插件的示例代码片段。可用类型包括 inventory、lookup 和 module 等
5	-r ROLES_PATH、--roles-path ROLES_PATH	指定角色所在的目录路径
6	-M MODULE_PATH、--module-path MODULE_PATH	在默认的插件路径之前添加自定义插件路径，多个路径间使用冒号分隔

要查询 yum 模块的文档信息，可以执行以下命令：

```
ansible-doc yum
```

该命令将输出 yum 模块的文档信息，包括模块的参数、示例等。ansible-doc 命令输出的模块文档信息中的主要字段如表 7-4 所示。

表 7-4　ansible-doc 命令输出的模块文档信息中的主要字段

序号	字段	描述
1	NAME	模块名称
2	SYNOPSIS	模块的语法格式和参数
3	DESCRIPTION	模块的详细描述和用途
4	OPTIONS	模块的选项和参数，包括常用选项和高级选项
5	RETURN	模块的返回值类型和描述
6	EXAMPLES	模块的使用示例
7	AUTHORS	模块的作者和贡献者
8	COPYRIGHT	版权信息

显示所有可用的模块：

```
ansible-doc -l
```

将文档输出为 JSON 格式：

```
ansible-doc -j file
```

显示某个特定插件的文档，如 template 模板的文档：

```
ansible-doc -t module template
```

列出某个特定集合的所有插件：

```
ansible-doc -l community.docker
```

显示某个特定插件的源文件路径：

```
ansible-doc -F community.docker
```

查看所有可用的过滤器插件及其摘要信息：

```
ansible-doc -t filter -list
```

查看 to_nice_json 过滤器的文档信息：

```
ansible-doc -t filter to_nice_json
```

显示所有可用的回调插件：

```
ansible-doc -t callback --list
```

显示名为 profile_tasks 的回调插件的文档信息：

```
ansible-doc -t callback profile_tasks
```

查询 file 模块的文档信息，包括模块的参数、示例等：

```
ansible-doc -t module file
```

7.2.2 YAML 基本格式

V7-2　YAML 与 JSON 基本格式

YAML 是一种轻量级的数据序列化语言。YAML 的语法类似 Python 的语法，使用缩进和换行来表示结构层次关系，不需要使用标签或属性来标记数据。相对于 XML 和 JSON 等格式，YAML 格式更加紧凑和简洁。YAML 非常适合用于描述复杂的数据结构，被广泛用于配置文件、定义任务和流程、数据交换等方面。

在 Ansible 中，YAML 常用于编写 Playbook、清单文件、变量、角色等，它能够使 Playbook 和清单文件更加易于阅读及理解，帮助用户轻松地部署和维护复杂的自动化任务。

除了在 Ansible 中使用之外，YAML 还用于 Kubernetes 资源部署、GitHub 源码控制中的跟踪和审计变更等，如 GitHub Actions 使用 YAML 来定义 CI/CD 流程，以及存储 GitHub Pages 配置文件等。YAML

在多个领域中得到了广泛应用，无论是在配置管理、云原生应用程序开发中，还是在软件开发和版本控制中，都是一种非常有价值的工具。

YAML 拥有 Perl、C、XML、HTML 和其他编程语言的特性。YAML 也是 JSON 的超集，所以 JSON 文件在 YAML 中有效。YAML 使用 Python 风格的缩进来表示嵌套，不能使用制表符，推荐使用空格符来代替制表符。YAML 没有通常的格式符号，如花括号、方括号、结束标记或引号等。YAML 文件使用.yml 或. yaml 作为扩展名。

在 YAML 文件中，3 个短横线（---）表示文档分隔符，用于将一个文件分成多个 YAML 文档。每个文档以单个短横线（-）开头，表示一个序列（列表），或以键值对的形式表示一个映射（字典）。使用 3 个短横线可以将多个文档组合到一个文件中，每个文档之间用 3 个短横线分隔。以下是一个包含两个文档的 YAML 文件示例：

```
---
name: John
age: 30
---
name: Jane
age: 25
```

在 YAML 文件中使用 3 个短横线并不是必需的，特别是在只有一个 YAML 文档的情况下。但是，如果需要在同一个文件中包含多个 YAML 文档，则使用 3 个短横线可以使它们更易于管理和处理。

使用 YAML 格式编写文件时，可以使用映射和列表这两种结构来组织数据。

1．映射数据结构

映射是一种用于表示键值对的数据结构，类似于字典或哈希表。通常使用冒号（:）来分隔键和值，其中每个键必须唯一，冒号和值之间的空格符也是必需的。以下是一个简单的 YAML 映射示例：

```
name: John Smith
age: 30
email: john@example.com
```

在这个示例中，name 是键，对应的值是字符串 John Smith；age 是键，对应的值是整数 30；email 是键，对应的值是字符 john@example.com。

在 YAML 文件中使用映射时，可以通过缩进来表示层次结构，YAML 对缩进的空格符数量没有严格要求，但有以下两个基本规则。

（1）同一层级的元素（键值对或子映射）必须使用相同数量的空格符进行缩进，以表示它们处于相同的层次结构级别。

（2）子映射的缩进必须大于其父映射，以明确表示层次结构关系。映射也可以嵌套，以表示更复杂的数据结构。以下是一个简单的 YAML 映射示例：

```
person:
    name: John Smith
    age: 30
contact:
    email: john@example.com
    phone: 555-123456
```

在这个示例中，person 和 contact 是顶级映射的键，它们有相同的缩进级别；而 name、age、email 和 phone 是每个映射的键对应的值，它们相对于各自的映射键进行缩进。

2．列表数据结构

列表由一组项目组成，每个项目可以是任何 YAML 数据结构，包括映射或列表。列表使用短横线（-）来标记每个项目，并使用缩进来表示层次结构。以下是一个简单的 YAML 列表示例：

```
- John Smith
- Jane Doe
- Bob Johnson
```

在这个示例中，定义了一个包含 3 个项目的列表，分别是 John Smith、Jane Doe 和 Bob Johnson。

与映射不同，列表包含一组按照特定顺序排列的值，它可以包含任意数量的所需项目。在 YAML 文件中使用列表时，使用短横线和空格符来开始一个新的项目，并使用缩进来表示层次结构。以下是一个包含列表的 YAML 文件示例：

```
fruits:
      - apple
      - orange
      - banana
```

在这个示例中，定义了一个名为 fruits 的映射，它包含一个名为 fruits 的列表，该列表中包含 3 个项目，即 apple、orange 和 banana。项目使用短横线和空格来标记，并使用缩进来表示层次结构。

YAML 文件的数据结构可以是映射或列表。映射用于关联键值对，列表用于包含项目。它们可以嵌套和组合使用，以创建复杂的数据结构。

7.2.3 JSON 基本格式

JSON 是一种轻量级的数据交换格式，由于具有简单、易于解析和支持跨平台等特点，而被广泛应用于各种场景中。

常见的 JSON 应用场景之一是在不同系统之间进行数据交换。JSON 被广泛用于 Web 应用程序和移动应用程序之间的数据交换。例如，一个 Web 应用程序可以使用 JSON 格式发送数据到一个移动应用程序，或者一个移动应用程序可以使用 JSON 格式将数据发送到 Web 应用程序。

许多关系数据库和 NoSQL 数据库支持 JSON 格式数据的存储，使用 JSON 格式存储数据可以方便地进行数据查询和分析。JSON 也可以用于传输和存储日志数据，使用 JSON 格式的日志数据可以方便地进行查询和分析，并易于解析和生成。

在 Ansible 中，可以使用 JSON 格式的数据来定义变量、模板等，还可以用 JSON 格式的数据作为模块的输入和输出。例如，可以使用 JSON 格式的数据作为 shell 模块的命令参数和返回值。

此外，Ansible 还支持使用 JSON 格式的数据作为 Ansible Tower 和 Ansible AWX 的 API 输入/输出。这些 API 可以用于自动化任务、工作流和流程的执行及管理。

JSON 的基本语法是键值对，用于表示一个对象。其中，键与值之间用冒号分隔，每个键值对之间用逗号分隔，并使用花括号标识。

在下面的示例中，对象的名称是 person，对应的值是一个嵌套的对象；name、age 和 city 是键，分别对应字符串 John、数字 25 和字符串 New York。

```
"person":
    {
    "name": "John",
    "age": 25,
    "address":
        {
    "street": "Main Street",
    "city": "New York"
      }
    }
}
```

在 JSON 对象中，值可以是基本数据类型（如字符串、数字、布尔值），也可以是数组，数组通常用于表示一组相同类型的数据，它们使用方括号标识，并用逗号分隔各元素。

在下面的示例中，fruits 是键，其值是一个包含 3 个字符串的数组。

```
{
  "fruits": ["apple", "banana", "orange"]
}
```

7.2.4 Playbook 基本格式

Ansible Playbook 是一种用 YAML 格式编写的自动化代码文件，它可以在无须人工干预或有限人工干预的前提下，通过预先编写的代码来执行复杂的 IT 操作。Playbook 可以对一组或一类共同构成 Ansible 清单文件的主机进行操作，常用于 IT 基础设施的自动化场景，涵盖基础架构、网络设备、安全合规、应用部署等，可实现可扩展、高效、一致的自动化操作。

V7-3 Playbook 基本格式

Playbook 可以称为剧本，通常包含一个或多个 Play。Play 则是 Playbook 中的一个场景，用于描述一组相关任务，并指定要在哪些主机上执行任务。每个 Play 有一个或多个任务（Task，即在目标主机上执行的特定任务），每个任务执行一个具有特定参数的模块，例如，可以使用 yum 模块来安装软件包、使用 copy 模块来复制文件等。

在 Playbook 中，可以使用变量、条件语句、循环语句等，还可以包含其他文件，以实现更灵活和复杂的自动化任务及部署场景。

以下是一个简单的 Playbook 示例：

```
---
- name: Deploying apache httpd web services
  hosts: node1.example.com
  tasks:
    - name: Install the latest version of Apache
      yum:
        name: httpd
        state: latest
---
- name: Deploying nginx web services
  hosts: node2.example.com
  tasks:
    - name: Install the latest version of Nginx
      yum:
        name: nginx
        state: latest
```

在上述示例中，Playbook 开头的一行由 3 个短横线（---）组成，3 个短横线是一种常用的分隔符，可将 Playbook 分成多个独立的部分。在这个示例中，分为了两个 Play。在其他场景中，Playbook 末尾可能使用 3 个圆点（...）作为文档结束标记，但在实践中通常会省略这 3 个圆点。

在这个示例中，---后的行以短横线开头，并列出 Play 列表中的第一个 Play。每个 Play 都以短横线和空格开头，表示该 Play 是 Playbook 中的一个项目。每个 Play 有 3 个相同缩进的键：name、hosts 和 tasks。

Play 的第一个键是 name 属性，它将一个任意字符串作为标签与该 Play 关联。name 键虽然是可选的，但建议使用，因为它标识了 Play 的用途，特别是当 Playbook 包含多个 Play 时，使用 name 属性可以帮助用户更好地了解每个 Play 的功能和作用。例如：

```
- name: Deploying web services
```

Play 中的第二个键是 hosts 属性，它用于指定执行 Play 中的任务的主机，hosts 属性将主机或主机名称作为值，如清单文件中受管主机或主机组的名称。

```
hosts: node1.example.com
```

Play 中的最后一个键是 tasks 属性，其值用于指定要为该 Play 执行的任务的列表。Playbook 示例中的第一个 Play 只有一项任务，该任务使用特定参数执行 yum 模块以安装 httpd 软件包。例如：

```
tasks:
- name: Install the latest version of Apache
  yum:
    name: httpd
    state: latest
```

Playbook 是以 YAML 格式编写的文本文件，如需表达更为复杂的配置和自动化任务，则可使用映射和列表组合的数据结构。

```
# 服务器配置
- server1:
  os: openEuler22
  services:
    - apache
    - mysql
    - ssh
  users:
    - username: huawei
      home_dir: /home/huawei
      groups:
        - admin
        - developers
      ssh_keys:
        - ssh-rsa AAAAB3NzaC1yc2EAAAADAQABAAAB
    - username: jane
      home_dir: /home/jane
      groups:
        - admin
      ssh_keys:
        - ssh-rsa AAAAB3NzaC1yc2EAAAADAQABAAAC
- server2:
  os: openEuler20
  services:
    - httpd
    - mariadb
    - ssh
  users:
    - username: opengauss
      home_dir: /home/opengauss
      groups:
        - admin
      ssh_keys:
```

```
        - ssh-rsa AAAAB3NzaC1yc2EAAAADAQABAAAD...
    - username: alice
      home_dir: /home/alice
      groups:
        - developers
      ssh_keys:
        - ssh-rsa AAAAB3NzaC1yc2EAAAADAQABAAAE...
```

在上述示例中，每个服务器都以其名称作为字典键，并以操作系统、服务和用户列表作为字典值，每个用户又以其用户名作为字典键，并以主目录、主机组和 SSH 密钥列表作为字典值。

Playbook 中的 Play 和任务列出的顺序很重要，因为 Ansible 会按照相同的顺序执行任务。在编写 Playbook 时，需要仔细考虑任务列表的顺序，以确保所有任务都按照正确的顺序执行，且 Playbook 能够实现预期的效果。

1．执行 Playbook

ansible-playbook 命令可用于执行 Playbook。该命令在控制节点上执行，要执行的 Playbook 的名称作为参数传递。

ansible-playbook 命令的基本格式如下。

```
ansible-playbook [options] playbook.yml
```

在执行 Playbook 时，将输出所执行的 Play 和任务。输出中也会报告执行的每一项任务的结果。以下示例显示了一个简单的 Playbook 内容及其执行结果。

```
[rhce@control ~]$ cat set-firewall.yml
---
- name: Configure firewalld rules
  hosts: node1.example.com
  tasks:
    - name: Redirect port 443 to 8443 with Rich Rule
      ansible.posix.firewalld:
        rich_rule: rule family=ipv4 forward-port port=443 protocol=tcp to-port=8443
        zone: public
        permanent: true
        immediate: true
        state: enabled
[rhce@control ~]$ ansible-playbook set-firewall.yml
PLAY [Configure firewalld rules] ***************************************************
TASK [Gathering Facts] *************************************************************
ok: [node1.example.com]
TASK [Redirect port 443 to 8443 with Rich Rule] ************************************
ok: [node1.example.com]
PLAY RECAP *************************************************************************
node1.example.com          : ok=2    changed=0    unreachable=0    failed=0
skipped=0    rescued=0    ignored=0
```

在执行 Ansible Playbook 时，每个 Play 和任务的名称都会在屏幕上显示，这个示例中的 Play 被命名为 Configure firewalld rules，task 被命名为 Redirect port 443 to 8443 with Rich Rule，这样有助于用户更轻松地监控 Playbook 的执行进度。其中，Gathering Facts 任务是一项特殊的任务，setup 模块通常在 Play 启动时自动执行此任务以收集有关目标主机的信息。

对于含有多个 Play 和任务的 Playbook，设置任务名称可以使监控 Playbook 的执行进度变得更加容易。在任务完成后，如果目标主机的状态发生了变化，则 Ansible 会将任务的状态标记为 changed，表示任务更改了主机上的某些设置，使其符合规格要求。

通常情况下，Ansible Playbook 中的任务是幂等的，幂等是指无论任务执行多少次，系统的状态都保持一致，即任务的效果只会发生一次，再次执行任务不会对系统产生额外的影响。幂等是 Ansible 的一个关键特性，它确保在重复执行 Playbook 时，每个任务只会在需要时执行，且只会执行必要的操作来实现所需的状态，而不会执行多余的操作。

2. 提高输出的详细程度

ansible-playbook 命令的默认输出不提供详细的任务执行信息。ansible-playbook -v 命令提供了额外的信息，共有 4 个级别。控制 Playbook 输出的详细程度的选项如表 7-5 所示。

表 7-5　控制 Playbook 输出的详细程度的选项

序号	选项	描述
1	-v	默认级别，显示基本的任务执行信息
2	-vv	显示任务执行结果和任务配置
3	-vvv	显示关于与受管主机连接的信息
4	-vvvv	显示 SSH 通信的所有详细信息、调试信息和错误消息。增加了连接插件相关的额外详细程度选项，可显示包含受管主机上执行脚本的用户以及所执行的脚本等信息

3. 语法验证

（1）--syntax-check 选项

在使用 ansible-playbook 命令执行 Playbook 之前，可以使用--syntax-check 选项对 Playbook 的语法进行验证，以确保其正确无误。

下面是一个 Playbook 成功通过语法验证的示例。

```
[rhce@control ~]$ ansible-playbook --syntax-check web server.yml
playbook: webserver.yml
```

语法验证失败时，将报告语法错误。输出结果中也包含语法问题在 Playbook 中的大致位置。

```
[rhce@control ~]$ ansible-playbook --syntax-check set-firewall.yml
ERROR! We were unable to read either as JSON nor YAML, these are the errors we got
from each:
JSON: Expecting value: line 1 column 1 (char 0)
Syntax Error while loading YAML.
  mapping values are not allowed in this context
The error appears to be in '/home/rhce/ansible/ set-firewall.yml ': line 7, column
29, but may
be elsewhere in the file depending on the exact syntax problem.
The offending line appears to be:
      rich_rule: rule family=ipv4 forward-port port=443 protocol=tcp to-port=8443
                            ^ here
There appears to be both 'k=v' shorthand syntax and YAML in this task. Only one
syntax may be used.
```

上述示例演示了一个 Playbook 语法验证失败而输出的信息，包括 JSON 和 YAML 解析错误，同时指出了错误所在的文件、行数、列数和具体问题，具体问题是 set-firewall.yml 文件第 7 行第 29 列处的 rich_rule 出现错误。

（2）ansible-lint 验证

ansible-lint 是一种命令行工具，用于检查 Playbook、角色和集合的代码规范，旨在帮助任何使用

Ansible 的用户遵循最佳实践、模式和行为，避免出现常见的错误和使代码难以维护的问题。

ansible-lint 是一个社区支持的项目。ansible-lint 可以帮助用户升级其代码以适应较新的 Ansible 版本。建议使用最新版本的 Ansible。

```
[rhce@control ~]$ ansible-lint set-firewall.yml
WARNING  Listing 2 violation(s) that are fatal
args[module]: Unsupported parameters for (basic.py) module: rich_rule. Supported
parameters include: timeout, icmp_block_inversion, zone, icmp_block, interface,
masquerade, rich_rule, service, offline, port, port_forward, immediate, permanent,
source, target, state. (warning)
set-firewall.yml:5 Task/Handler: Redirect port 443 to 8443 with Rich Rule


yaml[new-line-at-end-of-file]: No new line character at the end of file
set-firewall.yml:11
Read documentation for instructions on how to ignore specific rule violations.
                        Rule Violation Summary
 count tag                            profile rule associated tags
     1 yaml[new-line-at-end-of-file] basic   formatting, yaml
     1 args[module]                          syntax, experimental (warning)


Failed after min profile: 1 failure(s), 1 warning(s) on 1 files.
```

在上述示例中，输出的问题是 Playbook 中的某个任务使用了不支持的参数 rich_rule，而正确的参数列表包括 timeout、icmp_block_inversion、zone、icmp_block、interface、masquerade、rich_rule、service、offline、port、port_forward、immediate、permanent、source、target、state 等。

7.3 项目实训

【实训任务】

本实训的主要任务是在控制节点主机上使用 Ad Hoc 命令执行简单的自动化任务，编写包含多个任务的 Playbook，使用--syntax-check 选项验证 Playbook 语法，并使用 ansible-playbook 命令执行自动化任务等。

【实训目的】

（1）熟悉 YAML 的基本格式。

（2）熟悉 JSON 的基本格式。

（3）掌握 Ad Hoc 命令以执行 Ansible 自动化任务。

（4）掌握 Ansible 常见的内置模块的基本语法。

（5）掌握编写基本的 Ansible Playbook 并实施 Play 任务的方法。

【实训内容】

（1）使用 Ansible 命令执行临时任务。

（2）编写 YAML 格式的 Playbook，使用 ansible-playbook 命令执行 Playbook 任务。

（3）编写具有多个 Play 的 Playbook，在目标主机上执行配置任务，并使用--syntax-check 选项。

【实训环境】

在进行本项目的实训操作前，提前准备好 Linux 操作系统环境，RHEL、CentOS Stream、Debian、Ubuntu、华为 openEuler、麒麟 openKylin 等常见 Linux 发行版都可以进行项目实训。实训的环境清单及 Linux 发行版可根据实际情况进行调整。本实训环境清单如表 6-7 所示。

7.4 项目实施

任务 7.4.1 使用 Ad Hoc 命令执行临时任务

V7-4 实训-使用 Ad Hoc 命令执行临时任务

1. 任务描述

（1）在 Ansible 控制节点上使用常见的模块执行临时任务。

（2）使用 user 模块管理用户，可以创建、删除、修改用户及其属性。

（3）使用 file 模块在目标主机上创建文件、设置文件权限。

（4）使用 copy 模块在目标主机上创建文件、设置文件权限。

（5）使用 yum 模块管理目标主机的软件包安装任务。

（6）使用 firewalld 模块管理目标主机的防火墙规则。

（7）使用 shell 模块在目标主机上使用 shell 命令。

2. 任务实施

（1）在所有目标主机上创建一个名为 tom 的用户，UID 为 1040，将该用户加入 admin 组。

```
[rhce@control ~]# ansible all -m user -a "name=tom uid=1040 group=admin"
```

（2）使用 user 模块在所有目标主机上删除名为 tom 的用户。

```
[root@control ~]# ansible all -m user -a "name=tom state=absent"
```

（3）使用 user 模块在所有目标主机上为 johnd 用户生成一个 4096 位的 SSH 密钥，并将其保存在/home/johnd/.ssh/id_rsa 文件中。

```
[rhce@control ~]# ansible all -m user -a "name=johnd generate_ssh_key=yes ssh_key_bits=4096 ssh_key_file=/home/johnd/.ssh/id_rsa"
```

（4）使用 user 模块在所有目标主机上将用户 johnd 添加到 developers 组中。

```
[rhce@control ~]# ansible all -m user -a "name=johnd groups=developers"
```

（5）使用 file 模块在所有目标主机上创建一个目录并设置其权限。

```
[rhce@control ~]# ansible all -m file -a "path=/home/user1/mydir state=directory owner=user1 group=user1 mode=0755"
```

（6）使用 file 模块在所有目标主机上创建一个空文件并设置其权限。

```
[rhce@control ~]# ansible all -m file -a "path=/home/user1/myfile state=touch owner=user1 group=user1 mode=0644"
```

（7）使用 copy 模块复制一个文件到远程主机并设置其权限。

```
[rhce@control ~]# ansible all -m copy -a "src=/path/to/local/file
dest=/path/to/remote/file owner=user1 group=user1 mode=0644"
```

（8）使用 copy 模块递归复制一个目录到远程主机并设置其权限。

```
[rhce@control ~]# ansible all -m copy -a "src=/path/to/local/dir/
dest=/path/to/remote/dir/ owner=user1 group=user1 mode=0755"
```

（9）使用 file 模块修改一个文件的所有者和权限。

```
[rhce@control ~]# ansible all -m file -a "path=/path/to/file owner=user1 group=user1 mode=0644"
```

（10）使用 file 模块删除一个文件或目录。

```
[rhce@control ~]# ansible all -m file -a "path=/path/to/file_or_dir state=absent"
```

（11）使用 lineinfile 模块在/etc/motd 文件中查找以“Welcome”开头的行，并将其替换为“Welcome to our server!”，如果未找到，则添加此内容。

```
[rhce@control ~]# ansible all -m lineinfile -a "path=/etc/motd state=present regexp='^Welcome' line='Welcome to our server!'"
```

（12）使用 lineinfile 模块在 /etc/motd 文件的末尾添加一行，内容为“This server is managed by Ansible.”。

```
[rhce@control ~]# ansible all -m lineinfile -a "path=/etc/motd state=present line='This server is managed by Ansible.'"
```

（13）使用 lineinfile 模块从 /etc/motd 文件中删除以“Welcome”开头的行。

```
[rhce@control ~]# ansible all -m lineinfile -a "path=/etc/motd state=absent regexp='^Welcome'"
```

（14）使用 yum 模块在所有目标主机上安装 httpd 软件包。

```
[rhce@control ~]# ansible all -m yum -a "name=httpd state=present"
```

（15）使用 yum 模块在所有目标主机上卸载 httpd 软件包。

```
[rhce@control ~]# ansible all -m yum -a "name=httpd state=absent""
```

（16）使用 yum 模块在所有目标主机上更新所有软件包。

```
[rhce@control ~]# ansible all -m yum -a "name=* state=latest"
```

（17）使用 service 模块在所有目标主机上启动 nginx 服务。

```
[rhce@control ~]# ansible all -m service -a "name=nginx state=started"
```

（18）使用 service 模块在所有目标主机上设置 mariadb 服务为开机自启动。

```
[rhce@control ~]# ansible all -m service -a "name=mariadb enabled=yes"
```

（19）使用 firewalld 模块添加一个允许访问 http 服务的防火墙规则。

```
[rhce@control ~]# ansible all -m firewalld -a "rich_rule='rule family="ipv4" source address="192.168.1.0/24" port port=80 protocol=tcp accept' permanent=true state=enabled zone=public immediate=yes"
```

（20）使用 firewalld 模块添加一个允许访问 nfs 服务的防火墙规则。

```
[rhce@control ~]# ansible all -m firewalld -a "service=nfs permanent=true state=enabled zone=public"
```

（21）使用 get_url 模块在目标主机上下载文件。

```
[rhce@control ~]# ansible all -m get_url -a "url=http://www.opencloud.fun/uploads/20210913/ac13f33e48c548a229622117aa9036ca.png dest= /opt/download.png"
```

（22）使用 uri 模块发送 GET 请求，并检查响应的 HTTP 状态码是否为 200。

```
[rhce@control ~]# ansible all -m uri -a "url=http://www.opencloud.fun method=GET return_content=yes status_code=200" | grep -i status"
```

（23）使用 setup 模块查看所有目标主机的特定信息，其中，使用 filter 参数指定要过滤的信息类型，使用 ansible_distribution 指定操作系统的发行版信息。

```
[rhce@control ~]# ansible all -m setup -a "filter=ansible_distribution*"
```

（24）使用 shell 模块查看所有目标主机的/etc/hosts 文件信息。

```
[rhce@control ~]# ansible all -m shell -a "cat /etc/hosts"
```

任务 7.4.2 编写和执行 Playbook

V7-5 实训-编写和执行 Playbook

1．任务描述

（1）在 Ansible 控制节点上编写 Playbook 并执行自动化任务，在目标主机 node1.example.com、node2.example.com 上部署 Web 服务，node1.example.com、node2.example.com 在清单文件中属于 web 主机组。

（2）使用 yum 模块安装 httpd 软件包。

（3）使用 copy 模块将本地 index.html 文件复制到目标主机 node1.example.com、node2.example.com 上的 /var/www/html/目录中。

（4）使用 service 模块启动并使用 httpd 服务。

2. 任务实施

（1）在 Ansible 控制节点上，以 rhce 用户身份将工作目录切换到用户家目录，创建 provision-httpd 目录，并在 provision-httpd 目录中创建 ansible.cfg 文件、清单文件和 index.html 文件。

```
[root@control ~]# su - rhce
[rhce@control ~]$ mkdir ~/provision-httpd
[rhce@control ~]$ cd ~/provision-httpd
[rhce@control provision-httpd]$ cat ansible.cfg
[defaults]
inventory=./inventory
remote_user=rhce
ask_pass=false
host_key_checking = False
[privilege_escalation]
become=true
become_method=sudo
become_user=root
become_ask_pass=false
[rhce@control provision-httpd]$ cat inventory
[web]
node1.example.com
node2.example.com
[rhce@control provision-httpd]$ cat index.html
apache httpd web site
```

（2）使用文本编辑器创建名为/home/rhce/provision-httpd/httpd.yml 的 Playbook 文件，在文件开头添加 3 个短横线，以表示 Playbook 的开头。

```
[rhce@control provision-httpd]$ vim httpd.yml
---
```

（3）在下一行以短横线加空格符开头，并使用 name 关键字，将 Play 命名为 Provision Apache HTTPD。

```
---
- name: Provision Apache HTTPD
```

（4）添加 hosts 属性，指定在清单文件的 web 主机组中的主机上执行 Play。hosts 属性缩进两个空格，使其与上一行中的 name 属性对齐。

```
---
- name: Provision Apache HTTPD
  hosts: web
```

（5）添加 tasks 属性，并缩进两个空格（与 hosts 属性对齐），在 tasks 中添加 4 项任务。

```
---
- name: Provision Apache HTTPD
  hosts: web
  tasks:
```

（6）添加第 1 项任务，缩进 4 个空格，并使用短横线加空格开头，任务名称为 Install httpd package，任务使用 yum 模块，将模块属性再缩进两个空格。将软件包名称设置为 httpd，将软件包状态设置为

present。

```
- name: Install httpd package
  yum:
    name: httpd
    state: present
```

（7）添加第 2 项任务，使其格式与上一任务匹配。任务名称为 Copy index.html to remote node path，任务使用 copy 模块，将 copy 模块的 src 键设置为 index.html，将 dest 键设置为/var /www/html/index.html。

```
- name: Copy index.html to remote node path
  copy :
    src: index.html
    dest: /var/www/html/index.html
```

（8）添加第 3 项任务，以启动并使用 httpd 服务，使该任务的格式与前两项任务匹配。任务名称为 Ensure httpd is started。任务使用 service 模块，将 service 模块的 name 键设置为 httpd，将 state 键设置为 started，并将 enabled 键设置为 true。

```
- name: Ensure httpd is started
  service:
    name: httpd
    state: started
    enabled: true
```

（9）添加第 4 项任务，设置防火墙规则以允许访问 http 服务，使该任务的格式与前 3 项任务匹配。任务名称为 Open firewall for http。任务使用 firewalld 模块，将 firewalld 模块的 service 键设置为 http，将 state 键设置为 enabled，将 immediate 键设置为 true，将 permanent 键设置为 true。

```
- name: Open firewall for http
  firewalld:
    service: http
    state: enabled
    immediate: true
    permanent: true
```

（10）完整的 Playbook 如下。

```
---
- name: Provision Apache HTTPD
  hosts: web
  become: yes
  tasks:
    - name: Install httpd package
      yum:
        name: httpd
        state: present
    - name: Copy index.html to remote node path
      copy:
        src: index.html
        dest: /var/www/html/index.html
    - name: Ensure httpd is started
      service:
        name: httpd
        state: started
```

```
        enabled: true
  - name: Open firewall for http
      firewalld:
        service: http
        state: enabled
        immediate: yes
        permanent: true
```

（11）执行 httpd.yml 自动化任务前，使用--syntax-check 选项验证 Playbook 语法是否正确。如果报告出现错误，则更正后再继续进行下一步操作；如果没有问题，则执行 Playbook 任务。

```
[rhce@control provision-httpd]$ ansible-playbook httpd.yml --syntax-check
playbook: http.yml
[rhce@control provision-httpd]$ ansible-playbook httpd.yml
```

（12）使用 curl 命令验证 node1.example.com、node2.example.com 主机上的 Web 服务器是否可以访问。

```
[rhce@control provision-httpd]$ curl node1.example.com
apache httpd web site
[rhce@control provision-httpd]$ curl node2.example.com
apache httpd web site
```

任务 7.4.3　实施多个自动化任务

V7-6　实训-实施多个自动化任务

1. 任务描述

（1）在 Ansible 控制节点上编写 Playbook 并执行自动化任务，在目标节点 node3.example.com 上部署 Web 服务，node3.example.com 在清单文件中属于 nginx 主机组。

（2）使用 yum 模块安装 nginx 软件包。

（3）使用 file 模块在目标主机 node3.example.com 上创建/usr/share/nginx/site 目录。

（4）使用 copy 模块将本地 index.html 文件复制到目标主机 node3.example.com 上的/usr/share/nginx/site/目录中。

（5）使用 service 模块启动和使用 nginx 服务，配置完 nginx 参数后，重启 nginx 服务。

（6）使用 firewalld 模块启用 http 服务规则。

（7）使用 blockinfile 模块在目标主机 node3.example.com 上创建虚拟主机配置文件/etc/nginx/conf.d/vhost.conf，并写入配置。

2. 任务实施

（1）在 Ansible 控制节点上，以 rhce 用户身份将工作目录切换到用户家目录，创建 provision-nginx 目录，并在 provision-nginx 目录中创建 ansible.cfg 文件、清单文件和 index.html 文件。

```
[root@control ~]# su - rhce
[rhce@control ~]$ mkdir ~/provision-nginx
[rhce@control ~]$ cd ~/provision-nginx
[rhce@control -nginx]$ cat ansible.cfg
[defaults]
inventory=./inventory
remote_user=rhce
ask_pass=false
host_key_checking = False
```

```
[privilege_escalation]
become=true
become_method=sudo
become_user=root
become_ask_pass=false
[rhce@control provision-nginx]$ cat inventory
[nginx]
node3.example.com
[rhce@control provision-nginx]$ cat index.html
welcome to nginx web site
```

（2）使用文本编辑器创建名为/home/rhce/provision-nginx/nginx.yml 的 Playbook 文件，在文件开头添加 3 个短横线，表示 Playbook 的开头。

```
[rhce@control provision-nginx]$ vim nginx.yml
---
```

（3）在下一行以短横线加空格符开头，并使用 name 属性，将 Play 命名为 Provision Nginx Web Server。

```
---
- name: Provision Nginx Web Server
```

（4）添加 hosts 属性，指定在清单文件的 nginx 主机组中的主机上执行 Play。hosts 属性缩进两个空格，使其与上一行中的 name 属性对齐。

```
---
- name: Provision Nginx Web Server
  hosts: nginx
```

（5）添加 tasks 属性，并缩进两个空格（与 hosts 属性对齐），在 tasks 中添加 7 项任务。

```
---
- name: Provision Nginx Web Server
  hosts: nginx
  tasks:
```

（6）添加第 1 项任务，缩进 4 个空格，并使用短横线加空格开头，任务名称为 Install nginx package，任务使用 yum 模块，将模块属性再缩进两个空格。将软件包名称设置为 nginx，将软件包状态设置为 present。

```
- name: Install nginx package
  yum:
    name: nginx
    state: present
```

（7）添加第 2 项任务，创建 nginx 站点目录，使该任务的格式与前一项任务匹配。任务名称为 Create site directory，任务使用 file 模块，将 path 键设置为/usr/share/nginx/site，将 state 键设置为 directory。

```
  - name: Create site directory
    file:
      path: /usr/share/nginx/site
      state: directory
```

（8）添加第 3 项任务，使其格式与前两项任务匹配。任务名称为 Copy index.html to remote node path，任务使用 copy 模块，将 src 键设置为 index.html，将 dest 键设置为 usr /share/nginx/site/index.html。

```
- name: Copy index.html to remote node path
  copy :
    src: index.html
```

```
    dest: /usr/share/nginx/site/index.html
```

（9）添加第 4 项任务，以启动并使用 nginx 服务，使该任务的格式与前 3 项任务匹配。任务名称为 Ensure nginx is started。任务使用 service 模块，将 name 键设置为 nginx，将 state 键设置为 started，并将 enabled 键设置为 true。

```
  - name: Ensure nginx is started
    service:
      name: nginx
      state: started
      enabled: true
```

（10）添加第 5 项任务，设置防火墙规则以允许访问 http 服务，使该任务的格式与前 4 项任务匹配。任务名称为 Open firewall for http。任务使用 firewalld 模块，将 service 键设置为 http，将 state 键设置为 enabled，并将 permanent 键和 immediate 键均设置为 true。

```
  - name: Open firewall for http
    firewalld:
      service: http
      state: enabled
      permanent: true
      immediate: true
```

（11）添加第 6 项任务，使用 blockinfile 模块将 nginx 虚拟主机配置写入目标服务器的 nginx 配置文件。任务名称为 Add virtual host config block to nginx.conf，将 path 键设置为/etc/nginx/conf.d/vhost.conf，在 block 中，将整个配置块写入 vhost.conf 文件。虚拟主机名为 node3.example.com，监听 80 端口，站点目录设置为/usr/share/nginx/site。

```
  - name: Add virtual host config block to nginx.conf
    blockinfile:
      path: /etc/nginx/conf.d/vhost.conf
      create: yes
      block: |
        server {
              listen       80;
              server_name  node3.example.com;
        location / {
                  root   /usr/share/nginx/site;
                  index  index.html index.htm;
              }
          }
```

（12）添加第 7 项任务，任务名称为 Restart nginx service，使用 service 模块重新启动 nginx 服务，使虚拟主机配置生效。

```
  - name: Restart nginx service
    service:
      name: nginx
      state: restarted
```

（13）完整的 Playbook 如下。

```
[rhce@control provision--nginx]$ cat nginx.yml
---
- name: Provision Nginx Web Server
  hosts: nginx
  tasks:
```

```
  - name: Install nginx package
      yum:
        name: nginx
        state: present
    - name: Create site directory
      file:
        path: /usr/share/nginx/site
        state: directory
    - name: Copy index.html to remote node path
      copy :
        src: index.html
        dest: /usr/share/nginx/site/index.html
    - name: Ensure nginx is started
      service:
        name: nginx
        state: started
        enabled: true
    - name: Open firewall for http
      firewalld:
        service: http
        state: enabled
        permanent: true
        immediate: true
    - name: Add virtual host config block to nginx.conf
      blockinfile:
        path: /etc/nginx/conf.d/vhost.conf
        create: yes
        block: |
            server {
                  listen      80;
                  server_name  node3.example.com;
            location / {
                      root   /usr/share/nginx/site;
                      index  index.html index.htm;
                    }
                }
    - name: Restart nginx service
      service:
        name: nginx
        state: restarted
```

（14）运行 nginx.yml 自动化任务前，使用--syntax-check 选项验证 Playbook 语法是否正确。如果报告出现错误，则更正后再继续进行下一步操作；如果没有问题，则执行 Playbook 任务。

```
[rhce@control provision--nginx]$ ansibe-playbook nginx.yml --syntax-check
playbook: provision-nginx.yml
[rhce@control provision--nginx]$ ansibe-playbook nginx.yml
```

（15）使用 curl 命令验证 node3.example.com 主机上的 Nginx 服务是否可以访问。

```
[rhce@control provision--nginx]$ curl node3.example.com
welcome to nginx web site
```

网络经纬

UNIX 和中国

UNIX操作系统是计算机历史上的一颗“明星”，它的诞生和发展为全球计算机技术的进步做出了巨大贡献。而在我国，UNIX作为操作系统软件的代表之一，经历了漫长的发展历程，为我国开源技术的壮大和数字化转型的加速推进做出了重要贡献。

UNIX的诞生可以追溯到1969年，它由美国贝尔实验室的Ken Thompson（肯·汤普森）和Dennis Ritchie（丹尼斯·里奇）等人共同开发。UNIX的开源特性在其早期就已经存在，因为贝尔实验室将UNIX的源码授权给学术界和研究机构，这为UNIX的传播和发展奠定了基础。

20世纪80年代，UNIX传入我国，成为我国计算机科学家和工程师研究及学习的对象。然而，当时我国计算机技术水平有限，开源理念尚未深入人心，因此UNIX在国内并未得到广泛应用和推广。不过，一些科研单位和高校开始使用UNIX操作系统，逐渐推动了我国开源技术的起步。

随着我国计算机技术的不断进步和开放政策的推进，20世纪90年代末至21世纪初，我国的开源软件发展进入了一个新的阶段。国内的计算机厂商开始开发和推广自主研发的UNIX操作系统，如中标麒麟、新华龙等。同时，国际上知名的开源UNIX操作系统，如FreeBSD、OpenBSD等也逐渐在我国得到了认可和应用。

互联网的普及和数字化转型的浪潮使开源技术成为推动数字化转型的重要力量。我国的互联网巨头，如百度、阿里巴巴、腾讯等开始积极采用开源技术，贡献代码和技术，参与国际开源社区建设，推动了我国开源软件的国际化交流。

在我国政府的支持下，开源软件进入了快速发展期，国务院印发了《国家中长期科技发展规划纲要》，明确提出要加强自主创新，支持开源软件发展。政府出台了一系列政策和措施，鼓励企业和高校积极投身开源社区建设，推动国内开源软件的研发和应用。

UNIX在我国开源软件发展的历程中扮演了重要角色，从引进到自主研发，从应用到贡献，我国的开源软件发展经历了多年的努力和探索。中国开源软件推进联盟的成立将进一步加速我国开源技术的蓬勃发展，为数字化转型奠定了坚实基础。开源技术将继续在我国的数字化世界中发挥基石作用，并开启数字化转型的新篇章。

项目练习题

1. 选择题

（1）Ansible Playbook 使用（　　）定义自动化任务。

A. XML 格式　　B. YAML 格式　　C. JSON 格式　　D. INI 格式

（2）在 Ansible Playbook 中，（　　）需要执行任务的目标主机。

A. 在命令行参数中指定　　B. 使用 hosts 属性指定

C. 使用 tasks 属性指定　　D. 使用 groups 变量指定

（3）在 Ansible Playbook 中，tasks 属性的作用是（　　）。

A. 定义主机清单文件　　B. 定义要执行的任务

C. 定义变量　　D. 定义条件语句

（4）在 Ansible Playbook 中，可以在 tasks 中包含多个任务，这些任务将（　　）。

A. 按顺序依次执行　B. 随机执行　C. 并行执行　D. 根据条件选择性执行

（5）关于 Ansible 的 Ad Hoc 命令的描述正确的是（　　）。

A. 一种只能在特定时间运行的命令

B. 一种在单个主机上并行执行的命令

C. 一种用于创建和管理主机清单文件的命令

D. 一种用于手动执行特定任务的命令

2. 实训题

（1）某企业自动化运维工程师负责管理一个服务器集群，每个服务器都运行着不同的服务。请使用 Ansible Playbook 管理防火墙设置，包括添加允许的入站规则、关闭不必要的端口、限制特定 IP 地址的访问等。需要针对不同服务器的不同服务进行防火墙策略的配置，如 Web 服务器需要开放 80 和 443 端口，数据库服务器需要开放 3306 端口等。限制特定 IP 地址的访问，确保只有指定的 IP 地址可以访问特定的端口。

（2）某企业自动化运维工程师负责管理一个服务器集群，现在需要在某服务器上部署 DHCP 服务，以实现动态 IP 地址分配，并确保所有主机能够正常获得 IP 地址和网络配置。请使用 Ansible Playbook 安装和配置 DHCP 服务，在所有目标主机上设置 DHCP 服务器，同时配置 IP 地址池、子网掩码、网关等网络参数。确保 DHCP 服务器能够正确地响应客户端请求，并分配合适的 IP 地址。

（3）某企业自动化运维工程师负责管理一个服务器集群，现在需要在某服务器上部署 DNS 服务，以实现企业内网域名解析。请使用 Ansible Playbook 实现自动化安装和配置 DNS 服务，在配置文件中添加本地域名解析信息，如将 www.opencloud.fun 解析到内网 192.168.1.100，并配置 DNS 安全选项，禁用 DNS 劫持功能。

（4）某企业自动化运维工程师负责管理一个服务器集群，现在需要在某服务器上部署 FTP 服务，vsftpd（Very Secure File Transfer Protocol Deamen）是一款基于 FTP 的开源 FTP 服务器软件。请使用 Ansible Playbook 实现自动化安装和配置 vsftpd 服务，配置 vsftpd 虚拟用户，并设置虚拟用户的上传和下载权限，确保 vsftpd 服务已经启用。

项目 8 变量与事实

08

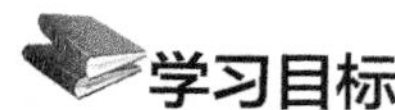

学习目标

【知识目标】

- 了解 Ansible 变量的定义和引用的基本概念。
- 了解 vars 和 vars_files 关键字的用法。
- 了解事实变量和注册变量的基本概念。
- 了解主机和主机组变量、特殊变量的基本概念。

【技能目标】

- 掌握 Ansible 变量的定义和调用方法。
- 掌握事实变量的使用方法，能够使用 Ansible 事实引用受管主机的数据。
- 掌握注册变量的使用方法，能够使用 register 关键字捕获任务的输出。
- 掌握 groups、group_names、inventory_hostname、hostvars 特殊变量的调用方法。

【素质目标】

- 培养读者诚信、务实、严谨的职业素养，培养其正确的职业道德观念和职业操守，使其实事求是、严谨治学，以诚信为基础，成为一名优秀的职业人员。
- 培养读者系统分析与解决问题的能力，使其能够掌握相关知识点并完成项目任务。
- 培养读者严谨的逻辑思维能力，使其能够正确地处理自动化管理中的问题。同时，注重培养读者在开源技术方面的国产自主意识，熟悉相关的开源协议。

8.1 项目描述

在 Ansible 中，变量是一个重要的概念，它允许用户定义一组可重用的值，并在 Playbook 的各个任务和模块中引用。使用变量可以让 Playbook 更加灵活和可维护，减少重复代码的编写，提高编写效率。变量可以在多个地方定义，如主机、主机组、Playbook、命令行参数等，也可以通过引入外部变量文件进行定义。Ansible 还提供了一些特殊变量，如 groups、group_names、hostvars 等，它们分别用于在 Playbook 中引用主机、主机组列表和受管主机的相关信息。通过对变量的使用，可以对 Playbook 进行优化和改进，提高自动化的效率和可靠性。

本项目主要介绍 Ansible 变量和事实的基本概念，变量的定义和调用方法。同时，还会介绍如何管理 group_vars 和 host_vars 目录，如何使用 Ansible 事实引用受管主机的数据，如何使用 register 关键字捕获任务的输出，以及如何调用特殊变量。

8.2 知识准备

8.2.1 变量概述

1. 定义和引用变量

V8-1 变量概述

变量可以指在计算机存储器里存在值的被命名的存储空间。Ansible 使用变量来管理不同主机之间的差异，变量可以是不同类型的值，如字符串、数字、布尔值、列表、字典等。

Ansible 可以在命令行、Playbook、清单文件、角色中定义和引用变量，通常使用标准的 YAML 语法创建变量。通过使用变量，可以让自动化任务更加灵活，根据每个主机的不同情况自动化适应其配置。

在 Ansible 中定义变量要满足基本的命名规则，并非所有的字符串都是有效的 Ansible 变量名，变量名只能由字母、数字、下画线组成，变量名不能以数字开头，Python 关键字或 Playbook 关键字不是有效的变量名。而以下画线开头的变量名可以使用，但不能保证其私有性或安全性。Ansible 有效和无效变量名示例如表 8-1 所示。

表 8-1 Ansible 有效和无效变量名示例

序号	有效的变量名	无效的变量名
1	foo	*foo，Python 关键字，如 async、lambda、for、when 等
2	foo_env	Playbook 关键字，如 become、vars、register 等
3	foo_port	foo-port、foo port、foo.port
4	foo5、_foo	5foo、12

使用标准的 YAML 语法定义一个简单的变量时，只需要使用冒号（:）将变量名和变量值分隔开，例如：

```
    my_var: some_value
```

在定义变量后，使用 Jinja2 语法来引用变量。Jinja2 变量使用双花括号，如表达式“My amp goes to {{ max_amp_value }}”，表示引用变量的基本形式。

在 Playbook 中引用变量时，需要使用{{ }}标识变量名，例如：

```
- name: My task
  debug:
    msg: The value of my_var is {{ my_var }}
```

在 YAML 文件中，如果在一个值的开头使用了{{ my_var }}这样的表达式，则其通常用于引用变量。因为 YAML 语法中使用花括号标识字典，所以解释器无法确定该表达式表示变量还是字典。为了避免这种歧义，需要将整个表达式放在引号中，以便解释器正确地解释整个表达式。如果没有引号，则解释器会解释失败并显示错误消息。

```
- name: My task
  debug:
    msg: "{{ my_var }}/18"
```

在 Ansible 中，vars 关键字用于在 Playbook 中定义变量，这些变量可以直接在任务中使用，使 Playbook 更加灵活和可配置。

vars 关键字的基本语法如下。

```
vars:
```

```
    var1: value1
    var2: value2
    var3: value3
```

在下述示例中，使用 vars 关键字定义一个名为 my_var 的变量，它的值是字符串“Hello, World!”，在任务中使用 debug 模块和 msg 选项来输出这个变量的值。

```
- name: Define and print a variable
  hosts: localhost
  vars:
    my_var: "Hello, World!"
  tasks:
    - debug:
        msg: "{{ my_var }}"
```

2. 在文件中引用变量

在 Ansible 中，vars_files 关键字用于在 Playbook 中引用存储变量的文件，这些文件可以是 YAML 格式或 JSON 格式的。

vars_files 关键字的基本语法如下。

```
vars_files:
  - path/to/varfile1.yml
  - path/to/varfile2.yml
```

其中，path/to/varfile1.yml 和 path/to/varfile2.yml 是包含变量的 YAML 文件的路径。

在 Playbook 中，使用 vars_files 关键字来加载 vars.yml 文件中定义的变量的示例如下。

```
# 变量文件 vars.yml
---
var1: value1
var2: value2
var3: value3
# 在 Playbook 中引用文件中的变量
- name: Example playbook
  hosts: web_servers
  vars_files:
    - vars.yml
  tasks:
    - name: Task 1
      debug:
        msg: Var 1 is {{ var1 }}, var 2 is {{ var2 }}, var 3 is {{ var3 }}
```

在上述示例中，vars_files 关键字用于从 vars.yml 文件中加载变量，这些变量可以在 Playbook 的任务中使用。

3. 布尔值变量

在 Ansible 中，布尔值变量可以用不同的形式来表示，包括 true/false、1/0、yes/no、True/False 等。在匹配有效字符串时，不区分字母大小写。ansible-lint 是一种用于检查 Ansible Playbook 是否符合规范的工具，该工具倾向于使用 true/ false 作为布尔值，文档中的示例也采用了这种方式，以保持与 ansible-lint 默认设置的兼容性。常见的布尔值表示形式如表 8-2 所示。

表 8-2 常见的布尔值表示形式

序号	布尔值	布尔值表示
1	真值	True、'true'、't'、'yes'、'y'、'on'、'1'、1、1.0
2	假值	False、'false'、'f'、'no'、'n'、'off'、'0'、0、0.0

4. 列表变量

列表变量是一种常见的变量类型，是由变量名和多个值组合在一起的单个变量。列表变量可以通过定义一个包含多个值的项目化列表，或使用方括号（[]）包含多个值并用逗号分隔来创建。

列表变量可以包含多种类型的值，如字符串、数字、布尔值、其他列表等，常用于存储一组相关的值，如 IP 地址列表、文件路径列表。

在 Playbook 中，可以使用列表变量来定义任务的目标主机、执行特定模块的参数、应用特定配置文件的路径等。

列表变量可以使用 YAML 格式的语法定义，例如：

```
my_list:
  - value1
  - value2
  - value3
```

在上述示例中，定义了一个名为 my_list 的列表变量，它包含 3 个字符串值 value1、value2 和 value3。

引用列表变量时，可以通过指定其索引来访问列表中的特定项。在列表中，第一个项的索引为 0，第二个项的索引为 1，以此类推。可以仅使用列表中的特定项来执行特定任务，而不必引用整个列表。

在 Playbook 中引用列表变量 my_list 中的第二个值，例如：

```
- name: Print the second value in my_list
  debug:
    msg: "The second value of my_var is {{ my_list[1] }
```

5. 字典变量

字典是将数据存储在键值对中的一种数据结构，其中每个键值对表示一个特定的数据项。字典变量可以包含多种类型的值，如字符串、数字、布尔值、列表、其他字典等。在使用字典变量时，可以使用键来访问特定的值，以便执行特定的任务或操作。

在 Ansible 中，可以使用 YAML 语法定义字典变量，例如：

```
my_dict:
  key1: value1
  key2: value2
  key3: value3
```

在上述示例中，定义了一个名为 my_dict 的字典变量，它包含 3 个键值对，其中键分别是 key1、key2 和 key3，值分别为 value1、value2 和 value3。

引用字典变量时，可以使用方括号或点号来访问该字典中的单个特定键值。在 Playbook 中引用字典变量 my_dict 中的 key2 键的值 value2 的示例如下。

```
- name: Print the value of key2 in my_dict
  debug:
    msg: "The the value of key2 in my_dict is {{ my_dict['key2'] }
- name: Print the value of key2 in my_dict
  debug:
    msg: "The the value of key2 in my_dict is {{ my_dict.key2 }
```

上述两个示例都引用了相同的值 value2。在 Ansible 中使用字典变量时，推荐使用方括号形式来访问特定的键值。

在 Ansible 中，注册变量、事实变量、特殊变量存储的数据都是嵌套类型的数据结构。引用嵌套变量的示例如下。

```
- name: Print company information
  hosts: localhost
  vars:
      web_servers:
        - name: webserver1
          ip: 10.0.0.1
          ports:
            - 80
            - 443
        - name: webserver2
          ip: 10.0.0.2
          ports:
            - 80
            - 443
      db_servers:
        - name: dbserver1
          ip: 10.0.0.3
          ports:
            - 3306
  tasks:
    - name: Print web_server IP Address
      debug:
        msg: "This is web_server ip {{ web_servers[0].ip }}"
    - name: Print db_servers IP Address
      debug:
        msg: "This is db_servers ip {{ db_servers[0].name }}"
```

在上述示例中，定义了两个列表，一个是 web_servers，另一个是 db_servers，每个列表中都包含一个或多个嵌套的变量。web_servers 列表中的每个元素都是一个字典，包含名称、IP 地址和端口信息。同样，db_servers 列表中的每个元素也是一个字典，包含名称、IP 地址和端口信息。

要引用嵌套变量的值，可以使用点号表示法或方括号表示法。要想获取 web_servers 列表中第一个元素的 IP 地址，可以使用{{ web_servers[0].ip }}；要想获取 db_servers 列表中第一个元素的名称，可以使用{{ db_servers[0]['name'] }}。

注意：如果变量的键名以两个下画线开头和结尾（如 __example__），则在这种情况下，使用点符号直接引用变量的特定值可能会导致错误。为避免潜在冲突，推荐使用方括号来引用变量的值。

8.2.2 主机和主机组变量

在 Ansible 中，可以通过多种方式定义变量，可以在 Playbook 中定义、在清单文件中定义或者在任务中定义，而使用 group_vars 和 host_vars 目录定义变量可以使代码更加模块化、可读性更强、可维护性更高，并且能够更好地组织和共享变量。

V8-2 主机（组）变量和注册变量

定义主机和主机组变量的首选做法是在与清单文件相同的目录中创建 group_vars 和 host_vars 两个目录，这两个目录分别包含用于定义主机组变量和主机变量的文件。主机和主机组变量文件必须使用 YAML 语法，其有效的文件扩展名包括.yml、.yaml、.json 等，但扩展名不是必需的。

使用 group_vars 和 host_vars 目录定义基于主机和主机组的变量文件时，group_vars 目录中定义的变量将自动应用于组内的所有主机，host_vars 目录中定义的变量仅应用于指定的主机。典型的 group_vars 和 host_vars 目录结构和变量文件如下。

```
.
├── group_vars
│   ├── all
│   │   ├── vars.yml
│   │   └── secrets.yml
│   ├── db
│   │   └── vars.yml
│   └── web
│       └── vars.yml
├── host_vars
│   ├── mysqlserver.yml
│   ├── pgserver.yml
│   ├── node1.example.com
│   └── node2.example.com
├── playbook.yml
└── inventory
└── ansible.cfg
```

在 group_vars 目录中创建名为 all 的子目录，它可以为所有主机设置全局变量。这意味着在 all 目录下的变量文件中定义的变量将适用于所有主机，而不仅仅是某个主机组或某个主机。

在下面的清单文件中有两个主机组，分别是 web 主机组和 db 主机组。web 主机组中包括两个主机，分别是 webone.example.com、webtwo.example.com；db 主机组中也包括两个主机，分别是 mysqlserver、pgserver。

```
[web]
webone.example.com
webtwo.example.com
[db]
mysqlserver
pgserver
```

group_vars 目录中包含按组定义的变量文件，可以在 group_vars 目录中分别创建名为 web 和 db 的 YAML 格式文件来定义与主机组相关的变量。

```
# group_vars/web.yml
http_port: 80
https_port: 443
# group_vars/db.yml
mysql_version: 80
pg_version: 12
```

host_vars 目录中包含按主机定义的变量文件。可以在 host_vars 目录中创建一个名为 webone.example.com 的 YAML 格式文件来定义与对应主机相关的变量。

```
root_document: /var/www/html
config_file: vhost.conf
```

在 Playbook 文件中编写任务，可以直接调用变量。

```
---
- name: Example playbook 1
  hosts: web
  tasks:
    - name: Print HTTP port and HTTP document
      debug:
        msg: "HTTP port is {{ http_port }}, HTTP document is {{ root_document }}, 
HTTP configuration file is {{ config_file }}"
- name: Example playbook 2
  hosts: db
  tasks:
    - name: Display database server version
      debug:
        msg: "MySQL version is {{ mysql_version }} and PostgreSQL version is 
{{ pg_version }}"
```

8.2.3 注册变量

注册变量是 Ansible 中的一种特殊变量，用于保存任务执行后产生的输出结果。运维工程师或系统工程师通常会根据模块的返回值来判断自动化任务执行成功或失败，但模块返回值通常不能满足这个需求，这时就可以使用注册变量来保存任务的输出结果，以便在后续任务中使用。

注册变量的主要作用是在后续的任务或模块中使用模块的执行结果，实现模块之间的数据共享。通过使用注册变量，可以避免在不同的模块中重复执行相同的任务。同时，注册变量可以用于任务执行状态的检查和错误信息的处理，以提高任务执行的可靠性和稳定性。

注册变量可以是简单变量、列表变量、字典变量或复杂嵌套数据结构。注册变量存储在内存中，只在当前 Playbook 执行期间有效。

注册变量使用 register 关键字在任务中定义，任务可将结果保存到指定的变量中。

```
- name: Get disk space
  shell: df -h
  register: disk_space
- name: Print disk space
  debug:
    var: disk_space.stdout_lines
- name: Check if file exists
  stat:
    path: /path/to/file.txt
  register: file_stat
- name: Print file exists status
  debug:
    msg: "File exists: {{ file_stat.stat.exists }}"
```

在上述示例中，第 1 个任务使用 shell 模块执行了 df -h 命令，并将输出结果存储到了一个名为 disk_space 的注册变量中；第 2 个任务使用 debug 模块输出了 disk_space 变量的 stdout_lines 属性，该属性包含 df -h 命令的输出结果；第 3 个任务使用 stat 模块检查/path/to/file.txt 文件是否存在，并将结果存储在 file_stat 变量中；第 4 个任务使用 debug 模块输出一条消息，消息内容是 File exists: {{ file_stat.stat.exists }}，这里使用了{{ file_stat.stat.exists }}来判断文件是否存在，如果存在则输出 true，否则输出 false。

8.2.4 事实变量

V8-3 事实变量

1. 事实变量简介

在 Ansible 中，事实信息是指与主机系统相关的数据，包括操作系统版本、内核版本、内存、CPU、网络地址、主机名、文件系统等。事实信息是 Ansible 在执行任务时自动收集的，不需要额外配置，它可以帮助用户获取目标主机的环境信息、IT 基础设施状态，或者作为条件和参数用于后续任务中，以便根据目标主机的系统信息执行不同的任务。Ansible 事实变量就是存储事实信息的数据结构，通过 ansible_facts 变量或带有 ansible_前缀的顶级变量引用具体的事实信息。常见的事实变量如表 8-3 所示。

表 8-3 常见的事实变量

序号	事实变量名	描述
1	ansible_distribution	目标主机的操作系统发行版名称，如 Ubuntu、CentOS 等
2	ansible_distribution_version	目标主机的操作系统版本号，如 7、8、9、18.04 等
3	ansible_fqdn	目标主机的完全限定域名
4	ansible_hostname	目标主机的主机名
5	ansible_default_ipv4	目标主机默认 IPv4 地址
6	ansible_memtotal_mb	目标主机的内存容量，单位为 MB
7	ansible_processor_vcpus	目标主机的处理器虚拟核心数量
8	ansible_architecture	目标主机的系统架构，如 x86_64 等
9	ansible_date_time	目标主机的日期和时间信息，包括当前时间、日期、时区等
10	ansible_mounts	目标主机当前系统挂载的文件系统信息，包括挂载点、文件系统类型、设备名称、容量、使用情况等信息
11	ansible_interfaces	目标主机网络接口信息
12	ansible_devices	目标主机的设备信息，包括硬盘、分区、磁盘容量等

Ansible 使用 ansible_facts 变量存储事实信息。ansible_facts 变量使用基于 Python 字典类型的数据结构存储数据，字典是一种无序的键值对集合，字典变量中的键是代表系统信息的字符串，而值是与键相关联的系统信息数据。

默认情况下，常见的 Ansible 事实信息可以作为顶级变量访问，这些变量以 ansible_开头。例如，可以使用 ansible_distribution 变量获取远程主机的操作系统发行版名称，使用 ansible_facts['default_ipv4']['address']变量获取远程主机的默认 IPv4 地址。这些变量可以在 Ansible Playbook 中直接使用。

```
---
- name: Print facts message
  hosts: web
  tasks:
    - name: Print all available facts
      debug:
        var: ansible_facts
    - name: Print system facts begin with the ansible prefix
      debug:
        var: ansible_facts['ansible_distribution']
    - name: Print system facts with INJECT_FACTS_AS_VARS disabled
```

```
      debug:
        var: ansible_default_ipv4['address']
      vars:
        INJECT_FACTS_AS_VARS: false
```

在上述示例中，第 1 个任务使用 debug 模块输出所有事实信息；第 2 个任务使用 debug 模块输出 ansible_facts['default_ipv4']['address']事实信息，即输出远程主机的操作系统发行版名称；第 3 个任务使用 debug 模块输出 ansible_all_ipv4_addresses 变量，将 INJECT_FACTS_AS_VARS 的值设置为 false，不需要在 ansible_default_ipv4['address']前面添加 ansible_facts，即可输出默认的 IPv4 地址。

默认情况下，Ansible 会在每个 Play 开始时收集事实信息，也可以通过在 Playbook 中设置 gather_facts 来禁用事实信息收集。收集主机的事实信息可能会占用一定的时间和资源，因此在执行大规模自动化任务或需要快速执行任务的情况下，可以通过将 gather_facts 设置为 false 来禁用事实信息收集，从而提高 Ansible 的执行效率。

```
- name: Example playbook
  hosts: all
  gather_facts: false
  tasks:
    - name: Example task
      shell: echo "Hello, world!"
```

需要注意的是，如果某些任务需要调用事实信息才能正确执行，则禁用事实信息收集可能会导致这些任务无法正常执行。在这种情况下，可以手动指定所需的事实信息，或者在任务中使用 delegate_to 或 local_action 将任务委托给另一个主机或本地执行。

2. setup 模块

setup 模块是用于收集主机事实信息的内置模块。此模块可在 Playbook 中通过任务自动调用，也可以通过/usr/bin/ansible 直接执行。当使用 setup 模块时，可以使用 filter 参数来指定要收集的系统信息的子集，filter 参数可接收一个字符串列表，其中每个字符串都是一个要收集的系统信息的名称或模式。setup 模块示例如表 8-4 所示。

表 8-4　setup 模块示例

序号	示例	描述
1	ansible all -m ansible.builtin.setup -a 'filter=ansible_eth[0-2]'	在所有主机上执行 setup 模块，收集主机的事实信息，并只显示与过滤器 ansible_eth[0-2] 匹配的网络接口（eth0、eth1、eth2）的信息
2	ansible all -m ansible.builtin.setup -a 'gather_subset=network,virtual'	在所有主机上执行 setup 模块，只收集与网络和虚拟化有关的事实信息
3	ansible all -m ansible.builtin.setup -a 'gather_subset=!all'	只收集默认的最小事实集
4	ansible all -m setup -a "filter=*ipv4*	只返回包含 ipv4 的事实信息，如过滤器匹配了 ansible_default_ipv4 和 ansible_all_ipv4_addresses 两个键，因此会返回包含这两个键的所有事实信息
5	ansible all -m setup -a "filter=*mem*"	只返回包含 mem 的事实信息，输出结果是每个主机的 ansible_facts 字典的所有键中包含 mem 字符串的事实信息，如内存容量和使用情况等

3. set_fact 模块

set_fact 模块的主要作用是在 Playbook 执行过程中设置或修改变量，这些变量可以根据实际需求进行调整，并在 Playbook 的其他任务中使用，从而实现更灵活的任务控制与参数传递。

set_fact 模块的基本语法如下：

```
- name: Set variable value
  set_fact:
    variable_name: variable_value
```

其中，variable_name 表示要设置或修改的变量名；variable_value 表示要设置或修改的变量值，可以是字符串、数字或其他合法的 YAML 数据。

set_fact 设置变量示例如下。

```
- name: Print set fact var
  hosts: localhost
  vars:
    my_variable: "original_value"
  tasks:
    - name: Set a new variable
      set_fact:
        new_variable: "new_value"
    - name: Modify an existing variable
      set_fact:
        my_variable: "modified_value"
    - name: Print the variables
      debug:
        msg: |
          This is {{ my_variable }}
          This is other {{ new_variable }}
```

在上述示例中，首先，定义了一个名为 my_variable 的变量，并将其设置为字符串 original_value；其次，第 1 个任务使用 set_fact 模块创建了一个名为 new_variable 的变量，并将其设置为字符串 new_value；再次，第 2 个任务使用相同的 set_fact 模块，但将 my_variable 的值更改为字符串 modified_value；最后，第 3 个任务使用 debug 模块输出两个变量的值。

8.2.5 特殊变量

V8-4 特殊变量

1. 特殊变量简介

特殊变量是 Ansible 中预定义的一组变量，用于存储有关目标主机、执行环境和运行状态的信息。这些变量可以在 Playbook 或模板中直接引用，而无须事先定义或声明。通过特殊变量可以管理和操作主机的连接方式、事实信息，以及控制 Ansible 的行为和输出。常见的特殊变量类型如表 8-5 所示。

表 8-5 常见的特殊变量类型

序号	特殊变量类型	描述
1	Connection Variables	连接类型的特殊变量，用于控制连接目标主机的方式和参数，如 ansible_connection、ansible_host、ansible_become_user、ansible_user、ansible_python_interpreter 等
2	Facts Variables	事实变量，用于存储目标主机的事实信息，如 ansible_facts、ansible_local 等
3	Magic Variables	魔术变量或者魔法变量，用于控制 Ansible 的行为和输出，如 ansible_loop、ansible_skip_tags、ansible_play_batch、groups、group_names、inventory_hostname、hostvars 等

2. groups 变量

groups 变量用于表示当前主机所属的所有组，它是一个字典类型的变量，其中，键是组名，值是该组中所有主机的列表。例如，清单文件中有两个主机组，分别是 webserver 和 dbserver。

```
[webserver]
web1.example.com
web2.example.com
[dbserver]
db1.example.com
db2.example.com
```

在 Playbook 中使用 groups 变量，其中包含所有主机组的名称，以及对应主机组内的所有主机信息。

```
{
        "all": [
            "node1.example.com",
            "node2.example.com",
            "db1.example.com",
            "db2.example.com"
        ],
        "webserver": [
            "node1.example.com",
            "node2.example.com"
        ],
        "dbserver": [
            "db1.example.com",
            "db2.example.com"
        ]
}
```

使用 groups 变量在 Playbook 中输出 webserver 主机组中的所有主机。

```
- name: Example playbook
  hosts: webserver
  tasks:
    - name: Show all hosts in webservers group
      debug:
        msg: "{{ groups['webserver'] }}"
```

3. group_names 变量

group_names 变量包含当前主机所属的所有组的名称列表。在 Playbook 中，可以使用 group_names 变量来确定当前主机属于哪些主机组，并根据需要执行相应的操作。

以下清单文件中有 4 个主机组，分别是 webserver、dbserver、devops 和 prod。使用 group_names 变量来访问 webserver 主机组中的 node1.example.com、node2.example.com 主机所属的所有主机组的名称。

```
[webserver]
node1.example.com
node2.example.com
[dbserver]
node3.example.com
```

```
node4.example.com
[devops]
node5.example.com
[prod:children]
webserver
dbserver
```

在 webserver 主机组中执行任务，使用 debug 模块输出 webserver 主机组中两个主机所属的所有组。

```
- name: Example playbook
  hosts: webserver
  tasks:
    - name: Show all groups the current host belongs to
      debug:
        msg: "{{ group_names }}"
```

执行 Playbook 任务，输出结果如下。

```
ok: [node1.example.com] => {
    "msg": [
        "prod",
        "webserver"
    ]
}
ok: [node2.example.com] => {
    "msg": [
        "prod",
        "webserver"
    ]
}
```

4. inventory_hostname 变量

inventory_hostname 变量用于表示当前主机在清单文件中的名称，该变量可以在 Playbook 中动态地引用主机名。在一些自动化任务中，需要根据主机名来执行不同的操作或者变更不同的配置文件。例如，根据主机名来启用或禁用某些特定服务，或者针对不同的主机名使用不同的变量值。

下面的 Playbook 示例是在 web 主机组中安装 Apache 和 Nginx 服务器软件，并根据当前主机的名称来决定要在哪个主机上执行哪个任务。

```
- name: Install web server
  hosts: web
  tasks:
    - name: Install Apache web server
      apt:
        name: apache2
        state: present
      when: inventory_hostname == 'webserver1'
    - name: Install Nginx web server
      apt:
        name: nginx
        state: present
      when: inventory_hostname == 'webserver2'
```

在上述示例中，when 关键字用于条件判断，使用 inventory_hostname 变量来检查当前正在处理的主机是 webserver1 还是 webserver2，只有当条件为真时才会执行相应的任务。

5. hostvars 变量

hostvars 变量包含受管主机的变量，可以用于获取另一个受管主机的变量的值。它是一个字典，其中的键是其他主机的名称，值是一个字典，其中包含相应主机的所有变量。这使得可以在任务中引用其他主机的变量。

例如，清单文件中有一个名为 webserver 的主机组，其中包含两个主机 node1.example.com 和 node2.example.com。

```
[webserver]
node1.example.com
node2.example.com
```

在下面的示例中，使用 hostvars['node2.example.com']引用 node2.example.com 主机的所有变量，使用['ansible_default_ipv4']['address']引用该主机的 IPv4 地址，并通过 debug 模块输出这个地址。

```
- name: Example playbook
  hosts: webserver
  tasks:
    - name: Show node2's IP address
      debug:
        msg: >
          "node2's IP address
          is {{ hostvars['node2.example.com']['ansible_default_ipv4']['address'] }}
```

8.3 项目实训

【实训任务】

本实训的主要任务是在 Playbook 中定义变量，使用 vars 和 vars_files 关键字并创建调用变量的任务，从目标主机收集事实信息并创建使用事实变量的任务，以及在任务中创建注册变量并根据注册变量检查任务的执行结果等。

【实训目的】

（1）熟悉 Ansible 变量的定义和调用方法。

（2）掌握 vars 和 vars_files 关键字的使用方法。

（3）掌握 group_vars 和 host_vars 中变量的定义和调用方法。

（4）掌握查询并引用事实变量信息的方法。

（5）掌握 register 关键字以定义注册变量，并输出注册变量信息。

【实训内容】

（1）在 Playbook 中定义变量，并创建使用变量的自动化任务。

（2）在 Playbook 中收集事实信息，并创建调用事实变量的任务。

（3）在 Playbook 中创建注册变量，并根据注册变量检查任务执行结果。

【实训环境】

在进行本项目的实训操作前，提前准备好 Linux 操作系统环境，RHEL、CentOS Stream、Debian、Ubuntu、华为 openEuler、麒麟 openKylin 等常见 Linux 发行版都可以进行项目实训。实训的环境清单及 Linux 发行版可根据实际情况进行调整。

8.4 项目实施

任务 8.4.1 在 Playbook 中使用变量

V8-5 实训-在 Playbook 中使用变量

1. 任务描述

（1）在 Ansible 控制节点上编写 Playbook 并执行自动化任务，在目标节点 node1.example.com、node2.example.com 上部署 Web 服务，node1.example.com、node2.example.com 在清单文件中属于 web 主机组。

（2）使用 vars 关键字创建 apache_pkg、mariadb_pkg、service_web、service_db、firewall_ service、copy_file、index_path、rule 等变量。

（3）使用 yum 模块安装 httpd 和 mariadb-server 软件包。

（4）使用 copy 模块将本地 httpd_index.html 文件复制到目标主机 node1.example.com、node2.example.com 上的/var/www/html/目录中。

（5）使用 service 模块将 httpd 服务、mariadb 服务启动并将其设置为开机自启动。

2. 任务实施

（1）在 Ansible 控制节点上，以 rhce 用户身份将工作目录切换为用户家目录，创建 vars-httpd 目录，并在 vars-httpd 目录中创建 ansible.cfg 文件、清单文件和 httpd-index.html 文件。

```
[root@control ~]# su - rhce
[rhce@control ~]$ mkdir ~/vars-httpd
[rhce@control ~]$ cd ~/vars-httpd
[rhce@control vars-httpd]$ cat ansible.cfg
[defaults]
inventory=./inventory
remote_user=rhce
ask_pass=false
host_key_checking = False
[privilege_escalation]
become=true
become_method=sudo
become_user=root
become_ask_pass=false
[rhce@control vars-httpd]$ cat inventory
[web]
node1.example.com
node2.example.com
[rhce@control vars-httpd]$ cat httpd-index.html
use vars deploy apache httpd web site
```

（2）使用文本编辑器创建名为/home/rhce/vars-httpd/httpd.yml 的 Playbook 文件，将 Play 命名为 Provision Apache HTTPD，将 hosts 属性设置为 web 主机组，使用 vars 关键字创建 Playbook 变量。

```
[rhce@control vars-httpd]$ vim httpd.yml
---
- name: Provision Apache HTTPD
  hosts: web
  vars:
```

```
    apache_pkg: httpd
    mariadb_pkg: mariadb-server
    service_web: httpd
    service_db: mariadb
    firewall_ service: http
    copy_file: httpd-index.html
    index_path: /var/www/html/index.html
    rule: http
```

（3）添加第 1 项任务，任务名称为 Install httpd and database package，任务使用 yum 模块，将 name 键设置为 apache_pkg、mariadb_pkg 列表变量。

```
  - name: Install httpd and database package
    yum:
      name:
        - "{{ apache_pkg }}"
        - "{{ mariadb_pkg }}"
      state: present
```

（4）添加第 2 项任务，任务名称为 Copy http-index.html to remote node path，任务使用 copy 模块，将 src 键设置为 copy_file 变量，将 dest 键设置为 index_path 变量。

```
  - name: Copy http-index.html to remote node path
    copy :
      src: "{{ copy_file }}"
      dest: "{{ index_path }}"
```

（5）添加第 3 项任务，以启动并使用 httpd 服务。任务名称为 Ensure httpd is started，任务使用 service 模块，将 name 键设置为 service_web 变量，将 state 键设置为 started，并将 enabled 键设置为 true。

```
  - name: Ensure httpd is started
    service:
      name: "{{ service_web }}"
      state: started
      enabled: true
```

（6）添加第 4 项任务，以启动并使用 mariadb 服务。任务名称为 Ensure mariadb is started，任务使用 service 模块，将服务的 name 键设置为 service_db 变量，将 state 键设置为 started，并将 enabled 键设置为 true。

```
  - name: Ensure mariadb is started
    service:
      name: "{{ service_db }}"
      state: started
      enabled: true
```

（7）添加第 5 项任务，设置防火墙规则以允许访问 http 服务。任务名称为 Open firewall for http，任务使用 firewalld 模块，将 service 键设置为 firewall_service 变量，将 state 键设置为 enabled，将 immediate 键设置为 true，并将 permanent 键设置为 true。

```
  - name: Open firewall for http
    firewalld:
      service: "{{ firewall_service }}"
      state: enabled
      immediate: true
      permanent: true
```

（8）完整的 Playbook 如下。

```
---
- name: Provision Apache HTTPD
  hosts: web
  vars:
    apache_pkg: httpd
    mariadb_pkg: mariadb-server
    service_web: httpd
    service_db: mariadb
    firewall_service: http
    copy_file: http-index.html
    index_path: /var/www/html/index.html
    rule: http
  tasks:
    - name: Install httpd and mariadb-server package
      yum:
        name:
          - "{{ apache_pkg }}"
          - "{{ mariadb_pkg }}"
        state: present
    - name: Copy index.html to remote node path
      copy :
        src: "{{ copy_file }}"
        dest: "{{ index_path }}"
    - name: Ensure httpd is started
      service:
        name: "{{ service_web }}"
        state: started
        enabled: true
    - name: Ensure mariadb is started
      service:
        name: "{{ service_db }}"
        state: started
        enabled: true
    - name: Open firewall for http
      firewalld:
        service: "{{ firewall_service }}"
        state: enabled
        immediate: yes
        permanent: true
```

（9）执行 httpd.yml 自动化任务前，使用--syntax-check 选项验证 Playbook 语法是否正确。如果报告出现错误，则更正后再继续进行下一步操作；如果没有问题，则执行 Playbook 任务。

```
[rhce@control vars-httpd]$ ansible-playbook httpd.yml --syntax-check
playbook: http.yml
[rhce@control vars-httpd]$ ansible-playbook httpd.yml
```

（10）使用 curl 命令验证 node1.example.com、node2.example.com 主机上的 httpd 服务是否可以访问。

```
[rhce@control vars-httpd]$ curl node1.example.com
use vars deploy apache httpd web site
```

```
[rhce@control vars-httpd]$ curl node2.example.com
use vars deploy apache httpd web site
```

任务 8.4.2 在 Playbook 中管理变量和事实

V8-6 实训-在 Playbook 中管理变量和事实

1. 任务描述

（1）在 Ansible 控制节点上编写 Playbook 并执行自动化任务，在目标节点 node3.example.com 上部署 Web 服务，node3.example.com 在清单文件中属于 nginx 主机组。

（2）在项目目录中创建变量文件 vars-nginx.yml，并写入 nginx_pkg、root_dir、index_path、service_web、firewall_service、vhost_path、web_port 等变量。

（3）使用 yum 模块安装 nginx 软件包。

（4）使用 file 模块在目标主机 node3.example.com 上创建/usr/share/nginx/site 目录。

（5）使用 copy 模块将事实信息写入目标主机/usr/share/nginx/site/index.html 文件中。

（6）使用 service 模块启动和使用 nginx 服务。

（7）使用 firewalld 模块启用 http 服务规则。

（8）使用 blockinfile 模块在目标主机 node3.example.com 上创建虚拟主机配置文件/etc/nginx/conf.d/vhost.conf，并写入配置。

2. 任务实施

（1）在 Ansible 控制节点上，以 rhce 用户身份将工作目录切换为用户家目录，创建 provision-nginx 目录，并在 provision-nginx 目录中创建 ansible.cfg 文件、清单文件和变量文件。

```
[root@control ~]# su - rhce
[rhce@control ~]$ mkdir ~/provision-nginx
[rhce@control ~]$ cd ~/provision-nginx
[rhce@control provision-nginx]$ cat ansible.cfg
[defaults]
inventory=./inventory
remote_user=rhce
ask_pass=false
host_key_checking = False
[privilege_escalation]
become=true
become_method=sudo
become_user=root
become_ask_pass=false
[rhce@control provision-nginx]$ cat inventory
[nginx]
node3.example.com
[rhce@control provision-nginx]$ cat vars-nginx.yml
nginx_pkg: nginx
root_dir: /usr/share/nginx/site
index_path: /usr/share/nginx/site/index.html
service_web: nginx
firewall_service: http
vhost_path: /etc/nginx/conf.d/vhost.conf
web_port: 80
```

```
test_url: http://node3.example.com
```

（2）使用文本编辑器创建名为/home/rhce/provision-nginx/nginx.yml 的 Playbook 文件，将 Play 命名为 Provision Nginx Web Server，hosts 属性设置为 nginx 组，vars_files 关键字设置为变量文件 vars-nginx.yml。

```
[rhce@control provision-nginx]$ vim nginx.yml
---
- name: Provision Nginx Web Server
  hosts: node3.example.com
  vars_files:
    - vars-nginx.yml
  tasks:
```

（3）添加第 1 项任务，任务名称为 Install nginx package，任务使用 yum 模块，将 name 键设置为 nginx_pkg 变量。

```
- name: Install nginx package
  yum:
    name: "{{ nginx_pkg }}"
    state: present
```

（4）添加第 2 项任务，创建 nginx 站点目录。任务名称为 Create site directory，任务使用 file 模块，将 path 键设置为 root_dir 变量。

```
- name: Create site directory
  file:
    path: "{{ root_dir }}"
    state: directory
```

（5）添加第 3 项任务，任务名称为 Copy index.html to remote node path，任务使用 copy 模块，将 content 键设置为引用事实变量 ansible_facts['fqdn']、ansible_facts['default_ipv4']['address']。

```
- name: Copy index.html to remote node path
  copy:
    content: "{{ ansible_facts['fqdn'] }} {{ ansible_facts['default_ipv4']
['address'] }} nginx web site "
    dest: "{{ index_path }}"
```

（6）添加第 4 项任务，以启动并使用 nginx 服务。任务名称为 Ensure nginx is started，任务使用 service 模块，将 name 键设置为 service_web 变量。

```
- name: Ensure nginx is started
  service:
    name: "{{ service_web }}"
    state: started
    enabled: true
```

（7）添加第 5 项任务，设置防火墙规则以允许访问 http 服务，使该任务的格式与前 4 项任务匹配。任务名称为 Open firewall for http。任务使用 firewalld 模块，将 port 键设置为 web_port 变量。

```
- name: Open firewall for http
  firewalld:
    port: "{{ web_port}}/tcp"
    permanent: true
    state: enabled
    immediate: true
```

（8）添加第 6 项任务，使用 blockinfile 模块将 nginx 虚拟主机配置写入目标服务器的 nginx 配置文件中。任务名称为 Add virtual host config block to nginx.conf，将 path 键设置为 vhost_path 变量。在 block 中，将整个配置块写入 vhost.conf 文件，虚拟主机名引用 inventory_hostname 变量，监听端口引用 web_port 变量，站点目录引用 root_dir 变量。

```
  - name: Add virtual host config block to nginx.conf
    blockinfile:
      path: "{{ vhost_path }}"
      create: yes
      block: |
          server {
              listen      {{ web_port }};
              server_name  {{ inventory_hostname }};
          location / {
                  root  {{ root_dir }};
                  index  index.html index.htm;
                }
            }
```

（9）添加第 7 项任务，任务名称为 Restart nginx service，使用 service 模块重新启动 nginx 服务，使虚拟主机配置生效。

```
  - name: Restart nginx service
    service:
      name: "{{ service_web }}"
      state: restarted
```

（10）完整的 Playbook 如下。

```
[rhce@control provision-nginx]$ cat nginx.yml
---
- name: Provision Nginx Web Server
  hosts: node4.example.com
  vars_files:
    - vars-nginx.yml
  tasks:
    - name: Install nginx package
      yum:
        name: "{{ nginx_pkg }}"
        state: present
    - name: Create site directory
      file:
        path: "{{ root_dir }}"
        state: directory
    - name: Copy index.html to remote node path
      copy:
        content: "{{ ansible_facts['fqdn'] }} {{ ansible_facts['default_ipv4']
['address'] }} nginx web site "
        dest: "{{ index_path }}"

    - name: Ensure nginx is started
      service:
        name: "{{ service_web }}"
```

```
        state: started
        enabled: true
    - name: Open firewall for http
      firewalld:
        port: "{{ web_port}}/tcp"
        permanent: true
        state: enabled
        immediate: true
    - name: Add virtual host config block to nginx.conf
      blockinfile:
        path: "{{ vhost_path }}"
        create: yes
        block: |
            server {
                  listen      {{ web_port }};
                  server_name  {{ inventory_hostname }};
            location / {
                      root  {{ root_dir }};
                      index  index.html index.htm;
                    }
                }
    - name: Restart nginx service
      service:
        name: "{{ service_web }}"
        state: restarted
```

（11）执行 nginx.yml 自动化任务前，使用--syntax-check 选项验证 Playbook 语法是否正确。如果报告出现错误，则更正后再继续进行下一步操作；如果没有问题，则执行 Playbook 任务。

```
[rhce@control provision-nginx]$ ansibe-playbook nginx.yml --syntax-check
playbook: nginx.yml
[rhce@control provision-nginx]$ ansibe-playbook nginx.yml
```

（12）创建 Playbook nginx-check.yml，使用 uri 模块测试 nginx 服务是否正常，在任务执行过程中通过 register 关键字定义注册变量 test_info，并使用 debug 模块输出注册变量信息。

```
[rhce@control provision-nginx]$ vi nginx-check.yml
---
- name: Test nginx web server
  hosts: localhost
  become: yes
  vars_files:
    - vars-nginx.yml
  tasks:
    - name: connect to web server
      uri:
        url: "{{ test_url }}"
        validate_certs: no
        return_content: yes
        status_code: 200
      register: test_info
    - name: Show test information
```

```
    debug:
      var: test_info.content
```

（13）执行 nginx-check.yml 文件，查看任务执行结果，验证 node3.example.com 主机上的 Nginx 服务器是否可以访问。

```
[rhce@control provision-nginx]$ ansibe-playbook nginx-check.yml
TASK            [connect            to            web            server]
*****************************************************************
ok: [localhost]
TASK                                                          [debug]
**********************************************************************
ok: [localhost] => {
    "test_info.content": "welcome to nginx web site"
}
```

项目练习题

选择题

（1）在 Ansible 中，变量可以定义的位置是（　　）。

A. 仅在 Playbook 中

B. 仅在命令行参数中

C. 主机组和主机的 group_vars 及 host_vars 目录中

D. 仅在 play 中

（2）可用于在 Ansible Playbook 中定义变量的关键字是（　　）。

A. va　　B. define　　C. set　　D. vars

（3）在 Ansible Playbook 中，register 关键字用于（　　）。

A. 定义主机清单文件　　B. 保存任务执行结果

C. 定义变量　　D. 设置条件语句

（4）在 Ansible Playbook 中，vars_files 关键字用于（　　）。

A. 定义主机清单文件　　B. 引入变量文件

C. 设置条件语句　　D. 定义任务

（5）关于 vars_files 关键字的描述正确的是（　　）。

A. 可以同时引入多个变量文件

B. 只能引入一个变量文件

C. 只能引入一个变量文件，但该文件可以包含其他变量文件的引用

D. 只能引入一个变量文件，但可以通过该文件中的 include_vars 指令引入其他变量文件

（6）使用 register 关键字捕获的任务执行结果的数据类型是（　　）。

A. 字符串　　B. 列表　　C. 字典　　D. 布尔值

（7）在 Ansible Playbook 中，用于引用主机组名称的特殊变量是（　　）。

A. host_name　　B. group_name　　C. groups　　D. group_names

（8）关于 Ansible 事实变量的描述正确的是（　　）。

A. 由用户在 Playbook 中定义的可重用值

B. 由 Ansible 提供的特殊变量，用于引用主机组的名称

C. 从受管主机上自动收集的数据，可以在 Playbook 中引用

D. 用于在 Playbook 中定义任务的关键字

（9）在 Ansible Playbook 中关闭调用受管主机的事实变量时，可以使用关键字（　　）实现。

A．facts　B．gather_facts　C．show_facts　D．vars_files

（10）用于引用主机的操作系统发行版名称的事实变量是（　　）。

A．ansible_os　B．ansible_distribution

C．ansible_os_name　D．ansible_distribution_name

（11）用于显示 Ansible Playbook 中某个任务的输出结果的是（　　）。

A．debug 模块　B．output 模块　C．print 模块　D．show 模块

（12）关于 setup 模块的描述正确的是（　　）。

A．安装新的软件包　B．配置主机的 SSH 密钥

C．收集受管主机的系统信息　D．执行自定义的脚本

（13）如果想要在 Ansible Playbook 中禁用 setup 模块，则可以使用的选项是（　　）。

A．disable_setup: true　B．gather_facts: false　C．skip_setup: yes　D．setup: false

（14）在 Ansible Playbook 中，用于引用所有主机组的列表变量是（　　）。

A．groups　B．group_names　C．inventory_hostname　D．hostvars

（15）在 Ansible Playbook 中，如果需要引用当前主机所属的主机组，则应该使用的特殊变量是（　　）。

A．groups　B．group_names　C．inventory_hostname　D．hostvars

（16）在 Ansible Playbook 中，用于引用当前主机的名称的特殊变量是（　　）。

A．groups　B．group_names　C．inventory_hostname　D．hostvars

（17）如果想在 Ansible Playbook 中引用另一个主机的变量，则应该使用的特殊变量是（　　）。

A．groups　B．group_names　C．inventory_hostname　D．hostvars

项目 9 自动化任务控制

09

学习目标

【知识目标】

- 了解 loop 循环语句和 when 条件语句的基本概念。
- 了解处理程序的基本概念。
- 了解任务失败条件判断的基本结构。
- 了解任务分组和任务标记的基本概念。

【技能目标】

- 掌握循环语句基本语法，能够使用 loop 关键字完成循环任务。
- 掌握条件语句基本语法，能够使用 when 关键字完成条件任务。
- 掌握处理程序基本语法，能够使用 handlers 关键字完成任务处理。
- 掌握任务失败条件判断，能够完成失败任务的控制处理。
- 掌握任务分组方法，能够使用 block、rescue、always 关键字完成任务控制。

【素质目标】

- 培养读者的团队合作精神、协同创新能力，使其能够在团队中积极合作、有效沟通。
- 培养读者的独立思考能力和逻辑思维能力，使其能够运用逻辑思维解决复杂问题。
- 培养读者诚信、务实、严谨的职业素养，培养其正确的职业道德观念和职业操守，使其实事求是、严谨治学，以诚信为基础，成为一名优秀的职业人员。

9.1 项目描述

Ansible 中的循环语句、条件语句、处理程序和任务分组是 Playbook 编写中常用的控制结构，通过它们可以提高代码的灵活性和可读性。其中，循环语句用于迭代变量列表，减少冗余代码；条件语句允许根据特定条件判断是否执行任务，增加了任务的灵活性；处理程序用于定义在特定条件下触发的任务，如服务重启或通知等；任务分组则允许将多个任务组织为一个单元，提高代码的组织性和可维护性。熟练使用这些语言结构是 Ansible 自动化任务管理的重要一环，为编写高效的 Playbook 提供了有力的支持。

本项目主要介绍 Ansible 任务控制相关基本概念和基本语法的同时，还介绍了如何使用 loop 循环语句和 when 条件语句执行任务，如何定义和触发任务处理程序，以及如何使用 block 关键字进行任务分组控制。

9.2 知识准备

9.2.1 循环语句

V9-1 循环语句

循环语句是一种用于重复执行某个任务或操作的结构，它允许使用者在任务中对一组对象进行迭代操作，以便在每个迭代周期中执行相同的任务。对于需要重复执行相同操作的场景，循环语句可以大大提高工作效率。自动化运维工程师使用循环语句可以避免编写大量重复的代码，以简化任务的编写和维护。

Ansible 支持多种类型的循环语句，涉及 loop、with_×和 until 等关键字，在 Ansible 2.4 及之前的版本中，with_×关键字是用于循环迭代的通用关键字，可以与不同的插件结合使用，以便在任务中迭代不同的对象。常见的 with_×关键字有 with_list、with_dict、with_items、with_indexed_items、with_flattened、with_sequence、with_random_choice 等，每个关键字都有自己特定的用途和使用方法，用于处理不同类型的数据结构。

在 Ansible 2.5 及之后的版本中，with_×关键字被 loop 关键字所取代。在较新版本的 Ansible 中，推荐使用 loop 关键字进行循环迭代，并结合 loop_control 和 loop_var 关键字以及 lookup、query 插件来实现复杂的循环需求。

loop 关键字用于执行循环语句的基本语法如下。

```
- name: Execute task with a loop
  <module_name>:
    <module_parameter>: "{{ item }}"
  loop:
    - value1
    - value2
```

其中，module_name 用于指定要执行的模块名称；module_parameter 用于指定模块的参数名；{{ item }} 表示对列表中的每个元素进行迭代，并将其作为参数传递给模块；loop 关键字用于指定要迭代的数据结构，可以是列表或字典等数据结构。

1．简单的列表循环

loop 循环语句是一种用于重复执行任务的控制结构，它允许对一个列表或数组进行迭代，并在每次迭代中执行一组任务。循环的变量可以在变量文件中定义，或者在 vars 关键字部分中定义，并在任务中引用列表变量的名称。

以下示例演示了使用 loop 关键字循环遍历列表变量，并执行相应的任务。

```
- name: Looping over a list of items
  hosts: all
  vars:
    packages:
      - nginx
      - mysql
      - redis
  tasks:
    - name: Create directory
      file:
        path: "/tmp/{{ item }}"
        state: directory
```

```
        loop:
          - dir1
          - dir2
      - name: Create file
        copy:
          content: "This is {{ item }} file"
          dest: "/tmp/{{ item }}/file.txt"
        loop:
          - dir1
          - dir2
      - name: Install packages
        yum:
          name: "{{ item }}"
          state: present
        loop: "{{ packages }}"
```

在上述示例中，loop 关键字用于迭代一个包含两个目录名称的字符串列表，并将列表中的每个元素作为 item 变量的值传递给 3 个任务。

第 1 个任务使用 file 模块创建一个目录，并使用 item 变量构建目录路径。

第 2 个任务使用 copy 模块在每个目录中创建一个文件，并使用 item 变量构建文件路径和内容。

第 3 个任务使用 yum 模块安装软件包，vars 关键字定义了一个列表变量 packages，它是一个包含 3 个软件包名称的列表，在任务中使用 loop 循环语句在所有主机上依次安装这 3 个软件包。

loop 循环语句和 item 密切相关，loop 关键字用于迭代一个列表，并将列表中的每个元素作为 item 变量的值传递给任务。在每次循环迭代中，item 变量都会被设置为列表中的当前元素。

在以下示例中，变量 web_services 含有需要处于运行状态的服务的列表。

```
vars:
  web_services:
    - nginx
    - httpd
  tasks:
    - name: Nginx and Httpd are running
      service:
        name: "{{ item }}"
        state: started
      loop: "{{ web_services }}"
```

由于 service 模块不支持变量列表，如果需要启动 10 个模块，则普通的编写方式需要 10 个任务，但使用 loop 循环语句后就可以提供自动化任务。

2. 字典循环

在循环任务中，可使用 loop 关键字遍历字典并访问其键和值，每次循环迭代都会将一个包含 key 和 value 的字典作为 item 变量的值传递给任务。在以下示例中，loop 循环语句会使用 item.key 和 item.value 分别引用字典中的键和值，以输出每个键值对。

```
- name: Loop through dictionary variable
  hosts: localhost
  vars:
    user_data:
      username: dev
      groupname: wheel
```

```
  tasks:
    - name: Iterating over a list of hashes by key and value
      debug:
        msg: "{{ item.key }} is  {{ item.value }}"
      loop: "{{ user_data | dict2items }}"
```

对于上述示例中的user_data字典变量，使用dict2items过滤器将其转换为适用于循环的列表结构。loop循环语句会将以下两个键值对分别作为user_data变量的值传递给任务。

```
[
  { "key": "username", "value": "dev },
  { "key": "groupname", "value": "wheel" }
]
```

在较新版本的Ansible中，loop关键字与loop_control关键字结合可以更精细地控制循环行为，如自定义循环变量名标签、循环迭代之间的暂停时间等。

```
---
- name: Loop through dictionary variable
  hosts: localhost
  tasks:
    - name: print dictionary variable by loop
      debug:
        msg: "File name is /etc/{{ file_name }},File mode is {{ mode }}"
      loop:
        - {file_name: 'passwd', mode: '0644'}
        - {file_name: 'shadow', mode: '0600'}
      loop_control:
        loop_var: file_item
      vars:
        file_name: "{{ file_item.file_name }}"
        mode: "{{ file_item.mode }}"
```

9.2.2 条件语句

条件语句可以根据不同的条件选择性地执行任务或操作。在Playbook中，条件语句可以基于事实、变量、前一个任务的结果进行评估，通过控制任务执行的条件来实现更加灵活的自动化。条件语句由条件及其相应的任务列表组成，条件用于检查变量的值，任务列表包含条件为true时执行的任务。常用的条件语句涉及when、failed_when、changed_when等关键字。

V9-2 条件语句

when条件语句的基本语法如下。

```
- name: Task name
  <module>: <module_options>
  when: <expression>
```

其中，when条件语句被添加到任务中，以便在任务执行之前对条件进行评估，如果条件为true，则任务将被执行，如果条件为false，则任务将被跳过；name表示任务的名称，用于标识任务；module表示要执行的模块的名称；module_options表示要传递给模块的参数，可以根据需要添加多个参数；expression表示一个Jinja2表达式，可以是变量、模块返回值、算术运算、比较运算等，如果表达式的结果为true，则任务会被执行，否则任务会被跳过。

1. 条件表达式

when 条件语句使用 Jinja2 表达式来决定任务是否执行，用户可根据需要添加多个表达式进行判断，还可使用 and 和 or 运算符连接多个表达式，以实现更复杂的条件判断。常见的条件表达式如表 9-1 所示。

表 9-1 常见的条件表达式

序号	条件表达式	描述
1	when: var_name == value	当变量值等于给定值时，条件为 true
2	when: var_name > value	当变量值大于给定值时，条件为 true
3	when: var_name < value	当变量值小于给定值时，条件为 true
4	when: var_name >= value	当变量值大于或等于给定值时，条件为 true
5	when: var_name <= value	当变量值小于或等于给定值时，条件为 true
6	when: var_name != value	当变量值不等于给定值时，条件为 true
7	when: var_name is defined	当变量已定义时，条件为 true
8	when: var_name is undefined	如果变量未定义，则条件表达式为 true，否则为 false
9	when: var_name is true	当变量为 true 时，条件为 true
10	when: var_name is false	当变量为 false 时，条件为 true
11	when: var_name in list	当变量值包含在给定列表中时，条件为 true
12	when: not var_name	当变量为 false 或未定义时，条件为 true
13	when: condition1 and condition2	当 condition1 和 condition2 都为 true 时，条件为 true
14	when: condition1 or condition2	当 condition1 或 condition2 中任意一个为 true 时，条件为 true
15	when: （condition1 and condition2） or condition3	当 condition1 和 condition2 都为 true，或 condition3 为 true 时，条件为 true

在 when 条件语句中，条件表达式可以直接调用变量，而无须使用 {{ }} 这样的 Jinja2 模板语言的语法。when 条件语句会自动对其条件表达式中的变量进行替换，而变量替换过程会自动应用 Jinja2 的模板语言，将变量的值插入条件表达式。

when 条件表达式的示例如下。

```
- name: Configure file if it exists
  copy:
    src: path/to/file
    dest: /etc/file
  when: path/to/file is exists
- name: Configure service if variable is defined
  service:
    name: service-name
    state: started
  when: variable-name is defined
- name: Configure service if variable equals a specific value
  service:
    name: service-name
    state: started
  when: variable-name == "specific-value"
- name: Update apt cache
  apt:
    update_cache: yes
```

```
    when: ansible_distribution == 'Ubuntu'
  - name: Start nginx
    service:
      name: nginx
      state: started
    when: 'localhost' in web_servers
```

2. 根据事实信息设置条件

在 Playbook 中，用户希望根据主机的属性来执行或跳过任务，这些属性被称为主机的事实信息，包括 IP 地址、操作系统版本、文件系统的状态等。使用基于事实信息的条件语句，可以实现在特定版本的操作系统上安装软件包，在具有内部 IP 地址的主机上跳过配置防火墙的任务，根据主机的可用内存、CPU 核心数或文件系统使用率执行任务，等等。常见的事实变量条件判断如下。

根据系统内存容量进行条件判断：

```
  - name: Install MySQL on high-memory machines
    yum:
      name: mysql-server
      state: present
    when: ansible_memtotal_mb | int >= 8192
```

根据 CPU 核心数进行条件判断：

```
  - name: Check CPU cores
    debug:
      msg: "System has at least 4 CPU cores"
    when: ansible_processor_vcpus | int >= 4
```

根据操作系统信息进行条件判断：

```
  - name: Start Apache
    service:
      name: httpd
      state: started
    when: ansible_distribution == 'RedHat' or ansible_distribution == 'CentOS'
```

根据操作系统信息和版本号进行条件判断：

```
  - name: Shut down CentOS 6 systems
    command: /sbin/shutdown -t now
    when:
      - ansible_facts['distribution'] == "CentOS"
      - ansible_facts['distribution_major_version'] == "7"
  - name: Check OS version
    debug:
      msg: "OS version is greater than or equal to 7"
    when: ansible_facts['distribution_major_version'] | int >= 7
  - name: Do something on RedHat
    shell: some_command
    when: ansible_distribution | lower == 'redhat'
```

3. 根据注册变量设置条件

在 Playbook 中，通常需要根据之前任务的执行结果来执行或跳过后续任务。通过 register 关键字可以将任务的执行结果赋值给一个变量。在后续的任务中，可以根据这个变量的值来设置条件，从而控制任务是否执行。

注册变量条件判断的示例如下。

```
- name: condition register
  hosts: node1.example.com
  tasks:
    - name: Check if package is installed
      shell: rpm -qa httpd
      register: package_installed
    - name: Print register var
      debug:
        var: package_installed
    - name: Check whether the software package is installed by rc
      debug:
        msg: This package is installed
      when: package_installed.rc | int == 0
    - name: Check whether the software package is installed by stdout
      debug:
        msg: This package is installed
      when: package_installed.stdout.find('httpd') == 0
```

任务执行结果如下。

```
PLAY [condition register] ***************************************************
TASK [Gathering Facts] ******************************************************
ok: [node1.example.com]
TASK [Check if package is installed] ****************************************
changed: [node1.example.com]
TASK [Print register var] ***************************************************
ok: [node1.example.com] => {
    "package_installed": {
        "changed": true,
        "cmd": "rpm -qa httpd",
        "delta": "0:00:00.899059",
        "end": "2023-08-12 10:59:44.131912",
        "failed": false,
        "msg": "",
        "rc": 0,
        "start": "2023-08-12 10:59:43.232853",
        "stderr": "",
        "stderr_lines": [],
        "stdout": "httpd-2.4.37-54.module_el8.8.0+1256+e1598b50.x86_64",
        "stdout_lines": [
            "httpd-2.4.37-54.module_el8.8.0+1256+e1598b50.x86_64"
        ]
    }
}
TASK [Check whether the software package is installed by rc] ****************
ok: [node1.example.com] => {
    "msg": "This package is installed"
}
TASK [Check whether the software package is installed by stdout] ************
ok: [node1.example.com] => {
    "msg": "This package is installed"
}
```

在上述示例中，第 1 个任务使用 shell 模块执行 rpm -qa httpd 命令，并使用 register 关键字将命令输出结果存储在注册变量 package_installed 中。

第 2 个任务使用 debug 模块输出注册变量结果。

第 3 个任务通过 when: package_installed.rc | int == 0 条件语句进行判断，rc 表示命令执行的返回状态码，如果命令执行成功则 rc 为 0，否则为其他值。语句中的 int 是一个 Jinja2 过滤器，表示将变量的值转换为整数，因为变量的值是字符串，如果不进行转换，则会导致判断条件出错。

第 4 个任务通过 when: package_installed.stdout.find('httpd') == 0 条件语句进行判断，该语句使用了 stdout.find 方法，该方法用于查找字符串中是否包含指定的子字符串 httpd，如果 package_installed.stdout.find('httpd')返回值为 0，则说明字符串中包含子字符串 httpd，否则返回-1。

4．在循环中设置条件

在 Ansible Playbook 中，可以使用 when 条件语句在循环语句中对每个项进行条件判断。这种方式可以根据条件来决定是否处理某些特定的项，或者在处理每个项时使用不同的参数。

在循环中使用 when 条件语句的示例如下。

```
- name: Loop with conditionals
  hosts: node1.example.com
  vars:
    users:
      - name: tom
        uid: 1001
      - name: bob
        uid: 1002
      - name: alex
        uid: 1003
  tasks:
    - name: Create user accounts
      user:
        name: "{{ item.name }}"
        uid: "{{ item.uid }}"
      loop: "{{ users }}"
      when: item.uid > 1001
```

在上述示例中，定义了一个包含 3 个用户的列表，对每个用户执行 loop 循环语句以创建用户，并设置 when 条件语句，仅在用户 uid 大于 1001 时才执行该任务。任务执行结果是用户 bob 和 alex 被创建，用户 tom 因 uid 不符合条件而没有被创建。

9.2.3 实施处理程序

V9-3 实施处理程序

处理程序是响应由其他任务触发的通知的任务，仅当任务在受管主机上更改了某些内容时，任务才通知其处理程序，如更改服务配置文件时可能要求重新加载该服务，以便使配置生效。

每个处理程序都具有全局唯一的名称，在 Playbook 中任务块的末尾触发。如果没有任务通过名称通知处理程序，则处理程序不会执行。

1．定义处理程序

Ansible 处理程序使用 handlers 关键字来定义，其基本语法与 Playbook 任务定义的类似，每个处理程序必须具有唯一的名称，并且必须与通知的名称相匹配，每个处理程序都包含一个名称和一个或多个任务。handlers 通常与 notify 关键字一起使用，当任务引起主机状态更改时，可以使用 notify 关键字通知一个或多个处理程序执行特定操作。

处理程序的基本语法如下。

```
tasks:
  - name: task1
    <module_name>:
      <module_arguments>
    notify: handler task 1
handlers:
  - name: handler task 1
    <module_name>:
      <module_arguments>
```

在上述示例中，当 task1 任务执行后，如果引起了受管主机状态更改，那么 notify 会通知任务名称为 handler task 1 的处理程序来执行相应的操作。

处理程序可以视为非活动任务，即只有在使用 notify 语句显式调用时才会触发，这样做可以确保 handlers 只有在需要时才会被执行，从而不会影响任务的执行顺序。

任务处理程序如下。

```
tasks:
- name: Template configuration file
  template:
    src: template.j2
    dest: /etc/foo.conf
  notify:
    - Restart apache
    - Restart memcached
handlers:
  - name: Restart memcached
    service:
      name: memcached
      state: restarted
  - name: Restart apache
    service:
      name: httpd
      state: restarted
```

在上述示例中，Template configuration file 任务使用 template 模块将 template.j2 模板文件渲染为 /etc/foo.conf 文件，如果任务执行成功，则将触发名为 Restart apache 和 Restart memcached 的两个处理程序，处理程序使用 service 模块来重启 httpd 和 memcached 服务。

2. 监听处理程序

在 Ansible 中，处理程序必须被命名，这样 notify 关键字才能通知处理程序执行任务。如果多个处理程序使用相同的名称，则 notify 关键字仅会通知最后一个定义的处理程序，之前的处理程序将被覆盖。

listen 关键字可以用于定义一个或多个监听器，使多个处理程序监听同一个事件，当任务完成时，监听器将会被触发，以便执行相应的处理程序。与 notify 关键字不同，listen 关键字不需要与任务名称关联。

```
tasks:
  - name: Restart everything
    command: echo "this task will restart the web services"
```

```
    notify: "restart web services"
  handlers:
    - name: Restart memcached
      service:
        name: memcached
        state: restarted
      listen: "restart web services"
    - name: Restart apache
      service:
        name: apache
        state: restarted
      listen: "restart web services"
```

在上述示例中，使用 notify 关键字触发名称为 restart web services 的监听事件时，所有监听该事件的处理程序都将被执行，无论这些处理程序的名称如何命名。

通过 listen 关键字创建监听事件，可以将处理程序与其名称解耦，这使触发多个处理程序以及在角色和 Playbook 之间共享处理程序变得更加高效。

9.2.4 任务失败和异常处理

V9-4 任务失败和异常处理

错误和异常处理是编程语言中的重要机制，主要用于捕捉和处理代码执行时可能出现的错误和异常，并确保程序在出现错误或异常情况时能够正确、稳定地处理问题，从而保证程序的可靠性和健壮性。

执行自动化任务时，Ansible 将捕获任务状态，通过评估每个任务的状态，确定任务是成功的还是失败的。常见的任务状态如表 9-2 所示。

表 9-2 常见的任务状态

序号	任务状态	描述
1	ok	任务成功完成
2	changed	任务成功完成，但进行了一些更改，如更新配置文件或安装软件包
3	skipped	任务被跳过，因为条件不满足或已经执行过相同的任务
4	failed	任务执行失败，可能是脚本错误、连接问题或其他原因导致的
5	unreachable	无法连接到远程主机，可能是网络问题或主机已下线
6	ignored	任务被忽略，通常是因为其他任务的状态导致该任务不必执行
7	rescued	当使用 block 和 rescue 时，若 rescue 块中的任务失败，则 Ansible 会跳过该块并将其标记为 rescued

通常情况下，当任务失败时，Ansible 会立即终止执行当前 Play，并跳过所有后续任务。但在某些情况下，用户希望即使任务失败也继续执行 Play，或者通过有条件地执行其他任务来恢复。为了完成这些操作，Ansible 提供了多种处理错误和异常的方法。常见的错误和异常处理关键字如表 9-3 所示。

表 9-3 常见的错误和异常处理关键字

序号	方法	描述
1	fail	引发一个失败，中断当前任务或 Play，并提供自定义的错误消息。允许在满足特定条件时明确终止执行，通常与 when 条件一起使用
2	ignore_errors	忽略执行任务时出现的错误并继续执行后续任务。如果在执行任务时出现错误，则可以将 ignore_errors 设置为 true 以忽略错误并继续执行后续任务

续表

序号	方法	描述
3	failed_when	根据特定条件将任务标记为失败，当满足该条件时认为命令或模块执行失败，根据任务执行状态继续执行后续任务或执行其他操作
4	changed_when	控制任务在何时报告它已进行了更改，Ansible 执行任务时，会对远程系统产生影响，如修改配置文件、安装软件包等。任务执行的结果可能导致系统状态的变化。通过 changed_when 关键字，可以定义一个条件，只有当这个条件满足时，Ansible 才会将任务执行状态标记为已变更
5	block 和 rescue	将一组任务包装在一个 block 块中，并在遇到错误时执行 rescue 块中的恢复操作。块中的任何任务都可能导致错误，但是只要有一个任务失败，就会跳过块中的其余任务并执行 rescue 块中的恢复操作
6	always	指定任务总是运行，即使之前的任务失败或跳过也会执行当前任务
7	register	将任务的输出保存到变量中，以便在后续任务中使用，以帮助检查任务的执行结果，包括检查任务是否成功、是否发生错误等。例如，任务失败时，可以使用 register 中的错误信息进行记录和报告
8	force_handlers	用于指定在 Play 中强制执行错误处理程序，即使 Play 因为后续任务失败而终止也会调用被通知的处理程序
9	assert	检查任务执行结果是否符合预期，不符合预期时引发错误，终止任务的执行
10	max_fail_percentage	允许在指定百分比范围内容忍失败的主机数量。如果失败的主机数超出了指定百分比，则将 Playbook 标记为失败，且不再执行后续的任务
11	any_errors_fatal	如果设置为 true，则表示任何一个任务失败都会导致 Ansible 立即终止 Play
12	ignore_unreachable	忽略无法连接的主机的错误，并继续执行其他主机的任务。如果设置为 true，则表示在连接失败时不会终止 Play，而是将任务标记为 unreachable
13	callback_plugins	指定错误处理回调插件，当出现错误时执行自定义的操作，如发送电子邮件通知

1. 忽略错误

在自动化任务执行过程中可能会遇到各种问题，如连接失败、命令执行错误、模块调用异常等。任务执行失败时，默认情况下 Ansible 会停止在当前主机上执行后续任务。在 Ansible 中，ignore_errors 参数用于忽略任务执行过程中的错误并继续执行 Playbook 任务。

ignore_errors 的基本语法如下。

```
- name: Some task
  some_module:
    some_parameter: some_value
  ignore_errors: true
```

在上述示例中，ignore_errors 被设置为 true，表示如果在执行当前任务时出现错误，则 Ansible 会忽略该错误并继续执行后续任务。

2. 任务失败强制执行处理程序

当 Ansible 执行 Playbook 任务时，如果其中某个任务执行失败，那么当前主机上的后续处理程序将不会被运行，如果在 Play 中设置 force_handlers: true，则即使 Play 因为后续任务失败而终止也会调用被通知的处理程序。

处理程序会在任务报告 changed 时获得通知，而在任务报告 ok 或 failed 时不会获得通知。

force_handlers 的示例如下。

```
- name: Example play with force_handlers
  hosts: all
  force_handlers: true
  tasks:
```

```
    - name: Task 1
      command: /bin/true
      notify: restart service
    - name: Task 2
      command: /bin/false
  handlers:
    - name: restart service
      service:
        name: myservice
        state: restarted
```

在上述示例中，force_handlers 被设置为 true，表示无论哪个任务执行失败，Ansible 都会在所有主机上执行 restart service 处理程序，并重启 myservice 服务。

3．指定任务失败条件

在任务中使用 failed_when 关键字来指定表示任务已失败的条件，从而决定是否将任务标记为失败。failed_when 关键字使用的必须是一个可解析的表达式，可以使用 Jinja2 的模板语法和过滤器来定义，当任务输出的结果匹配 failed_when 关键字指定的条件时，该任务将被标记为失败，否则，该任务将视为成功。

failed_when 的示例如下。

```
- name: Example task with failed_when
  command: /usr/bin/example-command
  register: command_result
  failed_when: "'FAILED' in command_result.stderr"
```

在上述示例中，当 example-command 命令的标准错误输出中出现了 FAILED 字符串时，任务将被标记为失败。

4．强制任务失败

fail 关键字可用于主动触发任务失败，当某些条件不满足时，需要终止 Playbook 的执行，并向用户提供必要的错误信息。

fail 的示例如下。

```
- name: Check if file exists
  stat:
    path: /path/to/file
  register: file_stat
- name: Stop playbook if file does not exist
  fail:
    msg: "File does not exist"
  when: not file_stat.stat.exists
```

在上述示例中，使用 stat 模块检查文件是否存在，并将结果存储在注册变量 file_stat 中。在接下来的任务中，使用 fail 关键字检查文件是否存在，当文件不存在时，fail 模块将终止 Playbook 的执行，并输出错误信息 File does not exist。

5．指定任务报告 changed 状态

changed_when 条件语句可以定义任务是否对远程节点进行了变更，用户可以根据返回代码或输出来确定是否应该在 Ansible 统计信息中报告变更，以及是否应该触发处理程序。

changed_when 关键字用于定义任务的状态变化条件，如果任务的执行结果满足 changed_when 定义的条件，则任务将被标记为状态变化。

changed_when 的示例如下。

```
tasks:
  - name: Report 'changed' when the return code is not equal to 2
```

```
    shell: /usr/bin/billybass --mode="take me to the river"
    register: bass_result
    changed_when: "bass_result.rc != 2"
  - name: This will never report 'changed' status
    shell: wall 'beep'
    changed_when: False
```

在上述示例中，第 1 个任务使用 shell 模块执行/usr/bin/billybass --mode="take me to the river"命令，并将命令的输出结果保存在 bass_result 注册变量中。changed_when 关键字用于决定何时标记任务的状态为 changed，如果 bass_result.rc 的返回值不等于 2，则该任务将被标记为 changed。

第 2 个任务使用 shell 模块执行 wall 'beep'命令。changed_when 关键字的默认值为 true，即当任务执行并更改了主机的状态时，将任务标记为 changed。而该任务中的 changed_when 关键字被设置为 false，这意味着无论命令是否更改了主机的状态，该任务都不会被标记为 changed。

9.2.5 使用块和标签分组任务

V9-5 使用块和标签分组任务

1. 块任务

在 Playbook 中，块是对任务进行逻辑分组的子句，可用于控制任务的执行方式。块中的所有任务都继承在块级别中应用的指令，除了循环指令外，大多数指令可以应用于块级别。应用于块级别的指令包括 when、register、ignore_errors 等，这些指令会被块中包含的任务继承，而不会影响块本身。

block、rescue、always 是一组关键字，使用这 3 个关键字创建任务块时，可以定义任务块的执行流程，块中的任务可以共享相同的指令和数据。block、rescue 和 always 关键字如表 9-4 所示。

表 9-4 block、rescue 和 always 关键字

序号	关键字	描述
1	block	允许在单个任务中定义一组相关任务。所有任务都可以继承在块级别中应用的指令，使设置任务通用的数据或指令变得更加容易。块中的任务按照在 Playbook 中的定义顺序逐个执行，如果任何一个任务失败，则块中所有的任务都会被跳过
2	rescue	指定当块中任意任务失败时，应该执行的任务列表。如果没有指定 rescue 任务，则 Ansible 会停止整个 Playbook 的执行
3	always	指定不管块中的任务是否成功，都必须执行的任务列表。通常用于清理操作

在以下示例中，block 表示一个任务块，用于将多个任务组合在一起，在块中将执行 3 个任务，rescue 表示一个用于处理 block 块中出现的错误的块。如果 block 块中的任何一个任务失败，则都会跳转到 rescue 块，并执行其中的任务。always 也表示一个任务块，其中的任务总是会在执行完 block 块和 rescue 块后执行。

```
tasks:
  - name: Install, configure, and start Apache
    block:
      - name: Install httpd and memcached
        ansible.builtin.yum:
          name:
          - httpd
          - memcached
          state: present
      - name: Apply the foo config template
        ansible.builtin.template:
```

```
          src: templates/src.j2
          dest: /etc/foo.conf
      - name: Start service bar and enable it
        ansible.builtin.service:
          name: bar
          state: started
          enabled: True
    when: ansible_facts['distribution'] == 'CentOS'
    rescue:
       - name: Recovery block
         debug:
           msg: "something failed, restoring vsftpd.conf from backup"
       - name: Restoring vsftpd.conf
         copy:
           src: /etc/vsftpd/vsftpd.conf.bkp
           dest: /etc/vsftpd/vsftpd.conf
           remote_src: yes
      always:
       - name: Restarting vsftpd
         service:
           name: vsftpd
           state: restarted
```

2. 标签任务

Tags（标签）是一种用于标识任务的机制。通过为任务分配标签，用户可以将大型 Playbook 分成更小的部分，在调试 Playbook 时，只执行特定的任务或跳过不需要执行的任务，从而提高执行效率和减少运行时间，更加灵活地控制 Playbook 的执行。

标签可以添加到单个任务、块、Play、角色等元素上。在执行 Playbook 时，可以使用--tags 参数来指定要执行的标签，或者使用--skip-tags 参数来跳过任务。在任务定义时使用 tags 关键字可以添加标签。

tags 的示例如下。

```
tasks:
- name: Install the servers
yum:
    name:
      - httpd
      - memcached
    state: present
  tags:
  - packages
  - webservers
- name: Configure the service
  template:
    src: templates/src.j2
    dest: /etc/foo.conf
  tags:
  - configuration
```

在上述示例中，在第 1 个任务中使用了 packages 和 webservers 两个标签，这些标签是任意的字符串，可以根据需要定义。当执行 Playbook 时，可以选择只执行带有这些标签的任务，从而跳过其他任务。例如，执行以下命令将只执行带有 packages 标签的任务。

```
ansible-playbook playbook.yml --tags packages
```

在第 2 个任务中使用 configuration 标签。例如，可以执行以下命令以执行带有 configuration 标签的任务。

```
ansible-playbook playbook.yml --tags configuration
```

还可以组合使用标签，例如，执行以下命令以执行带有 packages 和 webservers 标签的任务。

```
ansible-playbook playbook.yml --tags "packages,webservers"
```

9.3 项目实训

【实训任务】

本实训的主要任务是在 Playbook 中使用 loop 关键字实施循环迭代自动化任务，使用 when 关键字实施条件控制自动化任务，使用 handlers 关键字通知处理程序实施配置更改，以及使用 block、rescue、always 关键字完成任务分组控制以实施失败任务处理等。

【实训目的】

（1）熟悉循环语句和条件语句的基本语法。

（2）掌握使用 loop 关键字完成循环任务的方法。

（3）掌握使用 when 关键字完成条件任务的方法。

（4）掌握使用 handlers 关键字完成任务处理的方法。

（5）掌握任务失败和异常的控制处理方法。

（6）掌握使用 block、rescue 关键字完成任务分组控制的方法。

【实训内容】

（1）在 Playbook 中使用循环语句，实施循环迭代的自动化任务。

（2）在 Playbook 中使用条件语句，实施条件控制的自动化任务。

（3）在 Playbook 中定义处理程序，以通知处理程序实施配置更改。

（4）在 Playbook 中定义任务分组语句，以实施失败任务处理。

【实训环境】

在进行本项目的实训操作前，提前准备好 Linux 操作系统环境，RHEL、CentOS Stream、Debian、Ubuntu、华为 openEuler、麒麟 openKylin 等常见 Linux 发行版都可以进行项目实训。实训的环境清单及 Linux 发行版可根据实际情况进行调整。

9.4 项目实施

任务 9.4.1 实施循环和条件控制

V9-6 实训-实施循环和条件控制

1. 任务描述

（1）在 Ansible 控制节点上编写 Playbook 并执行自动化任务，在目标节点 server1.example.com 上部署 Web 服务，server1.example.com 在清单文件中属于 nginx 主机组。

（2）在项目目录中创建变量文件 vars-nginx.yml 以设置任务变量，并使用 loop 循环语句调用变量。

（3）使用 yum 模块安装 nginx、mariadb-server、mariadb 软件包。

（4）使用 file 模块在目标主机 server1.example.com 上创建/usr/share/nginx/site 目录。

（5）使用 copy 模块将事实信息写入目标主机/usr/share/nginx/site/index.html 文件，并设置 when 条

件语句。

（6）使用 service 模块启动并使用 nginx、mariadb、nfs-server 服务。

（7）使用 firewalld 模块启用 http、mysql 等服务规则。

（8）使用 blockinfile 模块在目标主机 server1.example.com 上创建虚拟主机配置文件/etc/nginx/conf.d/vhost.conf，并写入配置。

（9）定义 restart nginx service 处理程序，当其被触发时，可以重启 nginx 服务。

2. 任务实施

（1）在 Ansible 控制节点上，以 rhce 用户身份将工作目录切换为用户家目录，创建 control-nginx 目录，并在该目录中创建 ansible.cfg 文件、清单文件和变量文件。

```
[root@control ~]# su - rhce
[rhce@control ~]$ mkdir ~/control-nginx
[rhce@control ~]$ cd ~/control-nginx
[rhce@control control-nginx]$ cat ansible.cfg
[defaults]
inventory=./inventory
remote_user=rhce
ask_pass=false
host_key_checking = False
[privilege_escalation]
become=true
become_method=sudo
become_user=root
become_ask_pass=false
[rhce@control control-nginx]$ cat inventory
[nginx]
server1.example.com
[rhce@control control-nginx]$ cat vars-nginx.yml
server_pkg:
  - nginx
  - mariadb-server
  - nfs-utils
server_service:
  - nginx
  - mariadb
  - nfs-server
rule_service:
  - http
  - mysql
  - nfs
  - rpc-bind
  - mountd
root_dir: /usr/share/nginx/site
index_path: /usr/share/nginx/site/index.html
vhost_path: /etc/nginx/conf.d/vhost.conf
web_port: 80
```

（2）使用文本编辑器创建名为/home/rhce/control-nginx/nginx.yml 的 Playbook 文件，将 Play 命名

为 Provision Nginx Web Server，将 hosts 属性设置为 nginx 主机组，将 vars_files 关键字设置为变量文件 vars-nginx.yml。

```
[rhce@control control-nginx]$ vim nginx.yml
---
- name: Provision Nginx Web Server
  hosts: nginx
  vars_files:
    - vars-nginx.yml
```

（3）添加以下任务：使用 yum 模块、file 模块、copy 模块、service 模块、firewalld 模块、blockinfile 模块执行自动化任务，并设置 loop 循环语句迭代变量元素，设置 when 条件语句，实施任务控制。

```
  tasks:
      - name: Install nginx mariadb nfs on server1
        yum:
          name: "{{ item }}"
          state: present
        loop: "{{ server_pkg }}"
      - name: Create site directory
        file:
          path: "{{ root_dir }}"
          state: directory
        when: inventory_hostname == 'node3.cs9example.com'
      - name: Create index.html to remote node path
        copy:
          content: "nginx web site {{ ansible_facts['default_ipv4']['address'] }} on
openeuler/centos/rhel "
          dest: "{{ index_path }}"
        when: ansible_distribution_version >= '6'
      - name: Ensure nginx is started
        service:
          name: "{{ item }}"
          state: started
          enabled: true
        loop: "{{ server_service }}"
      - name: Open firewall for http
        firewalld:
          service: "{{ item }}"
          permanent: true
          state: enabled
          immediate: true
        loop: "{{ rule_service }}"
      - name: Add virtual host config block to nginx.conf
        blockinfile:
          path: "{{ vhost_path }}"
          create: yes
          block: |
              server {
                    listen       {{ web_port }};
                    server_name  {{ inventory_hostname }};
```

```
            location / {
                    root  {{ root_dir }};
                    index  index.html index.htm;
                }
            }
        notify: "restart nginx service"
    handlers:
      - name: restart nginx service
        service:
          name: nginx
          state: restarted
```

（4）执行 nginx.yml 自动化任务前，使用--syntax-check 选项验证 Playbook 语法是否正确。如果报告出现错误，则更正后再继续进行下一步操作；如果没有问题，则执行 Playbook 任务。

```
[rhce@control control-nginx]$ ansibe-playbook nginx.yml --syntax-check
playbook: nginx.yml
[rhce@control control -nginx]$ ansibe-playbook nginx.yml
```

（5）使用 curl 命令验证 server1.example.com 主机上的 Web 服务器是否可以访问。

```
[rhce@control control-nginx]$ curl server1.example.com
nginx web site 172.31.32.23 on openeuler/centos/rhel
```

任务 9.4.2 实施任务控制

V9-7 实训-实施任务控制

1. 任务描述

（1）在 Ansible 控制节点上编写 Playbook 并执行自动化任务，在目标节点 node1.example.com、node2.example.com 上部署 Web、数据库、NFS 等服务，node1.example.com、node2.example.com 在清单文件中属于 web 主机组。

（2）使用 block 模块将 node1.example.com 和 node2.example.com 的任务分组，并实施任务控制。

（3）创建变量文件 vars_control.yml，并使用 loop 循环语句调用变量。

（4）使用 yum 模块在 node1.example.com 主机上安装 httpd、mariadb-server、nfs-utils 软件包，且当前主机的系统版本号大于或等于 6；在 node2.example.com 主机上安装 mariadb-server、nfs-utils 软件包，且当前主机的系统版本号大于或等于 7。

（5）使用 copy 模块将 httpd_index.html 文件复制到目标主机 node1.example.com 的/var/www/html/index.html 中，将 nfs-exports 文件复制到目标主机 node2.example.com 的/etc/exports 中。

（6）使用 service 模块在对应的主机上启动并使用 httpd、mariadb、nfs-server 服务。

（7）使用 handlers 关键字创建任务处理程序，重启 httpd 和 nfs-server 服务使配置生效。

2. 任务实施

（1）在 Ansible 控制节点上，以 rhce 用户身份将工作目录切换为用户家目录，创建 control-httpd 目录，并在 control-httpd 目录中创建 ansible.cfg 文件、清单文件、httpd-index.html 文件和变量文件 vars_control.yml。

```
[root@control ~]# su - rhce
[rhce@control ~]$ mkdir ~/control-httpd
[rhce@control ~]$ cd ~/control-httpd
[rhce@control control-httpd]$ cat ansible.cfg
[defaults]
inventory=./inventory
```

```
remote_user=rhce
ask_pass=false
host_key_checking = False
[privilege_escalation]
become=true
become_method=sudo
become_user=root
become_ask_pass=false
[rhce@control control-httpd]$ cat inventory
[web]
node1.example.com
node2.example.com
[rhce@control control-httpd]$ cat httpd-index.html
use loop and condition deploy apache httpd web site on openeuler/centos/rhel
[rhce@control control-httpd]$ cat nfs-exports
/home/rhce/nfsshare  172.31.32.0/24(rw,no_root_squash)
[rhce@control control-httpd]$ cat vars_control.yml
node1_pkg:
  - httpd
  - mariadb-server
  - nfs-utils
node2_pkg:
  - httpd
  - nfs-utils
node1_service:
  - httpd
  - mariadb
node2_service:
  - httpd
  - nfs-server
node1_rule:
  - http
  - mysql
node2_rule:
  - http
  - nfs
  - rpc-bind
  - mountd
index_file: httpd-index.html
index_path: /var/www/html/index.html
nfs_conf: nfs-exports
nfs_path: /etc/exports
nfs_share: /home/rhce/nfsshare
```

（2）使用文本编辑器创建名为/home/rhce/control-httpd/httpd.yml 的 Playbook 文件，将 Play 命名为 Provision web database network-storage，将 hosts 属性设置为 web 主机组，使用 vars_files 关键字引用变量文件。

```
[rhce@control control-httpd]$ vim httpd.yml
---
```

```
  - name: Provision web database network-storage
    hosts: web
    vars_files:
      - vars_control.yml
```

（3）添加第 1 项任务，任务名称为 Deploy httpd on node1，任务包括使用 yum 模块安装软件包，使用 copy 模块复制文件，使用 firewalld 模块设置防火墙规则等。

```
  tasks:
      - name: Deploy httpd on node1
        block:
          - name: Install httpd mariadb-server nfs-utils package on node1
            yum:
              name:
                - "{{ item }}"
              state: present
            loop: "{{ node1_pkg }}"
          - name: Ensure httpd and mariadb is astarted on node1
            service:
              name: "{{ item }}"
              state: started
              enabled: true
            loop: "{{ node1_service }}"
          - name: Copy index.html to remote node1 path
            copy:
              src: "{{ index_file }}"
              dest: "{{ index_path }}"
            notify: "restart httpd"
          - name: Open firewall on node1
            firewalld:
              service: "{{ item }}"
              permanent: true
              state: enabled
              immediate: yes
            loop: "{{ node1_rule }}"
        when: inventory_hostname == 'node1.example.com' and ansible_distribution_
version >= '6'
        rescue:
          - name: Print when errors
            debug:
              msg: 'An error occurred in the task. Please fix it'
```

（4）添加第 2 项任务，任务名称为 Deploy httpd node2，任务包括使用 yum 模块安装软件包，使用 copy 模块复制文件，使用 firewalld 模块设置防火墙规则等。

```
  - name: Deploy httpd node2
      block:
        - name: Install httpd and nfs-utils package on node2
          yum:
            name:
              - "{{ item }}"
            state: present
```

```
          loop: "{{ node2_pkg }}"
        - name: Ensure httpd and nfs-server is started on node2
          service:
            name: "{{ item }}"
            state: started
            enabled: true
          loop: "{{ node2_service }}"
        - name: create share document to remote node2 path
          file:
            path: "{{ nfs_share }}"
            state: directory
            mode: '0755'
        - name: Copy nfs exports file  to remote node2 path
          copy :
            src: "{{ nfs_conf }}"
            dest: "{{ nfs_path }}"
          notify: "restart nfs"
        - name: Open firewall on node2
          firewalld:
            service: "{{ item }}"
            permanent: true
            state: enabled
            immediate: yes
          loop: "{{ node2_rule }}"
      when: inventory_hostname == "node1.example.com"  and ansible_distribution_
version | int >= 7
```

（5）添加任务处理程序，使用 listen 关键字监听并通过 notify 通知处理程序，重启 httpd 服务和 nfs-server 服务，使配置参数生效。

```
    handlers:
      - name: restart web service
        service:
          name: httpd
          state: restarted
        listen: "restart httpd"
      - name: restart network filesystem storage service
        service:
          name: nfs-server
          state: restarted
        listen: "restart nfs"
```

（6）执行 httpd.yml 自动化任务前，使用--syntax-check 选项验证 Playbook 语法是否正确。如果报告出现错误，则更正后再继续进行下一步操作；如果没有问题，则执行 Playbook 任务。

```
[rhce@control control-httpd]$ ansible-playbook httpd.yml --syntax-check
playbook: http.yml
[rhce@control control-httpd]$ ansible-playbook httpd.yml
```

（7）使用 curl 命令验证 node1.example.com、node2.example.com 主机上的 httpd 服务是否可以访问。

```
[rhce@control control-httpd]$ curl node1.example.com
use loop and condition deploy apache httpd web site on openeuler/centos/rhel
```

```
[rhce@control control-httpd]$ sudo yum -y install nfs-utils
[rhce@control control-httpd]$ showmount -e node2.example.com
Export list for node2.example.com:
/home/rhce/nfsshare 172.31.32.0/24
```

项目练习题

选择题

（1）假设有一个变量列表 hosts，内容为["web1", "web2", "web3"]，在 Ansible Playbook 中使用 loop 关键字的正确方式是（　　）。

A. loop: "{{ hosts }}"　　B. loop: hosts
C. with_items: "{{ hosts }}"　　D. with_items: hosts

（2）在 Ansible Playbook 中使用 loop 关键字时，获取当前迭代的变量值的方式是（　　）。

A. 使用 loop.current　　B. 使用 loop_value
C. 使用 item　　D. 使用 loop_item

（3）在 Ansible Playbook 中，关于 when 关键字描述正确的是（　　）。

A. 定义需要在特定条件下执行的任务　　B. 循环迭代变量列表
C. 对任务进行分组处理　　D. 引用特殊变量

（4）在 Ansible Playbook 中，关于 loop 关键字描述正确的是（　　）。

A. 定义需要在特定条件下执行的任务　　B. 循环迭代变量列表
C. 对任务进行分组处理　　D. 定义任务处理程序

（5）假设有一个变量 is_production，其值为 true，只有当 is_production 为 true 时才执行某个任务，则以下 Playbook 选项正确的是（　　）。

A. when: is_production　　B. when: "{{ is_production }}"
C. when: is_production == true　　D. when: is_production == "true"

（6）假设有一个变量 num，其值为 3，希望只有当 num 小于或等于 5 时才执行某个任务，则以下 Playbook 选项正确的是（　　）。

A. when: [num] > 5　　B. when: num <= 5
C. when: "{{ num }}" <= 5　　D. when: "{ num }" <= 5

（7）假设有一个变量 app_version，其值为 1.2.3，希望只有当 app_version 小于或等于 1.2.3 时才执行某个任务，则以下 Playbook 选项正确的是（　　）。

A. when: app_version <= "1.2.3"　　B. when: app_version >= "1.2.3"
C. when: app_version == "1.2.3"　　D. when: app_version != "1.2.3"

（8）当运行一个 Ansible Playbook 时，在任务的执行结果中看到 changed 状态，以下描述正确的是（　　）。

A. 任务被跳过，因为条件不满足或已经执行过相同的任务
B. 任务执行失败，可能是脚本错误、连接问题或其他原因导致的
C. 任务成功完成，但进行了一些更改，如更新配置文件或安装软件包
D. 任务执行成功，没有进行任何更改

（9）如果需要在任务执行时忽略错误并继续执行后续任务，则应该使用的参数是（　　）。

A. failed_when　　B. changed_when　　C. ignore_errors　　D. always

（10）如果需要控制任务在某时报告它已进行了更改，则可以使用的参数是（　　）。

A. failed_when　　B. changed_when　　C. ignore_errors　　D. always

（11）如果希望将一组任务包装在一个块中，并在遇到错误时执行恢复操作，则应该使用的参数是（　　）。

A．block 和 rescue　B．always　C．force_handlers　D．register

（12）如果需要指定任务总是运行，即使之前的任务失败或跳过，则应该使用的参数是（　　）。

A．failed_when　B．changed_when　C．ignore_errors　D．always

（13）在 Ansible 中，当任务执行成功后需要触发一个处理程序来重启服务时，应该使用的关键字是（　　）。

A．register　B．notify　C．handlers　D．listen

（14）如果需要定义一个处理程序，使其在特定任务状态下执行操作，则应该使用的关键字是（　　）。

A．notify　B．register　C．listen　D．handlers

（15）在执行 Playbook 时，只希望执行标签为 deploy 的任务，则应该使用的命令是（　　）。

A．ansible-playbook site.yml--tasks "deploy"

B．ansible-playbook site.yml--only "deploy"

C．ansible-playbook site.yml--tags "deploy"

D．ansible-playbook site.yml--skip "deploy"

项目 10 Jinja2模板与插件

10

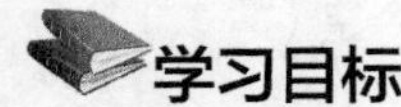

学习目标

【知识目标】

- 了解 Jinja2 模板的基本概念和语法。
- 了解过滤器的类型和常见过滤器的基本概念。
- 了解 lookup 插件的基本用法和常见的插件类型。

【技能目标】

- 掌握 Jinja2 模板语法规则，能够使用 Jinja2 模板对 Ansible 任务进行动态配置。
- 掌握 Ansible 过滤器语法规则，能够使用过滤器对数据进行处理和转换。
- 掌握 lookup 插件语法规则，能够使用 lookup 插件实现动态获取数据。

【素质目标】

- 培养读者职业道德素养，使其明确在自动化运维中的职业责任与义务，引导读者树立正确的职业态度。
- 培养读者严谨的逻辑思维能力，使其在解决问题时使用逻辑思维，提高自主学习能力。
- 培养读者系统分析与解决问题的能力，使其能够掌握相关知识点并完成项目任务。
- 培养读者诚信、务实和严谨的职业素养，使其在自动化管理工作中保持诚信态度，踏实工作，严谨细致，提高服务质量和工作效率。

10.1 项目描述

在 Ansible 中，Jinja2 模板可以高效地处理和转换数据，并为 Playbook 中的任务提供动态配置。Jinja2 模板语法可以在 Ansible 中进行复杂的条件判断、循环迭代和逻辑运算，帮助用户灵活地定制和配置任务。Ansible 过滤器可以对输入数据进行格式化、转换和选择，这使 Jinja2 模板具有更加丰富的功能。lookup 插件可以从外部数据源中获取信息，如文件、API 或数据库等，并将信息引入 Playbook。在实践过程中，灵活运用 Jinja2 模板、过滤器和 lookup 插件，将提高 Playbook 的可靠性和自动化效率。

本项目主要介绍 Jinja2 模板的基本概念和语法，创建 Jinja2 模板对 Ansible 任务进行动态配置，以及使用过滤器对数据进行处理和转换，使用 lookup 插件实现动态获取数据等。

10.2 知识准备

10.2.1 Jinja2 模板基本概念

Jinja2 是一个 Python 模板引擎，在 Ansible 中扮演着非常重要的角色。Jinja2 通过将动态数据注入 Ansible 的配置文件和任务，根据不同的条件和环境来自定义任务及配置。在 Ansible 中，用户可以在 template 模块中使用 Jinja2 模板来创建配置文件模板，将其部署到多个环境中，并为每个环境提供正确的数据，如 IP 地址、主机名和操作系统版本等。Jinja2 模板支持标准过滤器和测试，而 Ansible 也提供了专用过滤器用于选择和转换数据、测试和评估模板，还提供了 lookup 插件用于从外部数据源检索数据等功能。

V10-1 Jinja2 模板基本概念

1. Jinja2 模板基本语法

Jinja2 使用特定的分隔符来标记模板中的不同部分。分隔符用于将不同类型的模板部分标记出来，并告诉模板引擎在渲染数据时如何处理。Jinja2 的主要分隔符如表 10-1 所示。

表 10-1 Jinja2 的主要分隔符

序号	分隔符	类型	描述
1	{% ... %}	Statements（语句）	用于控制流程及执行操作
2	{{ ... }}	Expressions（表达式）	用于在模板中输出变量或表达式的值
3	{# ... #}	Comments（注释）	用于在模板中添加注释或文档

Jinja2 可以生成基于文本的格式，其中包含变量、表达式和控制结构等，Jinja2 模板可以用于创建动态配置文件、脚本文件等。以下是典型的 Jinja2 模板示例。

```
---
{% for colour in colours %}
 Colour number {{ loop.index }} is {{ colour.name }}.
{% set colour_count = 0 %}
{% for person in people if person.fav_colour == colour.name %}
{% set colour_count = colour_count + 1 %}
{% endfor %}
 Currently {{ colour_count }} people call {{ colour.name }} their favourite.
 And the following are examples of things that are {{ colour.name }}:
{% for item in colour.things %}
   - {{ item }}
{% endfor %}
{% endfor %}
```

2. 变量

在 Jinja2 模板中，变量通过使用双花括号“{{ }}”标识的表达式来表示，这些表达式会在渲染模板时被替换为具体的值。例如，Jinja2 模板中有一个名为 username 的变量，可以通过以下方式在模板中显示该变量的值。

```
{{ username }}
```

在上述示例中，会在渲染模板时将 {{ username }} 替换为变量 username 的值。

除了简单的变量名之外，变量表达式还可以通过使用点号“.”或方括号“[]”来访问变量的属性或元素。

在使用 Jinja2 模板时，user 变量是一个包含用户信息的字典，它包含用户的姓名、电子邮箱和地址等，可以通过以下方式引用这些值。如果字典中的键包含特殊字符，如空格符、连字符、下画线等，则推荐使用方括号来引用变量中的属性或元素。

```
{{ user.name }}
{{ user.email }}
{{ user.address }}
{{ user['name'] }}
{{ user['email'] }}
{{ user['address'] }}
```

在上述示例中，使用点号来访问 user 字典变量中的具体值。user.name 将返回 name 键对应的值，user.email 将返回 email 键对应的值，以此类推。

例如，在使用 Jinja2 模板时，username 变量是一个包含用户名称的列表，可以通过索引访问列表中的元素。

```
The first item in the list is {{ username[0] }}.
```

3. 条件控制结构

在 Jinja2 模板引擎中，if 语句用于根据不同的条件执行不同的代码分支。

if 条件语句的基本语法如下。

```
{% if condition %}
   ... code block if condition is true ...
{% elif another_condition %}
   ... code block if another_condition is true ...
{% else %}
   ... code block if all conditions are false ...
{% endif %}
```

在上述示例中，condition 和 another_condition 是不同的条件表达式，可以由比较运算符（如==、<、>、<=、>=等）和逻辑运算符（如 and、or、not 等）组合而成。在代码块中编写要执行的代码，当条件表达式为真时执行相应的代码块。

4. 循环控制结构

在 Jinja2 模板引擎中，for 循环语句用于迭代遍历一个序列，如列表、字典、生成器等，并在每次迭代中执行一个代码块。

for 循环语句的基本语法如下。

```
{% for variable in sequence %}
   ... code block ...
{% endfor %}
```

在上述示例中，variable 表示在每次迭代中被赋予当前值的变量；sequence 表示被遍历的序列对象。在代码块中可以使用 variable 来引用当前迭代的值。

清单文件中已定义 myhosts 变量，此变量将包含要管理的主机的列表。使用下列 for 循环语句，将列出清单文件中 myhosts 组内的所有主机。

```
{% for myhost in groups['myhosts'] %}
{{ myhosts }}
{% endfor %}
```

在 Ansible 中，使用 Jinja2 模板生成 Apache HTTP 服务器的虚拟主机配置文件，配置文件中包含多个虚拟主机，每个虚拟主机的配置信息可以通过字典对象进行存储和遍历。

```
{% for key, value in my_dict.items() %}
```

```
    Key: {{ key }}, Value: {{ value }}
{% endfor %}
```

在上述示例中，my_dict 是一个字典对象，items 方法返回一个可迭代的键值对列表。在 for 循环语句中使用 key 和 value 来同时迭代字典中的键和值，并在代码块中使用{{ key }}和 {{ value }}输出键和值的值。

5. 部署 Jinja2 模板

template 模块是 Ansible 的内置模块，其主要功能是对源文件中的 Jinja2 模板进行解析并渲染成最终的输出文件，并将输出文件写入目标主机上指定的路径。在使用 template 模块时，需要创建一个包含 Jinja2 模板的模板文件，该文件将包含要生成的文本的结构和逻辑。

template 模块示例如下。

```
tasks:
  - name: template render
    template:
      src: /tmp/j2-template.j2
      dest: /tmp/dest-config-file.txt
```

在上述示例中，src 和 dest 分别用来指定输入和输出文件的位置，与 src 键关联的值用于指定源 Jinja2 模板，而与 dest 键关联的值用于指定要在目标主机上创建的文件。

模板中使用的变量可以在 Playbook 的 vars 部分中指定，并使用 vars 参数传递变量给模板。

```
- name: Generate Nginx configuration file
  template:
    src: templates/nginx.conf.j2
    dest: /etc/nginx/nginx.conf
    vars:
      ip_address: 192.168.1.100
      hostname: www.opencloud.fun
      port: 80
```

在上述示例中，使用了 vars 参数来传递 3 个变量给模板，即 ip_address、hostname 和 port。当模板被渲染时，这些变量将被替换为它们表示的实际值，结果将被写入目标文件。

10.2.2 过滤器简介

V10-2 过滤器简介

过滤器是一种用于转换数据的机制，可在模板中使用。Ansible 内置了大量的过滤器，可用于转换字符串、数字、列表、字典等数据。例如，使用过滤器可以对字符串进行字母大小写转换、去除空格，还可以对列表进行排序、去重、筛选等操作。

在 Jinja2 模板中，过滤器是一种可以对变量进行修改或处理的机制。过滤器与变量用管道符（|）分隔，并可以用圆括号传递可选参数，多个过滤器可以链式调用，即前一个过滤器的输出会作为后一个过滤器的输入。

过滤器的基本语法如下。

```
{{ variable|filter1|filter2|...|filterN }}
```

在上述示例中，variable 表示一个变量，可以是任何类型的，如字符串、数字、字典、列表等。filter1、filter2、……、filterN 表示一系列过滤器，它们会依次对 variable 变量的值进行处理，多个过滤器可以通过管道符号“|”串联起来，表示对变量进行一系列的转换和处理。每个过滤器的输出会作为下一个过滤器的输入，最终输出一个新的值。

过滤器可以接收圆括号中的参数，这种方式类似于函数的调用方式。以下示例使用 join 过滤器将 list 变量中的元素用逗号连接起来。

```
{{ list|join(', ') }}
```

Jinja2 内置了许多过滤器，包括字符串过滤器、数值过滤器、列表和字典过滤器等。常见的 Jinja2 内置过滤器如表 10-2 所示。

表 10-2 常见的 Jinja2 内置过滤器

序号	过滤器名称	描述
1	abs	取变量的绝对值
2	capitalize	将字符串的首字母大写
3	default	如果变量为 None 或者不存在，则使用默认值来替代
4	first	返回列表或字符串的第一个元素
5	last	返回列表或字符串的最后一个元素
6	int	将变量转换为整数
7	join	将列表元素用指定的分隔符连接成字符串
8	random	从列表或字符串中随机选择一个元素
9	replace	将字符串中的指定子字符串替换为另一个字符串
10	reverse	翻转列表或字符串
11	sort	对列表进行排序
12	string	强制将变量转换为字符串
13	sum	对列表中的元素求和
14	upper	将字符串转换为大写字母
15	lower	将字符串转换为小写字母
16	trim	移除字符串两端的空格

除了内置的过滤器外，Ansible 还可以使用 Python 编写自定义过滤器，以便更好地适应特定的场景和需求。Ansible 过滤器可以在控制器上执行，以处理数据，并将结果传递回模板。这种机制可以大大提高模板的效率，并使模板更好地处理大量的数据。

1. mandatory 过滤器

mandatory 过滤器用于检查变量是否已定义。如果变量未定义，则 mandatory 过滤器将引发一个异常，以提醒用户必须定义这些变量。使用 mandatory 过滤器可以及时发现代码中可能存在的问题，从而提高代码的健壮性。

mandatory 过滤器的基本示例如下。

```
{{ variable_name | mandatory }}
TASK [debug filter mandatory] ************************************************
fatal: [localhost]: FAILED! => {"msg": "Mandatory variable 'variable_name' not defined."}
```

在上述示例中，variable_name 表示要检查的变量。如果该变量未定义，则 mandatory 过滤器将引发一个异常。

2. default 过滤器

default 过滤器是一种用于提供默认值的 Jinja2 过滤器。如果在模板中使用了一个未定义的变量，且没有提供默认值，则 Ansible 将引发一个“未定义变量”错误并终止执行。使用 default 过滤器时，可以为变量设置一个默认值，以避免这种情况的发生。

default 过滤器基本示例如下。

```
{{ some_variable | default(5) }}
```

在上述示例中，如果变量 some_variable 未定义，则将使用默认值 5。

如果想在变量的值为 false 或空字符串时使用默认值，则可以传递一个可选的布尔值参数 true 给 default 过滤器。

```
{{ variable_name | default('default_value', true) }}
```

```
{{ lookup('env', 'MY_USER') | default('admin', true) }}
```

在上述示例中，如果 variable_name 的值为 false 或空字符串，则 default 过滤器将返回 default_value；如果 MY_USER 环境变量未定义或为空字符串，则 default 过滤器将返回默认值 admin。

在 Ansible 中，omit 是一个特殊变量。在 default 过滤器中使用 omit 可以将变量设置为可选的，如果变量未定义，则不为其提供默认值。这样可以在某些情况下更加灵活地使用 Ansible。例如，只为特定任务指定变量，而不是强制要求所有变量在模板中都必须有值。

```
---
- name: default filter
  hosts: localhost
  tasks:
    - name: debug filter fault
      debug:
        msg: This is "{{ item.path }}",This "{{ item.mode | default(omit) }}"
      loop:
        - path: /tmp/foo
        - path: /tmp/bar
        - path: /tmp/baz
          mode: "0444"
```

在上述示例中，item.mode 变量已经被设置为可选的，在第 1 个和第 2 个迭代中该变量未定义，因此 debug 模块不会使用 mode 参数；在第 3 个迭代中，item.mode 被设置为 0444，debug 模块将使用 mode 参数。

3. dict2items 过滤器

dict2items 过滤器可以将一个字典转换为一个列表，以便进行循环迭代或其他操作。例如，给定以下字典数据：

```
tags:
  Application: payment
  Environment: dev
```

使用 dict2items 过滤器将其转换为以下列表数据：

```
- key: Application
  value: payment
- key: Environment
  value: dev
```

在转换后的列表中，每个字典项都被表示为一个包含 key 和 value 两个键的字典，可以使用这个列表进行循环迭代。

```
---
- name: default filter
  hosts: localhost
  vars:
    tags:
      Application: payment
      Environment: dev
  tasks:
    - name: Print key-value pairs
      debug:
        msg: "Key: {{ item.key }}, Value: {{ item.value }}"
      loop: "{{ tags | dict2items }}"
```

4. items2dict 过滤器

items2dict 过滤器可以将一个由字典项组成的列表转换为一个字典。在转换过程中，items2dict 过滤器将使用列表中每个字典项的 key 值作为字典的键，将 value 值作为对应键的值。例如，给定以下列表数据：

```
tags:
  - key: Application
    value: payment
  - key: Environment
    value: dev
```

使用 items2dict 过滤器将其转换为以下字典数据：

```
Application: payment
Environment: dev
```

在上述示例中，items2dict 过滤器将使用列表中每个字典项的 key 值作为字典的键，将 value 值作为对应键的值。items2dict 过滤器能够轻松地将一个由字典项组成的列表转换为一个字典，以便进行后续操作。

5. 数据类型转换过滤器

在 Ansible 中，变量的类型可能是字符串、数字、布尔值等，但在某些情况下需要将其转换为特定的类型。

bool 过滤器可以将变量强制转换为布尔值类型。例如，可以使用 bool 过滤器将一个字符串变量转换为布尔值类型：

```
- debug:
    msg: test
  when: some_string_value | bool
```

在上述示例中，如果 some_string_value 的值为字符串 true，则 bool 过滤器会将其转换为布尔值 true。

int 过滤器可以将变量强制转换为整数类型。例如，可以使用 int 过滤器将一个字符串变量转换为整数类型：

```
- shell: echo "only on Red Hat 6, derivatives, and later"
  when: ansible_facts['os_family'] == "RedHat" and ansible_facts['lsb']['major_
release'] | int >= 9
```

在上述示例中，如果 ansible_facts['lsb']['major_release'] 的值为字符串 9，则 int 过滤器会将其转换为整数 9。

string 过滤器用于将输入的变量强制转换为字符串类型，如果传递给 string 过滤器的输入是一个整数、浮点数、布尔值或其他类型的变量，那么 string 过滤器会将其转换为字符串类型。

```
- name: Convert integer to string
  debug:
    msg: "{{ my_var | string }}"
  vars:
    my_var: 123
```

在上述示例中，my_var 变量的值为整数 123。使用 string 过滤器将其转换为字符串类型后，输出的结果将是字符串 123。

6. YAML 和 JSON 数据格式化过滤器

Ansible 提供了一组用于处理数据结构的过滤器，其中包括 to_json、to_yaml、to_nice_json、to_nice_yaml、from_json 和 from_yaml 等。这些过滤器可以将数据结构从一种格式转换为另一种格式，并且可以进行格式化、缩进等各种操作，基本示例如下。

```
{{ some_variable | to_json }}
{{ some_variable | to_yaml }}
{{ some_variable | to_nice_json }}
{{ some_variable | to_nice_yaml }}
{{ some_variable | to_nice_json(indent=2) }}
{{ some_variable | to_nice_yaml(indent=8) }}
```

7. 网络过滤器

Ansible 提供了一组用于网络相关操作的过滤器，这些过滤器可用于进行验证 IP 地址的格式、获取 IP 地址的信息等操作。在系统中需要使用 pip3 install netaddr 命令安装网络插件模块。

ansible.netcommon.ipaddr 过滤器可以从 IP 地址中提取特定的信息。例如，要从无类别域间路由（Classless Inter-Domain Routing，CIDR）中获取 IP 地址本身，具体示例如下。

```
---
- name: network filter
  hosts: localhost
  tasks:
    - name: Print ip addresss
      debug:
        msg: This ip address {{ '192.0.2.1/24' | ansible.netcommon.ipaddr('address') }}
```

ansible.netcommon.vlan_parser 是 Ansible 提供的用于解析虚拟局域网（Virtual Local Area Network，VLAN）ID 列表的过滤器。它的作用是将一个 VLAN ID 列表转换为包含字符串元素的列表，具体示例如下。

```
---
- name: default filter
  hosts: localhost
  vars:
    vlans:
      - 3003
      - 3004
      - 3005
      - 100
      - 1688
      - 3002
      - 3999
  tasks:
    - name: print ip vlan message
          debug:
            msg: >
              {% set parsed_vlans = vlans | ansible.netcommon.vlan_parser %}
              switchport trunk allowed vlan {{ parsed_vlans[0] }}
              {% for i in range (1, parsed_vlans | count) %}
              switchport trunk allowed vlan add {{ parsed_vlans[i] }}
              {% endfor %}
```

在上述示例中，首先，使用 ansible.netcommon.vlan_parser 过滤器将 vlans 列表转换为 parsed_vlans 列表；其次，通过 parsed_vlans[0] 获取 VLAN 列表的范围，并将其配置为交换机端口的允许 VLAN 列表；最后，使用一个循环将 parsed_vlans 列表中的其他 VLAN 列表范围添加到交换机端口的允许 VLAN 列表中。

8. password_hash 过滤器

password_hash 过滤器是 Ansible 提供的用于生成密码哈希值的过滤器。它通常用于创建安全的密码文件，以便在配置系统时对密码进行加密。

该过滤器有两个参数：哈希算法和盐值。其中，哈希算法用于指定要使用的哈希函数；而盐值是一个可选的字符串，用于增加哈希值的强度。如果盐值未指定，则 password_hash 过滤器会使用随机生成的盐值。使用 password_hash 过滤器在 Playbook 中生成 SHA512 哈希密码的示例如下。

```
  - name: Create secure password file
    hosts: localhost
    vars:
      my_password: "mysecretpassword"
    tasks:
      - name: Generate hashed password
        set_fact:
          hashed_password: "{{ my_password | password_hash('sha512', 'mysalt') }}"
      - name: Create password file
        copy:
          content: "{{ hashed_password }}"
          dest: /tmp/my_password_file
          mode: '0600'
  sudo cat /tmp/my_password_file
  $6$mysalt$rBg6KE6n/pBt1eIXT/jrGWnpVqVAZOff12TBMv3n8WZmYg5edyC0FbOyOFE3Px3Wtnsq
DgNgv/7Hmy3pBx
```

在上述示例中，首先，定义了一个名为 my_password 的变量来存储明文密码；其次，使用 password_hash 过滤器将明文密码转换为 SHA512 哈希值，并将其存储在 hashed_password 变量中，同时指定了一个自定义的盐值 mysalt，用于增加哈希值的强度；最后，将生成的哈希密码写入/tmp/my_password_file 文件，并设置文件权限为 0600，以确保只有具有足够权限的用户才能读取此文件。

10.2.3 插件

在 Ansible 中，插件是一种可扩展的机制，用于在 Ansible 执行过程中添加新的功能和行为。插件可以用来实现各种功能，如操作系统管理、网络管理、云管理等。

V10-3 插件

用户可以基于 Ansible 插件体系结构轻松地添加或删除插件，以满足不同的需求。Ansible 内置了多种类型的插件，主要包括 action 插件、callback 插件、filter 插件、lookup 插件、inventory 插件、module 插件、strategy 插件等。常见的插件类型如表 10-3 所示。

表 10-3 常见的插件类型

序号	插件类型	描述
1	action 插件	用于执行任务，如复制文件、安装软件包、启动服务等。该插件通常是对 Ansible 模块的封装，可以通过调用模块来实现任务的执行
2	callback 插件	用于向用户提供反馈信息，如任务的进度、执行结果等。该插件可以将输出格式化为不同的格式，并将其发送到不同的位置，如终端、日志文件等
3	filter 插件	用于在模板中操作和转换数据，如将 JSON 数据转换为 YAML 数据、提取 URL 的主机名、计算 SHA1 哈希等。该插件可以使用内置的 Ansible 过滤器，也可以使用标准的 Jinja2 过滤器
4	lookup 插件	用于在 Playbook 中查找数据，如查找环境变量、获取远程主机的 IP 地址等。该插件可以将数据从不同的来源中提取出来，并将其传递给 Playbook 执行

续表

序号	插件类型	描述
5	inventory 插件	用于管理主机清单，如使用 INI 文件、YAML 文件、动态主机清单文件等。可以根据不同的需求选择不同的 inventory 插件
6	module 插件	用于定义 Ansible 模块，如管理文件、用户、软件包等的模块。可以使用 Python 编写自定义的模块，并将其作为 module 插件添加到 Ansible 中。模块是插件的一个特殊实现，用于执行任务。虽然通常不使用“模块插件”这个术语，但是模块是插件的一种特殊类型
7	strategy 插件	用于控制任务的执行策略，如并发执行、串行执行、批量执行等。可以根据不同的场景选择不同的 strategy 插件。该插件通过处理任务和主机的调度来影响整个 Playbook 的执行流程

1. 查看插件帮助信息

Ansible 支持多种类型的插件，如 callback 插件、connection 插件、inventory 插件、lookup 插件、netconf 插件、vars 插件、filter 插件等。在查看插件帮助信息之前，需要确定要查看的插件类型。

使用以下命令可以查看当前 Ansible 版本中可用的所有插件列表。

```
ansible-doc -t <plugin-type> -l
```

其中，<plugin-type> 表示要查看的插件类型，如 module、callback、inventory、vars、filter、connection、authentication、lookup 等。

使用以下命令可以查看可用的 callback 插件列表，-t callback 表示要查看的插件为 callback，-l 选项表示列出所有可用的插件的名称。

```
ansible-doc -t callback -l
```

确定要查看的 callback 插件的名称后，可以使用以下命令查看其帮助信息。

```
ansible-doc -t callback <plugin-name>
```

其中，<plugin-name>表示要查看的插件的名称。该命令将显示有关该插件的详细信息，包括用法示例、选项、参数和其他相关信息，以帮助用户理解如何使用该插件。

使用以下命令查看 json 插件的帮助信息。

```
ansible-doc -t callback json
```

使用以下命令可以查看可用的 lookup 插件列表，-t lookup 表示要查看的插件类型为 lookup 插件，-l 选项表示要列出所有可用的插件的名称。

```
ansible-doc -t lookup -l
```

确定要查看的 lookup 插件的名称后，可以使用以下命令查看其帮助信息。

```
ansible-doc -t lookup <plugin-name>
```

其中，<plugin-name>表示要查看的插件的名称。该命令将显示有关该插件的详细信息，包括用法示例、选项、参数和其他相关信息，以帮助用户理解如何使用该插件。

使用以下命令可以查看 file 插件的帮助信息。

```
ansible-doc -t lookup file
```

2. lookup 插件

Ansible 的 lookup 插件是一种扩展了 Jinja2 模板语言的插件，它可以使 Ansible 从外部来源（如文件、命令输出、API 等）中获取数据。通过 lookup 插件，Ansible 可以在执行时动态获取数据，从而实现更灵活的配置和自动化。

lookup 插件的基本语法与过滤器的非常相似。在调用 lookup 插件时，需要指定函数的名称、需要调用的 lookup 插件的名称以及插件需要的参数。

lookup 插件的基本语法如下：

```
{{ lookup('<plugin-name>', '<parameter>') }}
```

其中，<plugin-name>表示要使用的 lookup 插件的名称，而<parameter>表示传递给插件的参数。某些 lookup 插件不需要参数，如 env 插件可以用于获取环境变量，它不需要任何参数。

在 Playbook 中使用 file 插件从文件 path/to/file.txt 中读取数据，并将其分配给 file_contents 变量，然后使用 debug 模块输出变量的值，以验证数据已成功获取。

```
cat path/to/file.txt
This is lookup plugin file
---
- name: Example playbook with lookup plugin
  hosts: localhost
  become: true
  vars:
    file_contents: "{{ lookup('file', 'path/to/file.txt') }}"
  tasks:
    - name: Display file contents
      debug:
        var: file_contents
```

在 Playbook 中使用 file 插件从本地文件中读取数据，并将其复制到远程主机上的 /remote/path/to/file.txt 文件中。

```
- name: Copy file contents to remote host
  copy:
    content: "{{ lookup('file', 'path/to/file.txt') }}"
    dest: "/remote/path/to/file.txt"
```

在 Playbook 中使用 template 模块将从文件中获取的数据用于生成配置文件，在模板文件 config_template.j2 中可以引用变量 file_contents，即从外部数据源获取的数据，生成的配置文件将位于 /etc/myapp.conf 文件中。

```
- name: Generate config file with file contents
  template:
    src: "config_template.j2"
    dest: "/etc/myapp.conf"
    vars:
      file_contents: "{{ lookup('file', 'path/to/file.txt') }}"
```

lookup 插件默认情况下返回单个值的字符串，如果需要将数据作为列表返回，则需要将 wantlist 参数设置为 True。在 Ansible 2.5 中，新增了一个名为 query 的 Jinja2 函数，无论返回的数据是单个值还是多个值，它始终都返回一个列表，而无须设置 wantlist 参数，不再依赖于用户额外设置的参数来控制返回的数据结构类型。以下两种方式是等效的。

```
lookup('dict', dict_variable, wantlist=True)
query('dict', dict_variable)
```

query 函数是在 lookup 插件的基础上做了一层封装，使用 query 函数调用 lookup 插件会隐式地将 wantlist 参数设置为 True，因此无须设置 wantlist 参数。

当使用 Ansible 的 lookup 插件从文件中读取数据时，如果要将返回的数据作为列表而不是字符串来处理，则可以使用 split 方法将其分隔成一个列表。

```
cat path/to/filequery.txt
item1
item2
item3
```

```
- name: Example playbook to read data from file as list
  hosts: localhost
  vars:
    # Define a variable that contains the path to the file to read
    file_path: "path/to/filequery.txt"
  tasks:
    - name: Read data from file as list
      debug:
        var: data_list
      vars:
        # Use the lookup plugin to read the file contents and split them into a list
        data_list: "{{ lookup('file', file_path).split('\n') }}"
```

在上述示例中，首先，定义了变量 file_path，表示要读取数据的文件的路径；其次，使用 lookup 插件读取文件，并使用 split 方法将读取的数据分隔成一个列表；最后，使用 debug 模块输出 data_list 变量值，以验证返回的数据是否为列表。

10.3 项目实训

【实训任务】

本实训的主要任务是在 Ansible 中使用 Jinja2 模板传递数据和生成配置文件，使用 Ansible 过滤器对变量进行处理和转换，以及使用 lookup 插件从外部数据源检索数据等。

【实训目的】

（1）理解 Jinja2 模板的基本语法。

（2）掌握使用 Jinja2 模板在 Ansible 中传递数据和生成配置文件的方法。

（3）掌握使用过滤器对数据进行处理和转换的方法。

（4）掌握使用 Jinja2 模板条件语句的使用方法。

（5）掌握使用 Jinja2 模板循环语句的使用方法。

【实训内容】

（1）创建 Jinja2 模板文件，在 Playbook 中使用模板传递数据和生成配置文件。

（2）在 Jinja2 模板中使用过滤器对数据进行处理和转换。

（3）在 Jinja2 模板中使用条件语句对数据进行处理和转换。

（4）在 Jinja2 模板中使用循环语句对数据进行处理和转换。

【实训环境】

在进行本项目的实训操作前，提前准备好 Linux 操作系统环境，RHEL、CentOS Stream、Debian、Ubuntu、华为 openEuler、麒麟 openKylin 等常见 Linux 发行版都可以进行项目实训。实训的环境清单及 Linux 发行版可根据实际情况进行调整。

10.4 项目实施

任务 10.4.1 使用 Jinja2 模板生成系统事实信息

V10-4 实训-使用 Jinja2 模板生成系统事实信息

1. 任务描述

（1）在 Ansible 控制节点上编写 Playbook 并执行自动化任务，目标节点

node1.example.com、node2.example.com 在清单文件中属于 web 主机组。

（2）根据主机事实信息生成系统报告模板文件。

（3）使用 template 模块填充模板文件中的变量，并根据变量的值生成最终的文件，Jinja2 模板文件传输到目标节点/opt 目录中。

2. 任务实施

（1）在 Ansible 控制节点上，以 rhce 用户身份将工作目录切换为用户家目录，创建 jinjia2-file 目录，并在 jinjia2-file 目录中创建 ansible.cfg 文件、清单文件和 templates 目录。

```
[root@control ~]# su - rhce
[rhce@control ~]$ mkdir ~/jinjia2-file
[rhce@control ~]$ mkdir ~/jinjia2-file/templates
[rhce@control ~]$ cd ~/jinjia2-file
[rhce@control jinjia2-file]$ cat ansible.cfg
[defaults]
inventory=./inventory
remote_user=rhce
ask_pass=false
host_key_checking = False
[privilege_escalation]
become=true
become_method=sudo
become_user=root
become_ask_pass=false
[rhce@control jinjia2-file]$ cat inventory
[web]
node1.example.com
node2.example.com
```

（2）使用文本编辑器，在 templates 目录中创建 Jinja2 模板文件 report01.j2 和 report02.j2。report01.j2 模板文件中的 Jinja2 表达式引用事实信息，并使用 Jinja2 默认过滤器来实现错误处理，确保在执行 Playbook 时不会返回不必要的错误。当定义的变量不存在时，Playbook 显示 NONE。report02.j2 模板文件使用 Jinja2 语法，通过循环遍历 web 主机组中的每个主机，并使用主机变量来获取主机的 IP 地址和主机名信息等。

```
[rhce@control jinjia2-file]$ cd templates/
[rhce@control templates]$ vim report01.j2
{{ ansible_managed }}
INVENTORY_HOSTNAME = {{ inventory_hostname | default('NONE',true) }}
OS_DISTRO_VERSION = {{ ansible_distribution_version | default('NONE',true) }}
PYTHON_VERSION = {{ ansible_python_version | default('NONE',true) }}
SELINUX_STATUS = {{ ansible_selinux | default('NONE',true) }}
BIOS_VERSION = {{ ansible_bios_version | default('NONE',true) }}
BIOS_DATE = {{ ansible_bios_date | default('NONE',true) }}
TOTAL_MEMORY = {{ ansible_memtotal_mb | default('NONE',true) }}
CURRENT_MEMORY_USAGE = {{ ansible_memory_mb['real']['used']}} mb out of
{{ ansible_memory_mb['real']['total']}} mb
OS_FAMILY = {{ ansible_os_family | default('NONE',true) }}
OS_DISTRO = {{ ansible_distribution | default('NONE',true) }}
OS_KERNEL_VERSION = {{ ansible_kernel | default('NONE',true) }}
OS_ARCHITECTURE = {{ ansible_architecture | default('NONE',true) }}
```

```
    PROCESSOR = {{ ansible_processor | default('NONE',true) }}
    VIRT_TYPE = {{ ansible_virtualization_type | default('NONE',true) }}
    VDA_SIZE = {% if ansible_devices.sda is defined %}
    {{ ansible_devices.sda.size }}{% else %}
    NONE
    {% endif %}
    VDB_SIZE = {% if ansible_devices.sdb is defined %}
    {{ ansible_devices.sdb.size }}{% else %}
    NONE
    {% endif %}
    [rhce@control templates]$ vim report02.j2
    # /etc/hosts.j2
    {% for host in groups['web'] %}
    {{hostvars[host]['ansible_default_ipv4']['address']|default(ansible_all_ipv4_a
ddresses[0])}} {{hostvars[host]['inventory_hostname']}}
    {% endfor %}
```

（3）在项目目录中创建 Playbook 文件 report.yml，使用 template 模块部署模板文件到目标节点 node1.example.com、node2.example.com 系统的/opt 目录中。

```
    [rhce@control jinjia2-file]$ vim report.yml
    ---
    - hosts: web
      tasks:
        - name: Deploying Template hwreport01 to Gather and Save info from Remote Systems
          ansible.builtin.template:
            src: templates/report01.j2
            dest: /opt/hwreport01.txt
            mode: preserve
        - name: Deploying Template hwreport02 to Gather and Save info from Remote Systems
          ansible.builtin.template:
            src: templates/report02.j2
            dest: /opt/hwreport02.txt
            mode: preserve
```

（4）执行 report.yml 自动化任务前，使用--syntax-check 选项验证 Playbook 语法是否正确。如果报告出现错误，则更正后再继续进行下一步操作；如果没有问题，则执行 Playbook 任务。

```
    [rhce@control jinjia2-file]$ ansible-playbook report.yml --syntax-check
    playbook: report.yml
    [rhce@control jinjia2-file]$ ansible-playbook report.yml
```

任务 10.4.2 使用 Jinja2 模板自定义配置文件

V10-5 实训-使用 Jinja2 模板自定义配置文件

1. 任务描述

（1）在 Ansible 控制节点上编写 Playbook 并执行自动化任务，在目标节点 node1.example.com、node2.example.com 上部署 Web 服务，node1.example.com、node2.example.com 在清单文件中属于 web 主机组。

（2）使用 group_vars 目录填充 web 主机组的主机变量。

（3）根据主机变量和事实信息生成 index.j2 和 vhost.j2 模板文件。

（4）使用 template 模块填充模板文件中的变量，并根据变量的值在目标主机上生成 index.html 和

vhost.conf 文件。

（5）使用 yum 模块安装 httpd 软件包，使用 file 模块创建 httpd 虚拟主机根目录。

（6）使用 service 模块启动并使用 httpd 服务，使用 firewalld 模块启用 http 服务规则。

2. 任务实施

（1）在 Ansible 控制节点上，以 rhce 用户身份将工作目录切换为用户家目录，创建 jinjia2-httpd 目录，并在 jinjia2-httpd 目录中创建 ansible.cfg 文件、清单文件和 templates 目录。

```
[root@control ~]# su - rhce
[rhce@control ~]$ mkdir ~/jinjia2-httpd
[rhce@control ~]$ mkdir ~/jinjia2-httpd/templates
[rhce@control ~]$ cd ~/jinjia2-httpd
[rhce@control jinjia2-httpd]$ cat ansible.cfg
[defaults]
inventory=./inventory
remote_user=rhce
ask_pass=false
host_key_checking = False
[privilege_escalation]
become=true
become_method=sudo
become_user=root
become_ask_pass=false
[rhce@control jinjia2-httpd]$ cat inventory
[web]
node1.example.com
node2.example.com
```

（2）使用文本编辑器，在 templates 目录中创建 Jinja2 模板文件 index.j2 和 vhost.j2。index.j2 模板文件中的 Jinja2 表达式引用事实信息。vhost.j2 模板文件使用 Jinja2 语法引用事实信息，通过循环遍历 web 主机组中的每个主机，并使用主机变量来获取目标节点的主机名信息等。

```
[rhce@control jinjia2-httpd]$ cd templates/
[rhce@control templates]$ vim index.j2
Welcome to {{ ansible_hostname }}
-The ipv4 address is {{ ansible_default_ipv4['address']}}
-The current memory usage is {{ ansible_memory_mb['real']['used']}}mb out of
{{ ansible_memory_mb['real']['total']}}mb
[rhce@control templates]$ vim vhost.j2
{# Set up VirtualHosts #}
{% for vhost in groups['web'] %}
<VirtualHost {{ apache_listen_ip }}:{{ apache_listen_port }}>
  ServerName {{ hostvars[vhost]['inventory_hostname'] }}
  DocumentRoot "{{ root_dir }}"
  <Directory "{{ root_dir }}">
    AllowOverride {{ vhost.allow_override | default(apache_allow_override) }}
    Options {{ vhost.options | default(apache_options) }}
    Require all granted
    DirectoryIndex index.php index.html
  </Directory>
```

```
  </VirtualHost>
  {% endfor %}
```

（3）在项目目录中创建 group_vars/web 目录，并在 group_vars/web 中创建变量文件 vars_http.yml 以定义任务变量。

```
[rhce@control jinjia2-httpd]$ mkdir -p group_vars/web
[rhce@control jinjia2-httpd]$ vim group_vars/web/vars_http.yml
apache_pkg: httpd
service_web: httpd
firewall_service: http
root_dir: /var/www/webcontent
jinja2_index: "templates/index.j2"
index_path: /var/www/webcontent/index.html
vhost_conf: "templates/vhost.j2"
vhost_path: /etc/httpd/conf.d/vhost.conf
rule: http
apache_listen_ip: "*"
apache_listen_port: 80
apache_allow_override: "All"
apache_options: "-Indexes +FollowSymLinks"
```

（4）在项目目录中创建 Playbook 文件 http.yml，使用自动化模板部署 httpd 服务，并使用 template 模块部署模板文件到目标节点 node1.example.com、node2.example.com 系统中。

```
[rhce@control jinjia2-httpd]$ vim http.yml
---
- name: Provision Apache HTTPD
  hosts: web
  tasks:
    - name: Install httpd and mariadb-server package
      yum:
        name: "{{ apache_pkg }}"
        state: present
    - name: Ensure httpd is started
      service:
        name: "{{ service_web }}"
        state: started
        enabled: true
    - name: Create Webcontent Dir
      file:
        path: "{{ root_dir }}"
        state: directory
        mode: '2775'
    - name: Copy index.j2 to remote node path
      template:
        src: "{{ jinja2_index }}"
        dest: "{{ index_path }}"
    - name: Install policycoreutils-python
      yum:
        name: python3-policycoreutils
        state: present
```

```
    - name: Set SELinux Context on Directory
      sefcontext:
        target: "{{ root_dir }}(/.*)?"
        setype: httpd_sys_content_t
        state: present
    - name: Open firewall for http
      firewalld:
        service: "{{ firewall_service }}"
        permanent: true
        state: enabled
        immediate: yes
    - name: Copy vhost.j2 to remote node path
      template:
        src: "{{ vhost_conf }}"
        dest: "{{ vhost_path }}"
      notify: "restart apache"
  handlers:
    - name: restart web service
      service:
        name: "{{ service_web }}"
        state: restarted
      listen: "restart apache"
```

（5）执行 http.yml 自动化任务前，使用--syntax-check 选项验证 Playbook 语法是否正确。如果报告出现错误，则更正后再继续进行下一步操作；如果没有问题，则执行 Playbook 任务。

```
[rhce@control jinjia2-httpd]$ ansible-playbook http.yml --syntax-check
playbook: httpd.yml
[rhce@control jinjia2-httpd]$ ansible-playbook http.yml
```

（6）使用 curl 命令验证 node1.example.com、node2.example.com 主机上的 Web 服务器是否可以访问。

```
[rhce@control jinjia2-httpd]$ curl node1.example.com
Welcome to node1
-The ipv4 address is 172.31.32.111
-The current memory usage is 605mb out of 3910mb
[rhce@control jinjia2-httpd]$ curl node2.example.com
Welcome to node2
-The ipv4 address is 172.31.32.112
-The current memory usage is 605mb out of 3910mb
```

任务 10.4.3　使用 Jinja2 模板部署代理服务

V10-6　实训-使用 Jinja2 模板部署代理服务

1. 任务描述

（1）在 Ansible 控制节点上编写 Playbook 并执行自动化任务，在目标节点 node3.example.com 上部署 haproxy 代理服务，node3.example.com 在清单文件中属于 haproxy 主机组。

（2）使用 host_vars 目录填充 node3.example.com 主机变量。

（3）根据主机变量和事实信息生成 haproxy.j2 模板文件。

（4）使用 template 模块填充模板文件中的变量，并根据变量的值在目标主机上生成 vhost.cfg 文件。

（5）使用 yum 模块安装 haproxy 软件包，使用 service 模块启动并使用 haproxy 服务，使用 firewalld

模块启用 http 服务规则。

（6）使用 handlers 关键字创建任务处理程序，以重启 haproxy 服务使配置生效。

2. 任务实施

（1）在 Ansible 控制节点上，以 rhce 用户身份将工作目录切换为用户家目录，创建 jinja2-haproxy 目录，并在 jinja2-haproxy 目录中创建 ansible.cfg 文件、清单文件和 templates 目录。

```
[root@control ~]# su - rhce
[rhce@control ~]$ mkdir ~/jinja2-haproxy
[rhce@control ~]$ mkdir ~/jinja2-haproxy/templates
[rhce@control ~]$ cd ~/jinja2-haproxy
[rhce@control jinja2-haproxy]$ cat ansible.cfg
[defaults]
inventory=./inventory
remote_user=rhce
ask_pass=false
host_key_checking = False
[privilege_escalation]
become=true
become_method=sudo
become_user=root
become_ask_pass=false
[rhce@control jinja2-haproxy]$ cat inventory
[web]
node1.example.com
node2.example.com
[haproxy]
node3.example.com
```

（2）使用文本编辑器，在 templates 目录中创建 Jinja2 模板文件 haproxy.j2。haproxy.j2 模板文件使用 Jinja2 语法引用事实信息，通过循环遍历 web 主机组中的每个主机，并使用主机变量来获取目标节点的主机名信息等。

```
[rhce@control jinja2-haproxy]$ cd templates/
[rhce@control templates]$ vim host.j2
# /etc/hosts.j2
{% for host in groups['web'] %}
{{hostvars[host]['ansible_default_ipv4']['address']|default(ansible_all_ipv4_a
ddresses[0])}}  {{hostvars[host]['inventory_hostname']}}
{% endfor %}
[rhce@control templates]$ vim haproxy.j2
frontend http-in
    # listen 80 port
    bind {{ apache_listen_ip }}:{{ apache_listen_port }}
    # set default backend
    default_backend    backend_servers
    # send X-Forwarded-For header
    option            forwardfor
# define backend
backend backend_servers
    # balance with roundrobin
    balance           roundrobin
```

```
    # define backend servers
    {% for vhost in groups['web'] %}
    server {{ hostvars[vhost]['inventory_hostname'].split('.')[0] | join('') }}
{{ hostvars[vhost]['ansible_default_ipv4']['address']|default(ansible_all_ipv4_addresses[0]) }}:{{apache_listen_port}} check
    {% endfor %}
# define backend
```

（3）在项目目录中创建 host_vars/node3.example.com 子目录，并在该目录中创建变量文件 vars_haproxy.yml 以定义任务变量。

```
[rhce@control jinja2-haproxy]$ mkdir -p host_vars/node3.example.com
[rhce@control jinja2-haproxy]$ vim host_vars/node3.example.com/vars_haproxy.yml
apache_listen_ip: "*"
apache_listen_port: 80
firewall_service: http
```

（4）在项目目录中创建 Playbook 文件 haproxy.yml，使用自动化模板部署 haproxy 服务，并使用 template 模块部署模板文件到目标节点 node3.example.com 系统中。

```
[rhce@control jinjia2-haproxy]$ vim haproxy.yml
---
- name: deploy haproxy locas balancer server
  hosts: haproxy,web
  tasks:
    - name: run task on haproxy node
      block:
        - name: Installs haproxy load balancer
          yum:
            name: haproxy
            state: present
        - name: Ensure haproxy service start
          service:
            name: haproxy
            state: started
            enabled: true
        - name: Open firewall for http
          firewalld:
            service: "{{ firewall_service }}"
            permanent: true
            state: enabled
            immediate: yes
      when: inventory_hostname == 'node3.example.com'
      always:
        - name: Copy vhost.j2 to haproxy node
          template:
            src: templates/host.j2
            dest: /etc/hosts
        - name: Copy haproxy.j2 to haproxy node
          template:
            src: templates/haproxy.j2
            dest: /etc/haproxy/conf.d/vhost.cfg
          when: inventory_hostname == 'node3.example.com'
```

```
        notify:
          - restart haproxy
  handlers:
    - name: restart haproxy
      service:
        name: haproxy
        state: restarted
```

（5）执行 haproxy.yml 自动化任务前，使用--syntax-check 选项验证 Playbook 语法是否正确。如果报告出现错误，则更正后再继续进行下一步操作；如果没有问题，则执行 Playbook 任务。

```
[rhce@control jinja2-haproxy]$ ansible-playbook haproxy.yml --syntax-check
playbook: haproxy.yml
[rhce@control jinja2-haproxy]$ ansible-playbook haproxy.yml
```

（6）使用 curl 命令验证 node3.example.com 主机上的 haproxy 服务器是否可以代理 node1.example.com 和 node2.example.com 上的 http 服务。

```
[rhce@control jinja2-haproxy]$ curl node3.example.com
Welcome to node1
-The ipv4 address is 172.31.32.111
-The current memory usage is 537mb out of 3910mb
[rhce@control jinja2-haproxy]$ curl node3.example.com
Welcome to node2
-The ipv4 address is 172.31.32.112
-The current memory usage is 537mb out of 3910mb
```

网络经纬

openEuler 与 Anolis OS

在数字化转型的浪潮下，操作系统作为计算机技术的基础设施，发挥着至关重要的作用。近年来，随着国家战略的调整和科技创新的推进，国产操作系统开始崭露头角。华为的openEuler和阿里巴巴的Anolis OS是我国自主研发的操作系统中的两个代表，它们共同见证了国产操作系统的发展历程。

openEuler是由华为发起的开源操作系统项目，旨在构建一个开放、多样化、自主可控的操作系统生态系统。华为在2019年正式发布了openEuler，并将其贡献给开放原子开源基金会，成为开放原子开源基金会的托管项目。openEuler的诞生，标志着我国在操作系统领域向自主研发迈出了重要的一步。

openEuler采用了开放的架构，支持多种处理器架构和硬件平台，能为不同应用场景提供定制化解决方案。其强调开放协作，鼓励全球开发者参与贡献，形成了一个庞大的开发社区。通过开放和合作，openEuler得以迅速发展，不仅在我国，还在国际上获得了一定的认可。

Anolis OS也是国产操作系统的代表之一，它是阿里巴巴自主研发的操作系统，主要面向云计算和大数据场景。阿里巴巴以自身在云计算领域的经验和技术积累为基础，推出了适用于云端应用的定制化操作系统。

Anolis OS的核心理念是高度优化和高效运行，以满足云计算和大数据处理的需求。其针对阿里巴巴的阿里云服务和云计算场景进行深度优化，提供高性能、高可靠性的操作系统支持。通过云计算和操作系统的紧密结合，Anolis OS为阿里巴巴在云端业务的高速增长提供了强有力的支撑。

国产操作系统的崛起离不开我国政府在科技自主创新方面的大力支持。近年来，我国政府相继出台了一系列政策和计划，鼓励企业加大自主研发力度。同时，国产操作系统的崛起也得益于国内技术企业的积极探索和投入。华为和阿里巴巴作为我国科技巨头，在操作系统的研发和推广方面起到了积极作用，为国产操作系统树立了榜样。

华为的openEuler和阿里巴巴的Anolis OS代表了国产操作系统的进步及发展。在数字化转型的浪潮中，国产操作系统的崛起是我国科技实力的体现，也是我国在全球科技竞争中的重要一环。随着技术的不断进步和创新的推动，相信国产操作系统会在未来发展中不断壮大，为我国企业数字化转型贡献更多的力量。

项目练习题

选择题

（1）在 Jinja2 模板中，使用标记（　　）来表示条件语句。

A. {%...%}　　B. {{…}}　　C. ##　　D. $$

（2）假设有一个名为 app_version 的变量，其值为 1.2.0，如果想在一个任务中使用 Jinja2 模板引擎将该版本号输出到文件中，则在模板中表示该变量的方法是（　　）。

A. {{ app_version }}　　B. {% app_version %}

C. {{% app_version %}}　　D. “app_version”

（3）假设有一个名为 fruits 的变量，其值为["apple", "banana", "orange"]，用户想使用 Jinja2 模板引擎将该变量值以逗号分隔的形式输出，则在模板中的实现方法是（　　）。

A. {{ fruits | join(", ") }}

B. {{ fruits.join(", ") }}

C. {{ join(", ", fruits) }}

D. {% for fruit in fruits %}{{ fruit }}{% if not loop.last %}, {% endif %}{% endfor %}

（4）假设有一个名为 server_count 的变量，其值为 2，如果想使用 Jinja2 模板引擎动态生成多个任务来部署多个服务器，则在模板中的实现方法是（　　）。

A. {% for i in range(server_count) %}...{% endfor %}

B. {% if server_count > 1 %}...{% endif %}

C. {% loop(server_count) %}...{% endloop %}

D. {{ server_count | loop }}

（5）假设有一个名为 app_servers 的变量，其值为一个包含多个服务器 IP 地址的列表，用户想使用 Jinja2 模板引擎在配置文件中动态地生成这些 IP 地址作为服务器的配置，则可以实现这个功能的 Jinja2 过滤器是（　　）。

A. map　　B. join　　C. to_yaml　　D. to_json

（6）假设有一个名为 release_version 的变量，其值为“1.2.0”，用户想使用 Jinja2 模板引擎将该版本号输出到日志文件中，同时在日志中添加“Version:”前缀，则可以实现这个功能的是（　　）。

A. Version: {{ release_version }}

B. Version: { release_version }

C. { "Version": release_version }

D. { "Version": {{ release_version }} }

（7）假设有一个名为 port 的变量，其值可能为一个整数，也可能为空。如果想使用 Jinja2 模板引擎在命令行中动态地生成监听端口号，当 port 变量为空时，将其设置为默认值 8080，则可以实现这个功能的是（　　）。

A. {{ port | default("8080") }}

B. {{ port | mandatory("8080") }}

C. {{ port | default(8080) }}

D. {{ port | mandatory(8080) }}

（8）假设有一个名为 port 的变量，其值可能为一个整数，也可能为空。如果想使用 Jinja2 模板引擎在命令行中动态地生成监听端口号，当 port 变量为空时，希望任务执行失败并报告错误，则可以实现这个功能的是（　　）。

A. {{ port | default("8080") }}

B. {{ port | mandatory("8080") }}

C. {{ port | default(8080) }}

D. {{ port | mandatory(8080) }}

（9）假设有一个名为 users_file 的文件，其中包含一组用户，每行一个用户。如果想使用 Jinja2 模板引擎结合 lookup 插件从这个文件中获取用户列表，并将其作为变量在 Playbook 中使用，则可以实现这个功能的是（　　）。

A. {{ lookup('file', 'users_file') }}

B. {{ lookup('users_file', 'file') }}

C. {{ lookup(file, 'users_file') }}

D. {{ lookup(users_file, 'file') }}

（10）假设需要在 Playbook 中动态地获取远程主机的 IP 地址，如果已经通过清单文件将主机的 IP 地址定义为 target_ip 主机变量，现在想使用 Jinja2 模板引擎结合 lookup 插件获取这个变量的值，则可以实现这个功能的是（　　）。

A. {{ target_ip | lookup('hostvars', 'inventory_hostname') }}

B. {{ lookup('inventory_hostname', 'hostvars', 'target_ip') }}

C. {{ lookup('hostvars', 'target_ip', 'inventory_hostname') }}

D. {{ lookup('hostvars', 'inventory_hostname', 'target_ip') }}

（11）假设有一个名为 server_info 的变量，其中包含多个服务器的信息，现在想使用 Jinja2 模板引擎和条件语句，在 Playbook 中输出只包含 CentOS 的服务器名称，则可以实现这个功能的是（　　）。

A. {% for server in server_info %}{{ server.name if server.os == 'centos' }}{% endfor %}

B. {% if server_info.os == 'centos' %}{{ server_info.name }}{% endif %}

C. {% for server in server_info if server.os == 'centos' %}{{ server.name }}{% endfor %}

D. {% if server_info.os == 'centos' %}{{ server_info.name }}{% else %}No CentOS servers{% endif %}

（12）假设有一个名为 users 的变量，其中包含用户信息及其所在的组，现在想使用 Jinja2 模板引擎和循环语句，在 Playbook 中输出所有用户及其所在组的信息，则可以实现这个功能的是（　　）。

A. {% for user in users %}{{ user.name }} is in {{ user.group }} group.{% endfor %}

B．{% if user in users %}{{ user.name }} is in {{ user.group }} group.{% endif %}

C．{% for user in users %}{{ users.name }} is in {{ users.group }} group.{% endfor %}

D．{% if users.name in users %}{{ users.name }} is in {{ users.group }} group.{% endif %}

（13）假设有一个名为 numbers 的变量，其中包含一组数字，如果想使用 Jinja2 模板引擎和条件语句，在 Playbook 中输出所有大于 5 的数字，则可以实现这个功能的是（　　）。

A．{% for number in numbers if number > 5 %}{{ number }}{% endfor %}

B．{% if numbers > 5 %}{{ numbers }}{% endif %}

C．{% for number in numbers %}{{ number if number > 5 }}{% endfor %}

D．{% if number in numbers and number > 5 %}{{ number }}{% endif %}

（14）假设有一个名为 users 的变量，其中包含用户信息，如果想使用 Jinja2 模板引擎和 password_hash 过滤器，在 Playbook 中输出所有用户的哈希密码，则可以实现这个功能的是（　　）。

A．{% for user in users %}{{ user.password | password_hash }}{% endfor %}

B．{% if users.password | password_hash %}{{ users.password }}{% endif %}

C．{% for user in users %}{{ users.password | password_hash }}{% endfor %}

D．{% if user.password | password_hash %}{{ user.password }}{% endif %}

项目 11 角色和集合

11

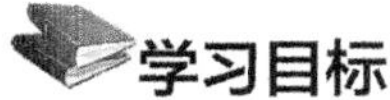

学习目标

【知识目标】

- 了解大项目管理方式。
- 了解任务并行和滚动更新的使用场景。
- 了解角色的基本概念和目录结构。
- 了解 Ansible Galaxy 的基本概念和作用。
- 了解集合的基本概念和目录结构。

【技能目标】

- 掌握 Ansible 角色的管理方式，能够创建和编写角色内容。
- 掌握 Ansible 集合的管理方式，能够部署和使用集合内容。
- 掌握使用 ansible-galaxy 命令管理角色和集合的方法。

【素质目标】

- 培养读者系统分析与解决问题的能力，使其能够深入分析问题，掌握相关知识点，并在实践中高效地完成项目任务。
- 培养读者严谨的逻辑思维能力，使其能够正确地处理自动化管理中的问题。同时，注重培养读者在开源技术方面的国产自主意识，熟悉相关的开源协议。
- 培养读者的安全意识，使其重视 Ansible 自动化代码的安全性，避免代码中出现漏洞，保护系统安全。

11.1 项目描述

Ansible 的角色和集合是管理复杂项目的关键机制。Ansible 的角色可根据已知的文件结构自动加载相关的变量、文件、任务、处理程序以及其他 Ansible 自动化内容，使得代码更加模块化、可重用且易于维护。Ansible 的集合引入了一种新的打包和分发 Ansible 自动化内容的方式，将多个角色、模块、插件和 Playbook 组织在一起，形成一个可共享的打包文件。Ansible 的集合提供了更好的版本控制和依赖管理功能，使用户可以更轻松地构建、共享和重复使用自动化任务及解决方案。在大型项目中，使用角色和集合可以提高自动化效率、降低错误率，帮助工程师更好地管理和维护自动化任务。Ansible Galaxy 提供了一个集中式的管理和分发平台，以及丰富的 Ansible 角色和集合的资源库，可以满足许多常见的自动化任务需求，如安装软件、配置系统、管理网络等。在实际的自动化运维工作中，利用角色、集合及 Ansible Galaxy 资源，能够更好地管理和维护自动化任务。

本项目主要介绍大项目管理方式，包括并行执行和滚动更新任务的设置。同时，还介绍了使用Ansible Galaxy下载、安装角色和集合，以及编写角色内容的方法。最后，介绍了在Playbook中使用角色和集合进行自动化任务管理的方法。

11.2 知识准备

11.2.1 大项目管理方式

1. 动态清单文件

V11-1 大项目管理方式

在Ansible中，用户可以手动编辑静态清单文件，轻松地添加、删除或修改主机信息。静态清单文件适用于主机列表相对稳定或不经常更改的小型环境和测试环境。但对于大型基础设施或快速变更的环境来说，保持静态清单文件的最新状态可能会很困难。

为了解决这个问题，Ansible 提供了对动态清单脚本的支持。动态清单脚本可以从外部数据源中获取主机列表，在Ansible运行时动态生成清单文件，这些脚本可以是可执行程序，也可以是 Ansible插件，能够以JSON格式输出清单文件信息。

在大型IT环境中，许多系统使用动态清单脚本来跟踪可用主机和它们的组织方式，如云提供商、轻量目录访问协议（Lightweight Directory Access Protocol，LDAP）、Cobbler或企业CMDB系统。动态清单脚本可以从这些数据源中获取主机列表，并在Ansible执行时将其提供给Ansible模块进行管理。相较于静态清单文件，动态清单脚本具有更高的灵活性和自动化能力，可以更好地适应不同的环境和任务需求。

如果通过AWX或Red Hat Ansible Automation Platform（红帽Ansible自动化平台）等图形用户界面管理和监视动态清单脚本，则这些平台的清单脚本数据库会与所有动态清单脚本源同步，并提供Web和 REST 接口用于查看及编辑清单脚本。通过与所有主机的数据库记录相关联，用户可以查看过去的事件历史记录，并查找哪些主机在最近的Playbook执行中出现了故障。

动态清单脚本是一种基于外部数据源的清单文件管理方式。Ansible支持两种与外部数据源连接的方式：清单插件和清单脚本。

清单插件是管理动态清单脚本的推荐方式，它可以利用Ansible核心代码的最新更新内容。通过编写自定义的清单插件，用户可以连接到其他动态清单脚本源，更灵活地管理和更新清单文件。

在Ansible 2.10及之前的版本中，常见的方式是编写自定义动态清单脚本，用户可以使用任何编程语言编写自定义程序，但传递选项时必须以JSON格式返回清单脚本信息。

动态清单脚本的使用方式与静态清单文件的类似，清单脚本的位置可以直接在当前的 ansible.cfg文件中指定，或者通过使用-i选项指定。如果清单文件可以执行，则视为动态清单脚本，Ansible会尝试执行它以生成清单文件；如果清单文件不可执行，则视为静态清单文件。动态清单脚本如下。

```
# inventory_script.py
#!/usr/bin/env python
import json
host_data = {
    'webserver': {
        'hosts': ['web1', 'web2'],
        'vars': {
            'http_port': 80,
            'proxy_server': 'proxy.example.com'
        }
    },
```

```
        'databases': {
            'hosts': ['db1'],
            'vars': {
                'ansible_user': 'dbadmin',
                'ansible_password': 'dbpass'
            }
        }
    }
    print(json.dumps(host_data))
    set colour_count = colour_count + 1 %}
    {% endfor %}
      Currently {{ colour_count }} people call {{ colour.name }} their favourite.
      And the following are examples of things that are {{ colour.name }}:
    {% for item in colour.things %}
        - {{ item }}
```

执行 python3 inventory_script --list | python3 -m json.tool 命令，执行动态清单脚本，查看动态清单脚本中的主机信息。

2. forks 并行

当 Ansible 处理 Playbook 时，会按顺序执行每个 Play，确定 Play 的主机列表之后，Ansible 将按顺序执行每个任务。通常情况下，所有主机在 Play 中启动下一个任务之前会成功完成当前任务。

在小型主机列表中，可以同时连接到 Play 中的所有主机以执行每项任务。但如果该 Play 以数百个主机为目标，则可能会给控制节点带来沉重的负担。因此，根据实际情况，可以选择合适的策略来平衡负载和效率，以确保 Ansible 自动化运维任务的顺利执行。

默认情况下，Ansible 可以同时在所有目标主机上执行任务。但是如果目标主机数量较多，则执行任务的主机数量也会很多，可能会导致系统负载过高，影响系统稳定性。因此，可以使用 forks 参数控制同时执行任务的主机数量，以提高任务执行效率。

Ansible 所允许的最大同时连接数由 Ansible 配置文件中的 forks 参数控制。默认情况下，该参数设置为 5，可在/etc/ansible/ansible.cfg 文件中查看默认值。

```
grep forks /etc/ansible/ansible.cfg
forks = 5
```

如果 Ansible 控制节点配置了默认值为 5 的 forks 参数，则表示 Ansible 可以同时处理的最大连接数为 5。当一个 Play 包含 10 个受管主机时，Ansible 将在前 5 个受管主机上执行 Play 中的第 1 个任务，然后在剩下的 5 个主机上再次执行 Play 中的第 1 个任务。完成对所有主机的第一个任务后，Ansible 将每次在 5 个主机的组中逐一执行下一个任务，直到 Play 执行完毕。

ansible 或 ansible-playbook 命令都支持-f 或--forks 选项，如果要修改 forks 参数的值，则可以在 Playbook 中使用 forks 关键字，或者在命令行中使用-f 参数指定。

```
ansible-playbook -f 30 my_playbook.yml
```

3. 配置滚动更新

通常，Ansible 在启动下一个任务之前，会确保当前任务在所有受管主机上完成。

但是，在所有主机上执行所有任务可能会导致意外行为。例如，如果 Play 更新负载平衡 Web 服务器集群，则可能需要在更新时让每个 Web 服务器停止服务。如果所有服务器都在同一个 Play 中更新，则它们可能会全部同时停止服务。

避免此问题的一种方法是使用 serial 关键字，通过 Play 批量运行主机，在下一批次启动之前，每批主机将在整个 Play 中运行。

在生产环境中，当需要更新配置并重启服务时，使用 serial 关键字可以控制并发性，一组一组进行更新和重启，而不是同时对所有主机进行操作，避免整个集群同时停机导致服务中断，可提高系统的可用性和稳定性，减少对用户的影响。在 Playbook 中使用 serial 关键字的示例如下。

```
- name: Deploy and Restart Service
  hosts: web_servers
  serial: 10  # 设置每组处理的主机数量为 10
  tasks:
    - name: Copy configuration file
      ansible.builtin.copy:
        src: /path/to/config/file
        dest: /etc/service/config.conf
    - name: Restart service
      ansible.builtin.service:
        name: service_name
        state: restarted
```

在上述示例中，web_servers 主机组包含 100 个服务器，通过将 serial 设置为 10，每次将按照每组 10 个主机的数量进行操作，通过控制任务的并发性，使大规模集群的配置更新和服务重启过程更加可控及稳定。

serial 关键字还可以指定为百分比，或者以列表的形式指定批处理流程，具体示例如下。

```
---
- name: test play
  hosts: webservers
  serial: "30%"
---
- name: test play
  hosts: webservers
  serial:
    - 1
    - 5
    - 10
```

在上述示例中，第 1 个 Playbook 中的 webservers 主机组有 20 个主机，那么第一批包含 6 个主机，第二批包含 6 个主机，第三批包含 6 个主机，最后一批包含 2 个主机。

第 2 个 Playbook 中的 webservers 主机组有 20 个主机，那么第一批包含 1 个主机，第二批包含 5 个主机，第三批包含 10 个主机。如果剩余的主机数量少于 10 个，则下一批将包含所有剩余的主机。

4．控制任务执行位置

默认情况下，Ansible 会在 Playbook 中指定的所有主机上执行任务，但有些情况下，需要将任务委派给不同的机器或组，或者只在本地执行 Playbook。

通过任务委派，可以更加灵活地控制 Playbook 的执行过程。常见的任务委派可以使用 delegate_to、delegate_facts、local_action、run_once 等关键字来实现，如表 11-1 所示。

表 11-1　委派关键字

序号	委派关键字	描述
1	delegate_to	将任务委派给指定的主机或主机组执行
2	delegate_facts	将事实委派到指定的主机或主机组收集
3	local_action	将任务委派给 Ansible 控制节点上的本地主机执行
4	run_once	将任务委派给所有主机中的一个主机执行

在 Ansible 中，可以使用 delegate_to 和 delegate_facts 关键字将任务委派给指定的主机或主机组，或将事实委派给特定的主机或主机组。

通过 delegate_to 关键字，可以将任务从当前主机转移到其他主机，以便在指定的主机上执行任务。delegate_to 关键字具体示例如下。

```
---
- name: Example playbook
  hosts: web_servers
  tasks:
    - name: Stop web server
      service:
        name: httpd
        state: stopped
      delegate_to: web_server3
```

在上述示例中，delegate_to 关键字将 Stop web server 任务委派给名为 web_server3 的主机执行，该任务将在 web_server3 上执行，而不是在 Play 中的 web_servers 主机列表中的主机上执行。

通过 delegate_facts 关键字，可以将事实从当前主机转移到其他主机，以便在指定的主机上使用这些事实。delegate_facts 关键字具体示例如下。

```
---
- name: Example playbook
  hosts: web_servers
  tasks:
    - name: Gather facts
      setup:
      delegate_facts: true
      delegate_to: web_server3
```

在上述示例中，delegate_facts 参数被设置为 true，因此收集到的事实将分配给被委派的主机 web_server3，而不是当前执行任务的主机。

local_action 关键字用于在控制节点上执行本地任务，而不是在远程主机上执行。local_action 关键字具体示例如下。

```
---
- name: Example playbook
  hosts: web_servers
  tasks:
    - name: Run local script
      local_action: command /path/to/local/script.sh
```

在上述示例中，local_action 关键字将 Run local script 任务委派给 Ansible 控制节点上的本地主机执行，而不是在远程主机上执行。

run_once 关键字用于确保一个任务只在清单文件的主机列表中的一个主机上运行。run_once 关键字具体示例如下。

```
---
- name: Example playbook
  hosts: web_servers
  tasks:
    - name: Create directory
      file:
        path: /path/to/directory
```

```
        state: directory
      run_once: true
```

在上述示例中，Create directory 任务使用 file 模块创建一个名为/path/to/directory 的目录。由于 run_once 关键字被设置为 true，因此该任务只会在 web_servers 主机列表中的第一个主机上执行，而不是在所有主机上都执行。

5. 导入和包含任务

在编写大型 Playbook 时，如果将所有任务都写在一个 Playbook 文件中，这些任务可能会变得难以理解和维护。为了使 Playbook 更加模块化和易于维护，可以将其分成较小的文件，可采用模块化方式将多个 Playbook 组合为一个主 Playbook，或者将文件中的任务列表插入 Play，这样可以更轻松地在不同项目中重用 Play 或任务序列。

早期版本的Ansible使用include 指令包含Playbook和任务文件，这种方式存在很多限制。在Ansible 2.4 及以后的版本中，include 被 include_tasks、import_tasks 和 import_playbook 等关键字取代。常见的导入和包含关键字如表 11-2 所示。

表 11-2 常见的导入和包含关键字

序号	关键字	描述
1	import_playbook	静态导入另一个 Playbook 文件，可以在当前Playbook 中使用导入的 Playbook 中定义的变量。与动态包含相比，静态导入不支持循环
2	import_tasks	静态导入一个或多个任务文件，可以在当前 Playbook 中使用导入的任务文件中定义的变量。与动态包含相比，静态导入不支持循环
3	import_role	静态导入一个或多个角色，可以在当前 Playbook 中使用导入的角色中定义的变量。与动态包含相比，静态导入不支持循环
4	include_tasks	动态包含一个或多个任务文件。可以与循环一起使用，对于循环中的每个项目，包含的任务文件将被执行一次。支持变量传递。与静态包含相比，动态包含无法在 --list-tags 中列出标签
5	include_role	动态包含一个或多个角色。可以与循环一起使用，对于循环中的每个项目，包含的角色将被执行一次。支持变量传递。与静态包含相比，动态包含无法在 --list-tags 中列出标签

（1）导入 Playbook

import_playbook 指令可以将包含 Play 列表的外部文件导入主 Playbook 中，它允许在主 Playbook 中导入一个或多个额外的 Playbook。通过使用 import_playbook 指令，可以将复杂的 Playbook 分解为多个模块化的部分，以提高其可维护性和可重用性。

由于导入的内容是一个完整的 Playbook，因此 import_playbook 功能只能在 Playbook 的顶层使用，不能在 Play 内使用。如果导入多个 Playbook，则它们将按照导入的顺序依次执行。

Ansible 项目中有两个 Playbook 文件，分别是 webserver.yml 和 database.yml，webserver.yml 包含 Web 服务器的自动化任务，database.yml 包含数据库服务器的自动化配置。在主 Playbook 中导入两个额外 Playbook 的示例如下。

```
- name: Prepare the web server
  import_playbook: webserver.yml
- name: Prepare the database server
  import_playbook: database.yml
```

（2）导入和包含任务

将任务分解到不同的任务文件中是组织复杂任务集或重用任务的好方法，任务文件只包含一个任务列表。以下示例为 common_tasks.yml 的任务文件，其中包含一些基本任务。

```
# common_tasks.yml
```

```
- name: placeholder foo
  command: /bin/foo
- name: placeholder bar
  command: /bin/bar
```

可以使用 import_tasks 关键字导入 common_tasks.yml 文件中的任务，或者使用 include_tasks 关键字包含 common_tasks.yml 文件中的任务。

```
tasks:
- import_tasks: common_tasks.yml
# 或者
- include_tasks: common_tasks.yml
```

也可以将变量传递给 import_tasks 关键字导入的任务文件。

```
tasks:
- import_tasks: wordpress.yml
  vars:
    wp_user: timmy
- import_tasks: wordpress.yml
  vars:
    wp_user: alice
- import_tasks: wordpress.yml
  vars:
    wp_user: bob
```

导入和包含任务是一种将复杂项目分解为更小的可重用部分的方式。但是在生产环境中，随着项目规模的增长、文件数量和复杂性的增加，自动化项目的执行逻辑和流程变得更加复杂，因此不推荐使用这种方式管理大项目。

11.2.2 角色简介

V11-2 角色简介

1. 角色基本概念

Ansible 的角色是一种组织和打包 Ansible 自动化内容的方式。通过遵循已知的文件结构，角色可以自动加载相关的变量、文件、任务、处理程序及其他组件。Ansible 角色将大型 Playbook 中的数百个任务分解为更小、离散且可组合的工作单元，从而使管理和维护自动化任务更加模块化、可重用和易于理解。角色提供了一种更有效的、结构化的方式来组织和共享 Ansible 自动化内容，使得整个自动化项目更加灵活和易于维护。

角色可以被多个 Playbook 重复使用，并根据需要进行定制和扩展，以实现更复杂的配置和部署方案。角色通常用于部署和配置应用程序或服务等，如 Web 服务器、数据库、负载均衡器、监控和日志服务器等。角色可以在不同的环境中使用，以确保应用程序或服务等在不同环境中的一致性和可靠性。

2. 角色目录结构

角色具有标准化的目录结构，主要包括 tasks、handlers、defaults、vars、files、templates、meta 等目录，它们包含角色的不同组成部分，如任务、处理程序、默认变量、变量、文件、模板、元数据等。角色主要目录和文件如表 11-3 所示。这种标准化的设计可以帮助开发者更好地组织和管理 Ansible 代码，提高自动化代码的可读性、可维护性和可重用性。

默认情况下，Ansible 会在角色的每个目录中查找 main.yml 文件的相关内容。Ansible 角色目录结构和任务文件如下。

```
roles/
    examplerole/
```

```
        tasks/
            main.yml
        handlers/
            main.yml
        templates/
            ntp.conf.j2
        files/
            bar.txt
            foo.sh
        vars/
            main.yml
        defaults/
            main.yml
        meta/
            main.yml
        library/
        module_utils/
        lookup_plugins/
```

表 11-3　角色主要目录和文件

序号	角色主要目录和文件	描述
1	tasks/main.yml	tasks 目录包含在角色中执行的主要任务列表，这些任务是角色的核心功能，将在部署过程中执行。在 main.yml 文件中，可以定义任务及其执行顺序，以及条件和循环语句等。例如，tasks/main.yml 包含角色要执行的主要操作，包括安装软件包、配置文件和服务等任务
2	handlers/main.yml	handlers 目录包含角色使用的处理程序列表。处理程序在任务执行过程中会触发某些动作，用于在任务结束后执行特定的操作，如重启服务或重新加载配置文件等
3	library/my_module.py	library 目录包含角色使用的模块列表，这些模块可以在角色的任务中使用。这些模块通常是 Python 脚本，可以为角色提供自定义功能
4	defaults/main.yml	defaults 目录包含角色变量的默认值列表，这些变量的优先级较低，可以被其他角色或 Playbook 的变量覆盖
5	vars/main.yml	vars 目录包含角色使用的其他变量列表，这些变量可以在角色的任务中使用，通常是为了提高角色的灵活性和可配置性而定义的
6	files/main.yml	files 目录包含角色使用的文件列表，如配置文件、脚本、二进制文件等，这些文件通常从控制节点传递到目标节点
7	templates/main.yml	templates 目录包含角色部署的 Jinja2 模板，模板是用于生成配置文件或其他文本文件的文件，可以在任务中使用 template 模块将模板复制到目标主机上
8	meta/main.yml	meta 目录包含角色的元数据列表，如角色的作者、版本、依赖项和支持的平台等信息，这些元数据可以帮助其他人理解角色的用途，还可以用于在 Ansible Galaxy 平台上发布和共享角色

3. 角色查找路径

默认情况下，Ansible 在以下位置查找角色。

（1）在集合中查找角色

如果正在使用集合，则 Ansible 会在集合中查找角色。集合是一种组织和共享 Ansible 内容的机制，其中包含角色、模块、插件、Playbook 等。

（2）在 Playbook 文件所在目录的 roles 目录中查找角色

如果在 Playbook 文件所在目录中有一个 roles 目录，则 Ansible 将在这个目录中查找角色。在 roles

目录中，每个角色都有自己的目录，并按照规定的目录结构组织。

（3）在配置的 roles_path 中查找角色

如果在 Playbook 文件所在目录的 roles 目录中没有找到角色，则会在 ansible.cfg 文件设置的 roles_path 中查找角色。roles_path 是 Ansible 用于查找角色的搜索路径，可以设置多个搜索路径，以冒号分隔，默认的 roles_path 为~/.ansible/roles:/usr/share/ansible/roles:/etc/ansible/roles。

（4）在 Playbook 文件所在目录中查找角色

如果无法在以上位置中找到角色，则 Ansible 将在 Playbook 文件所在目录中查找角色。

常见的方法是设置 roles_path 配置选项，roles_path 可指定 Ansible 查找角色的搜索路径，多个不同路径以冒号分隔，并按照优先级排列。在 roles_path 中，可以包含绝对路径或相对路径。roles_path 配置选项示例如下。

```
[defaults]
roles_path = /opt/ansible/roles:/home/user/ansible/roles:/etc/ansible/roles
```

在上述示例中，roles_path 设置了 3 个路径，并以冒号分隔。Ansible 会优先在 /opt/ansible/roles 目录中查找角色；如果在这个目录中没有找到所需的角色，则 Ansible 会继续在/home/user/ansible/roles 目录中查找；如果在前两个目录中都没有找到角色，则 Ansible 会在 /etc/ansible/roles 目录中查找。

4．在 Playbook 中使用角色

在 Ansible 中，使用角色有以下 3 种不同的方式，对于每个指定的角色，角色任务、角色处理程序、角色变量和角色依赖项将按照顺序导入 Playbook。角色中的任何 copy、template、include_tasks、import_tasks 任务等都可引用角色中相关的文件、模板或任务等，且无须相对路径或绝对路径。

（1）在 Play 级别使用 roles 关键字

在 Playbook 文件中，roles 关键字可以指定要在当前 Play 中使用的角色。

```
- name: Example playbook using roles
  hosts: web_servers
  roles:
    - common
    - web_app
```

在上述示例中，在当前 Play 中使用了两个角色，分别是 common 和 web_app。当 Ansible 执行这个 Play 时，它会查找这两个角色的任务，并按照指定的顺序依次执行它们。

（2）在 tasks 级别使用 include_role 关键字

使用 include_role 关键字可以在 Playbook 的任何位置动态地重用角色。

```
- name: Example playbook using include_role
  hosts: web_servers
  tasks:
    - name: Configure common settings
      include_role:
        name: common
    - name: Configure web app settings
      include_role:
        name: web_app
```

在上述示例中，在 Playbook 的 tasks 部分使用了 include_role 关键字来动态地重用角色。当 Ansible 执行这个 Playbook 时，它会按照指定的顺序执行相应任务，并动态地使用指定的角色。

（3）在 tasks 级别使用 import_role 关键字

使用 import_role 关键字可以在 Playbook 的任何位置静态地重用角色。

```
- name: Example playbook using import_role
```

```
  hosts: web_servers
  tasks:
    - name: Configure common settings
      import_role:
        name: common
    - name: Configure web app settings
      import_role:
        name: web_app
```

在上述示例中，在 Playbook 的 tasks 部分使用了 import_role 关键字来静态地重用角色。当 Ansible 执行这个 Playbook 时，它将始终使用指定的角色，并按照指定的顺序执行相应任务。

11.2.3 创建和使用角色

1. 创建角色目录并定义角色内容

Ansible 角色具有标准化的目录结构，可以使用标准 Linux 命令创建新角色所需的所有目录和文件，也可以通过 ansible-galaxy 命令行工具来自动执行新角色创建流程。基本的角色创建流程包括创建角色目录、定义角色和在 Playbook 中使用角色。

V11-3 创建和使用角色

（1）创建角色目录

使用 ansible-galaxy 命令行工具创建角色是一种快速和方便的方法。该工具可用于管理 Ansible 角色，包括新角色的创建、打包、发布等。

执行 ansible-galaxy init 命令来创建一个新角色的目录结构，将角色的名称作为参数传递给该命令，该命令将在当前工作目录中创建一个新角色的目录。

在项目目录（如 home/rhce/playbook/）中创建角色主目录 roles。

```
[rhce@ansible playbook]$ pwd
/home/rhce/playbook/
[rhce@ansible playbook]$ mkdir roles
[rhce@ansible playbook]$ ls
ansible.cfg  inventory  roles
```

在 ansible.cfg 文件中定义角色路径。

```
[rhce@ansible playbook]$ cat ansible.cfg
[defaults]
inventory=./inventory
remote_user=rhce
ask_pass=false
host_key_checking = False
roles_path=./roles
```

使用 ansible-galaxy init 命令初始化角色目录结构，并指定角色路径。

```
[rhce@ansible playbook]$ ansible-galaxy init --init-path  ./roles/  apache
- Role apache was created successfully
[rhce@ansible playbook]$ ls roles/apache/
defaults  files  handlers  meta  README.md  tasks  templates  tests  vars
[rhce@ansible playbook]$ tree roles/apache/
roles/apache/
├── defaults
│   └── main.yml
```

```
├── files
├── handlers
│   └── main.yml
├── meta
│   └── main.yml
├── README.md
├── tasks
│   └── main.yml
├── templates
├── tests
│   ├── inventory
│   └── test.yml
└── vars
    └── main.yml
8 directories, 8 files
```

使用 ansible-galaxy role list 命令查看角色信息。

```
[rhce@ansible playbook]$ ansible-galaxy role list
# /home/rhce/playbook/roles
- apache, (unknown version)
```

（2）定义角色

在 apache/defaults 目录的 main.yml 文件中定义要使用的变量，设置 httpd 的监听端口。

```
---
httpd_port: 80
...
```

在 apache/tasks 目录的 main.yml 文件中编写要执行的任务，包括安装 httpd、创建目录、复制配置文件和模板文件等任务。

```
---
- name: Install httpd
  yum:
    name: httpd
    state: latest
...
- name: index html file is installed
  template:
    src: index.html.j2
    dest: /var/www/html/index.html
    owner: apache
    group: apache
  notify:
    - Restart httpd
```

在 apache/handlers 目录的 main.yml 文件中定义处理程序，重启 httpd 服务。

```
---
- name: Restart httpd
```

```
    service:
      name: httpd
      state: restarted
```

在 apache/templates 目录中创建一个名为 index.html.j2 的 Jinja2 模板文件。

```
[rhce@ansible playbook]$ cat roles/apache/templates/index.html.j2
Welcome to {{ ansible_facts['fqdn'] }} on {{ ansible_facts['default_ipv4']
['address'] }}
```

（3）在 Playbook 中使用角色

编写 deploy_apache.yml 脚本，调用 apache 角色并执行自动化任务。

```
[rhce@ansible playbook]$ vim deploy_apache.yml
---
- name: use apache role playbook
  hosts: web
  roles:
    - apache
[rhce@ansible playbook]$ ansible-playbook deploy_apache.yml
```

2. 使用变量改变角色

编写良好的角色并利用默认变量来改变角色行为，使之与相关的配置场景相符，这有助于让角色变得更为通用，可在各种不同的上下文中重复利用。

在 Ansible 中可以通过多种方法为角色定义变量，主要方法如下。

（1）在角色默认变量文件中定义变量

在 web_server 角色 defaults/main.yml 文件中定义了一个名为 system_owner 的变量。如果使用其他方法重新定义了该变量，那么在应用角色时，该变量的值将被覆盖。

```
# roles/web_server/defaults/main.yml
system_owner: root
```

（2）在 group_vars 中定义变量

在 Playbook 的 group_vars 或 host_vars 目录下的 YAML 文件中定义了变量来覆盖角色的默认值。

```
# playbook/group_vars/all.yml
system_owner: rhce
```

（3）在 Playbook 的 vars 关键字中定义变量

使用 vars 关键字或在包含角色的 Play 的 roles 关键字中定义变量来覆盖角色的默认值。

```
---
- name: Example Playbook
  hosts: all
  vars:
    system_owner: someone@host.example.com
  roles:
    - role: web_server
      example_var: "{{ system_owner }}"
```

在上述示例中，变量 system_owner 会被定义并传递给 web_server 角色，以便在角色中使用。这个变量的优先级最高，将覆盖其他相同变量的定义。web_server 角色中的 example_var 变量的默认值将被覆盖为 someone@host.example.com。

（4）在 Playbook 的 roles 关键字中定义变量

```
- name: Example playbook
```

```
    hosts: all
    roles:
      - role: web_server
        system_owner: someone@host.example.com
```

在上述示例中，变量 system_owner 会被定义并传递给 web_server 角色，以便在角色中使用，这个变量仅适用于当前角色，不会影响其他角色或全局变量。

11.2.4 Ansible Galaxy 部署角色

V11-4 Ansible Galaxy 部署角色

1. Ansible Galaxy 简介

Ansible Galaxy 是 Ansible 社区维护的开源平台，用户可访问平台网站来搜索、评估、下载和共享 Ansible 角色及集合等内容，从而更快速地启动自动化项目。

Ansible Galaxy 主页如图 11-1 所示。在 Ansible Galaxy 主页上可以找到各种用于基础设施部署、应用程序部署以及日常任务管理的角色或集合，这些内容通常由社区成员创建、共享和维护。

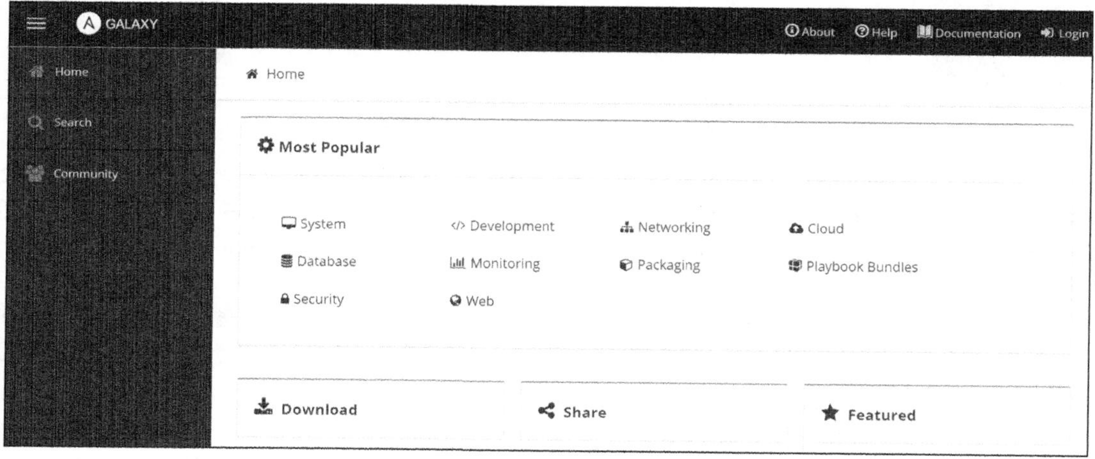

图 11-1 Ansible Galaxy 主页

通过单击 Ansible Galaxy 主页右上角的"Documentation"按钮，可以进入描述如何使用 Ansible Galaxy 的页面，其中包含如何从 Ansible Galaxy 下载和使用角色及集合的内容，该页面也提供关于如何开发角色和集合并上传到 Ansible Galaxy 的说明。

通过单击 Ansible Galaxy 主页上左侧的"Search"按钮，用户可以查看在 Ansible Galaxy 上发布的内容。以角色为例，通过角色的名称或通过其他角色属性来搜索 Ansible 角色，搜索结果会按照 Best Match 分数降序排列，此分数会依据角色质量、角色受欢迎程度、搜索条件进行计算，用户可以按照不同的标签、作者、星级和下载量等来筛选及排序搜索结果。

Ansible Galaxy 会统计各个角色和集合的下载次数，以及它们的 GitHub 存储库拥有的 watchers、forks 和 stars 的数量。用户可以根据这些信息来确定角色或者集合的开发活跃程度，以及 Ansible 角色或集合在社区中的受欢迎程度。

Ansible Galaxy 还提供了一些扩展功能，如评级、评论和标签等，可以帮助用户更好地了解和选择适用于自己项目的内容。通过搜索框右侧的"Filters"下拉菜单，可以按照 Collection、Role、Content Name、Download Count、Namespace Name、Tags、Platforms 等条件来搜索。图 11-2 所示为在执行 docker 关键字搜索并按照下载量排序后，Ansible Galaxy 的搜索结果。

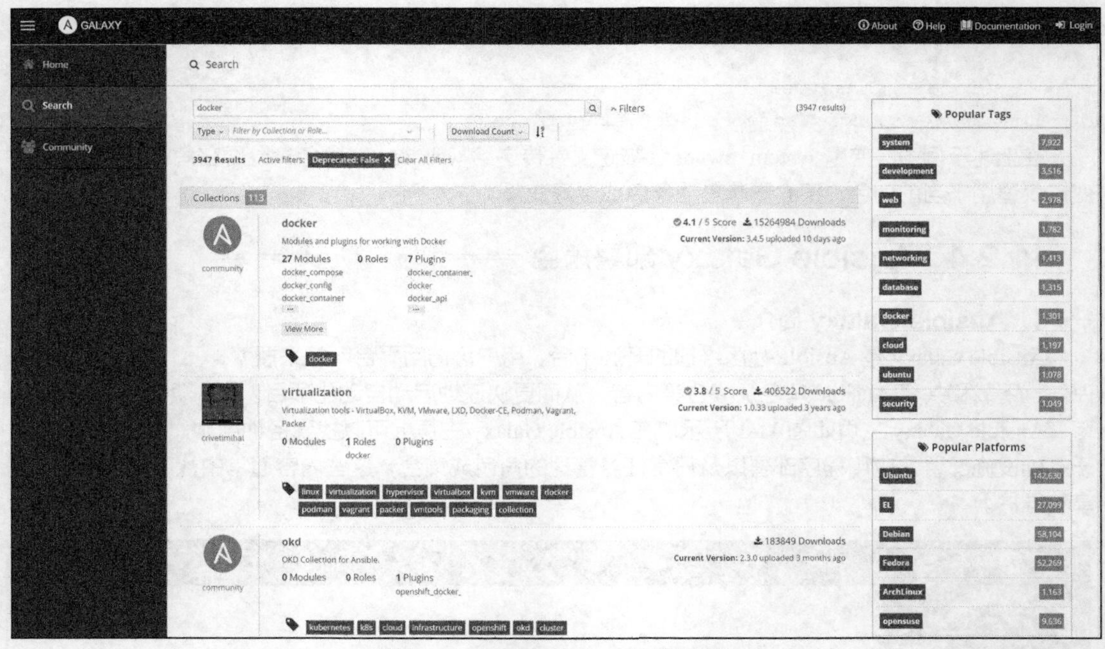

图 11-2　Ansible Galaxy 的搜索结果

提供的平台（Popular Platforms）值包括 EL、Fedora、Debian、Ubuntu 等 Linux 发行版。标签（Popular Tags）是角色作者设置的任意单词字符串，用于描述和分类角色，用户可以使用标签查找相关的角色，提供的标签值包括 system、development、web、monitoring、networking、database、docker、cloud、security 等。

使用 Ansible Galaxy 的搜索页面可以找到适用于用户项目的 Ansible 角色或者集合，然后按照说明文档将它们下载到 Ansible 管理主机上。同时，用户也可以通过 Ansible Galaxy 共享自己创建的 Ansible 内容，从而为整个社区做出贡献，帮助其他用户更好地利用 Ansible 实现自动化。

2. Ansible Galaxy 命令行工具

ansible-galaxy 命令是管理 Ansible 角色和集合的重要工具，可以用于创建、下载、发布、安装、删除、打包、搜索角色和集合等操作。

ansible-galaxy 命令的基本语法如下。

```
ansible-galaxy <subcommand> [options] [arguments]
```

其中，subcommand 表示要执行的子命令，可以是 collection 或 role；options 表示可选的命令选项，用于指定一些特定的行为或配置信息；arguments 表示子命令需要的参数，用于执行特定的操作。ansible-galaxy 命令中与 role 子命令相关的选项如表 11-4 所示。

表 11-4　ansible-galaxy 命令中与 role 子命令相关的选项

序号	选项	描述
1	role init	用于初始化新的 Ansible 角色。该命令会生成角色基本文件和目录结构，以便用户构建角色内容。例如，执行 ansible-galaxy role init myrole 命令，会在当前目录下创建一个名为 myrole 的角色，-init-path 参数可以指定角色创建的路径（默认为当前工作目录）
2	role list	列出所有已经安装的角色，以及它们的名称、作者和版本号。例如，执行 ansible-galaxy role list 命令，会列出所有已经安装的角色

续表

序号	选项	描述
3	role search	在 Ansible Galaxy 上搜索角色，可以根据名称、作者、标签等进行搜索。例如，执行 ansible-galaxy role search nginx 命令，将搜索名称包含 nginx 的角色；执行 ansible-galaxy role search --galaxy-tags web,nginx 命令，将按 web、nginx 标签搜索角色
4	role import	将一个已经存在于 GitHub 上的角色导入 Ansible Galaxy。该命令需要 GitHub 用户名和仓库名称作为参数，并通过 GitHub API 获取角色代码，然后将其上传到 Ansible Galaxy 上。例如，执行 ansible-galaxy role import github_username myrole --role-name mynewrole 命令，Ansible Galaxy 会创建一个名为 mynewrole 的新角色，并将 GitHub 仓库 github_username/myrole 中的代码上传到该角色中
5	role setup	用于在 Ansible Galaxy 中设置 GitHub 集成。通过设置 GitHub 集成，可以将 GitHub 存储库与 Ansible Galaxy 角色关联起来，以便在 GitHub 上进行代码更改时，自动更新 Ansible Galaxy 角色。 在执行 ansible-galaxy role setup 命令时，需要提供以下参数：source 用于指定 GitHub 集成的源，可以是 github 或 gitlab；github_user 用于指定 GitHub 用户名；github_repo 用于指定要与 Ansible Galaxy 角色关联的 GitHub 仓库名称；secret 用于指定验证 Webhook 的密钥
6	role info	用于获取角色的详细信息，包括作者、依赖项、标签、许可证、支持的平台等。例如，执行 ansible-galaxy role info rhel-system-roles.podman 命令后，显示结果如下： role: rhel-system-roles.podman description: Role for managing podman dependencies: [] galaxy_info: author: Richard Megginson rmeggins@redhat.com company: Red Hat, Inc. galaxy_tags: ['podman', 'containers'] license: MIT min_ansible_version: 2.9 platforms: [{'name': 'Fedora', 'versions': ['all']}, {'name': 'EL', 'versions': ['8', '9']}] path: ('/home/rhce/.ansible/roles', '/usr/share/ansible/roles', '/etc/ansible/roles') 其中包括角色的详细信息，如作者为 Richard Megginson，公司为 Red Hat, Inc.，标签为 podman 和 containers，许可证为 MIT， Ansible 最低版本为 2.9，支持的平台为 Fedora 和 EL 8、EL 9，并列出了 Ansible 角色搜索路径列表
7	role install	用于从 Ansible Galaxy 或其他源安装 Ansible 角色，执行该命令可以将角色下载到本地，并安装到指定的 Ansible 角色路径中，以便在 Ansible Playbook 中使用。例如，执行 ansible-galaxy role install geerlingguy.apache 命令，将从 Ansible Galaxy 安装 geerlingguy.apache 角色。如果默认情况下未指定角色路径，则该角色被安装在 /etc/ansible/roles 目录中。如果需要将其安装在其他位置，则可以通过 -p 或 --roles-path 参数指定，如 ansible-galaxy role install -p /path/to/roles geerlingguy.apache。如果指定的角色已经存在，但想要覆盖它，则可以使用 -f 或 --force 参数强制覆盖，如 ansible-galaxy role install -f geerlingguy.apache。执行 ansible-galaxy role install --role-file requirements.yml 命令，将从 requirements.yml 文件中读取角色列表，并将其安装在默认的 Ansible 角色路径中
8	role remove	用于从本地系统中删除一个或多个 Ansible 角色。该命令可以接收一个或多个角色名称作为参数，并将这些角色从指定的 Ansible 角色路径中删除。例如，执行 ansible-galaxy role remove apache mysql 命令，将删除名为 apache 和 mysql 的两个角色
9	role delete	用于从 Ansible Galaxy 上删除一个指定的角色。该命令需要指定要删除角色的 GitHub 用户名和存储库名称，以及使用可选的一些参数来设置操作。例如，执行 ansible-galaxy role delete geerlingguy apache 命令，将从 Ansible Galaxy 上删除 geerlingguy.apache 角色，该角色的存储库位于 GitHub 上的 geerlingguy/ansible-role-apache。删除角色是一个不可逆的操作。在执行此命令之前，请确保真正需要删除该角色，并且已经备份了该角色的相关文件

3. 使用 ansible-galaxy 命令管理角色

ansible-galaxy 命令是 Ansible 自带的工具，可用于从 Ansible Galaxy 或直接从基于 Git 的源代码管理（Source Code Management，SCM）安装角色。还可以使用它创建新角色、删除角色或在 Ansible Galaxy 网站上执行任务。

默认情况下，该命令行工具使用 https://galaxy.ansible.com 作为服务器地址与 Ansible Galaxy 网站 API 通信。如果用户在企业内部部署了私有 Ansible Galaxy 服务器，则可以使用--server 选项指定其地址或者使用 ansible.cfg 文件永久地设置 Ansible Galaxy 服务器选项。

安装角色前，可以在 Ansible Galaxy 上搜索需要安装的角色，或者通过命令搜索角色。

```
[rhce@control project-roles]$ ansible-galaxy search geerlingguy.mysql
Found 1 roles matching your search:
Name                    Description
----                    -----------
geerlingguy.mysql       MySQL Server - Install and configure MySQL server on
RHEL/CentOS and Debian/Ubuntu.
```

使用 ansible-galaxy install 命令安装角色。

```
[rhce@control project-roles]$ ansible-galaxy install geerlingguy.mysql
- downloading role 'mysql', owned by geerlingguy
- downloading role from https://galaxy.ansible.com/api/v2/roles/8341
- extracting geerlingguy.mysql to /etc/ansible/roles/geerlingguy.mysql
- geerlingguy.mysql (1.9.10) was installed successfully
```

使用 list 选项显示安装在 roles_path 中的每个角色的名称和版本信息。

```
[rhce@control project-roles]$ ansible-galaxy role list
# /home/rhce/ansible/project-roles/roles
- apache, (unknown version)
- haproxy, (unknown version)
- phpinfo, (unknown version)
- geerlingguy.mysql, 4.3.2
```

在 Playbook 文件中，通过 roles 关键字来指定使用 geerlingguy.mysql 角色。

```
- name: Install and configure MySQL server
  hosts: db_server
  become: true
  roles:
    - geerlingguy.mysql
```

使用 remove 选项从 roles_path 中删除 geerlingguy.mysql 角色。

```
[rhce@control project-roles]$ ansible-galaxy remove geerlingguy.mysql
- successfully removed geerlingguy.mysql
[rhce@control project-roles]$ ansible-galaxy role list
# /home/rhce/ansible/project-roles/roles
- apache, (unknown version)
- haproxy, (unknown version)
- phpinfo, (unknown version)
```

4. 使用 requirements.yml 文件安装角色

为了方便地管理和部署多个角色及其依赖项，可以在 requirements.yml 文件中定义角色及其版本号来自动下载并安装这些角色及其依赖项。requirements.yml 是一个 YAML 格式的文件，其中包含一个或多个角色及其版本号，文件中的角色可以设定一个或多个属性。其主要属性如表 11-5 所示。

表 11-5 requirements.yml 文件中的主要属性

序号	属性	描述
1	src	角色的来源，如果从 Ansible Galaxy 下载，则格式为 namespace.role_name，或者提供指向基于 Git 的 SCM 存储库的 URL
2	scm	指定版本控制系统，默认为 Git 方式。如果角色托管在 Ansible Galaxy 中，或者以 tar 归档形式托管在 Web 服务器上，则省略 scm 属性
3	version	指定下载的角色的版本，可以提供发布的标签值、提交的哈希值或分支名称。如果仓库中没有设置默认分支，则默认为 master 分支
4	name	将用指定的名称下载角色。从 Ansible Galaxy 下载时默认为 Ansible Galaxy 名称，否则默认为存储库的名称

在 requirements.yml 文件中，每个角色至少需要指定 src 属性，以表示角色的来源，其他属性（如 version、scm 和 name）是可选的，可以根据需要进行指定。以下是 requirements.yml 文件的具体示例。

```
- name: nginx
  src: geerlingguy.nginx
  version: 2.5.0
- name: mysql
  src: https://github.com/ansible/mysql.git
  scm: git
  version: 1.0.0
- name: apache
  src: geerlingguy.apache
- name: nginx
src: git+file:///home/bennojoy/nginx
# from a webserver, where the role is packaged in a tar.gz
- name: http-role-gz
  src: https://some.webserver.example.com/files/main.tar.gz
# from GitLab or other git-based scm, using git+ssh
- src: git@gitlab.company.com:mygroup/ansible-core.git
  scm: git
  version: "0.1"
```

上述示例中包含 6 个要安装的角色。第 1 个角色名为 nginx，来自 Ansible Galaxy 平台，指定版本为 2.5.0；第 2 个角色名为 mysql，来自 GitHub 上的 MySQL 仓库，指定版本为 1.0.0；第 3 个角色名为 apache，来自 Ansible Galaxy 平台，没有指定版本号；第 4 个角色来自本地克隆的 Git 仓库，使用了 git+file://协议，指定了本地仓库的完整路径；第 5 个角色名为 http-role-gz，以 tar.gz 格式打包，可以通过 HTTP URL 下载；第 6 个角色来自 GitLab 或其他基于 Git 的 SCM，使用了 git+SSH 协议，指定了 GitLab 上的 URL 和特定的版本号。

使用以下命令安装包含在 requirements.yml 中的角色，并将它们下载到默认的角色路径中。

```
ansible-galaxy install -r requirements.yml
```

如果不想使用默认的角色路径，则可以使用--roles-path 选项指定一个自定义路径。

```
ansible-galaxy install -r requirements.yml --roles-path /path/to/custom/roles
```

11.2.5 集合简介

V11-5 集合简介

1. 集合的基本概念

Ansible 自动化内容通常以 Playbook 或角色的形式进行组织和共享。随着 Ansible 的发展和应用场景的增多，这种方式已经变得不够灵活，也不便于扩展。

Ansible 集合提供了一种新的打包和分发 Ansible 内容的格式以及组织和共享 Ansible 内容的方法。一个集合可以包含多个 Ansible 角色、模块、插件、Playbook 等，这些内容可以组合在一起，形成一个单一的打包文件。集合提供了更好的版本控制和依赖管理功能，使用户可以更轻松地构建、共享和重复使用自动化任务和解决方案。

Ansible 2.9 及之后的版本支持 Ansible 集合。在 Ansible Base 2.10 和 Ansible Core 2.11 中，上游 Ansible 将大多数模块从核心 Ansible 代码中拆分出来，并将它们放入集合。Red Hat Ansible Automation Platform 2.2 基于 Ansible Core 2.13 提供自动化执行环境，继承了集合这一功能。

为了方便地指定集合及其内容的名称、防止命名冲突，Ansible 引入了名称空间的概念，供应商、合作伙伴、开发人员和内容创建者可以使用名称空间为其集合分配唯一的名称，避免与其他集合名称发生冲突。

名称空间是集合名称的第一部分，如 Ansible 社区维护的所有集合都在 community 名称空间中，并具有像 community.crypto、community.postgresql 和 community.rabbitmq 这样的集合名称。而红帽公司直接维护和支持的集合可以使用 redhat 名称空间，如 redhat.rhv、redhat.satellite 和 redhat.insights 这样的名称。通过名称空间，Ansible 可以更好地组织和管理集合，用户能更轻松地识别和区分它们。

集合可以由任何人创建，可以是公共的或私有的，并通过发行服务器（如 Ansible Galaxy、Pulp 3 Galaxy 服务器）进行共享和分发。公共集合可以在 Ansible Galaxy 上找到并安装，而私有集合可以通过私有 Automation Hub 实例进行分发。集合还可以在红帽自动化中心（Red Hat Automation Hub）上进行认证。经过红帽测试和认证后的集合，可作为企业级自动化解决方案的一部分。

2. 集合路径

在 Ansible 中，集合路径用于指定 Ansible 应该在哪些目录中查找集合。默认情况下，Ansible 会在以下目录中查找集合。

- /usr/share/ansible/collections。
- ~/.ansible/collections。
- ./collections。

其中，/usr/share/ansible/collections 目录是系统级别的集合目录；~/.ansible/collections 目录是用户级别的集合目录；./collections 目录是当前工作目录中的集合目录。

如果要将额外的集合路径添加到搜索路径中，则可以在 ansible.cfg 文件中指定 collections_path 选项来添加，它可以包含一个或多个以冒号分隔的目录路径。在查找集合时，Ansible 将按照指定的顺序搜索这些目录，并加载找到的第一个匹配的集合。如果未指定此选项，则使用默认的集合路径。

```
[defaults]
collections_path = /path/to/extra/collections:/another/path/to/collections
```

上述示例将添加/path/to/extra/collections 和/another/path/to/collections 两个目录到集合路径中。在搜索集合时，Ansible 将按照指定的顺序查找这些目录。

collections_scan_sys_path 选项用于设置是否在系统路径中扫描集合。如果将其设置为 False，则 Ansible 不会在系统路径中扫描集合；如果未指定此选项，则默认为 True。以下示例禁用了在系统路径中扫描集合。

```
[defaults]
collections_scan_sys_path = False
```

需要注意的是，如果禁用了在系统路径中扫描集合，则必须将所有需要使用的集合都添加到 collections_path 中，否则 Ansible 将无法找到这些集合。

在使用 Ansible Galaxy 安装集合时，可以使用 -p 或 --collections-path 参数指定集合安装路径。

```
ansible-galaxy collection install community.general -p /path/to/collections
```

3. 集合的目录结构

集合是一种可重用的 Ansible 内容，它包含模块、插件、角色和其他相关内容。集合的主要目录和文件如表 11-6 所示。在集合的根目录下有一个名为 galaxy.yml 的文件，这个文件包含 Ansible Galaxy 和其他工具打包、构建及发布集合所需的所有元数据。

表 11-6　集合的主要目录和文件

序号	主要目录和文件	描述
1	galaxy.yml	galaxy.yml 文件必须包含在集合的根目录下，用于定义集合的元数据信息，如名称、版本、作者、许可证等
2	docs	docs 目录包含集合的文档及示例
3	plugins	plugins 目录包含集合的插件，如模块、过滤器、动态发现脚本等
4	roles	roles 目录包含集合内的所有角色，每个角色都有一个独立的目录，包含该角色的所有文件和目录，如任务、变量、模板等
5	playbooks	playbooks 目录包含集合的 Playbook，每个 Playbook 都是一个独立的 YAML 文件
6	tests	tests 目录包含集合的测试文件，测试文件可以用于单元测试、集成测试等
7	meta	meta 目录包含关于集合的元数据信息，如依赖、支持的平台等
8	runtime.yml	runtime.yml 文件包含运行时配置信息，如要求的 Ansible 版本、依赖关系等

常见的 Ansible 集合目录结构如下。

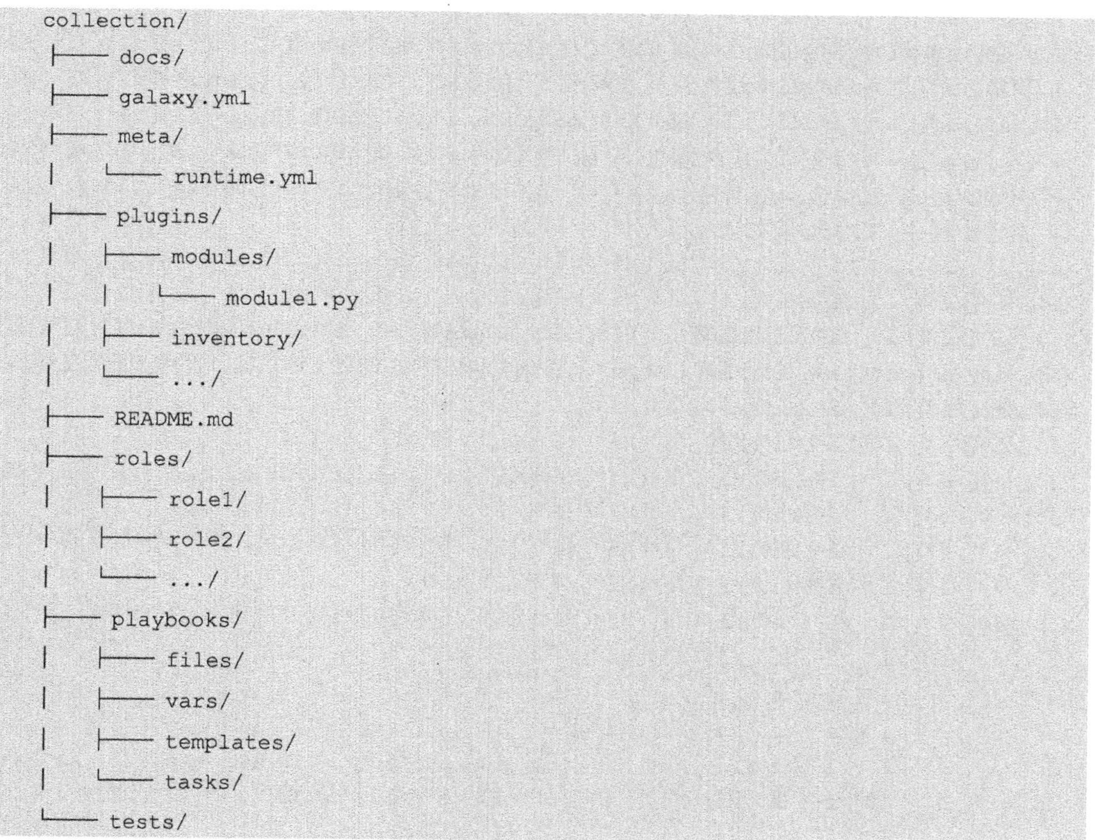

```
collection/
├── docs/
├── galaxy.yml
├── meta/
│   └── runtime.yml
├── plugins/
│   ├── modules/
│   │   └── module1.py
│   ├── inventory/
│   └── .../
├── README.md
├── roles/
│   ├── role1/
│   ├── role2/
│   └── .../
├── playbooks/
│   ├── files/
│   ├── vars/
│   ├── templates/
│   └── tasks/
└── tests/
```

4. 通过 ansible-galaxy 安装集合

默认情况下，ansible-galaxy collection install 使用 https://galaxy.ansible.com 作为 Ansible Galaxy 服

务器。如果使用非默认的 Ansible Galaxy 服务器，则需要在 ansible.cfg 中配置 Ansible Galaxy 服务器列表，或者使用 --server 参数在 server_list 中选择一个显式的 Ansible Galaxy 服务器，并且该参数的值应与服务器的名称匹配。如果使用的服务器不在服务器列表中，则需要将该值设置为访问该服务器的 URL，服务器列表中的所有服务器都将被忽略。

```
[galaxy]
# 取消此注释以使用用户自己的Ansible Galaxy服务器
# server_list = http://mygalaxyserver.com:80, https://galaxy.ansible.com
# server_list = https://galaxy.example.com
# 使用默认 Ansible Galaxy 服务器
server_list = https://galaxy.ansible.com
[galaxy]
server_list = my_org_hub, release_galaxy, test_galaxy, my_galaxy_ng
[galaxy_server.my_org_hub]
url=https://automation.my_org/
username=my_user
password=my_pass
[galaxy_server.release_galaxy]
url=https://galaxy.ansible.com/
token=my_token
```

从 Ansible Galaxy 中安装集合时，可以使用以下命令：

```
ansible-galaxy collection install my_namespace.my_collection
```

将集合升级为 Ansible Galaxy 服务器上最新的可用版本时，可以使用--upgrade 选项：

```
ansible-galaxy collection install my_namespace.my_collection --upgrade
```

ansible-galaxy 命令还可以从本地或远程 tar 归档文件或 Git 存储库中安装集合。Git 存储库必须有一个有效的 galaxy.yml 或 MANIFEST.json 文件，用于提供有关集合的元数据，如其名称空间和版本号。

从本地 tar 归档文件中安装集合：

```
ansible-galaxy collection install my_namespace-my_collection-1.0.0.tar.gz -p ./
collections
```

在上述示例中，已经在本地构建了一个名为 my_namespace.my_collection 的集合，并将其打包成一个名为 my_namespace-my_collection-1.0.0.tar.gz 的 tar 归档文件。使用上述命令，可将此归档文件安装到 Ansible 集合路径的./collections 目录中。

从远程 Git 存储库中安装集合：

```
ansible-galaxy collection install git+https://github.com/ansible-collections/
community.general.git,master
```

默认情况下，ansible-galaxy 会安装最新可用版本，如果要安装特定版本，则可以添加版本范围标识符，如要安装 3.4.3 版本的 community.docker 集合：

```
[rhce@control project]$ ansible-galaxy collection install community.docker:==
3.4.3 -p ./collections
Starting galaxy collection install process
Process install dependency map
Starting collection install process
Downloading https://galaxy.ansible.com/download/community-docker-3.4.3.tar.gz to
/home/rhce/.ansible/tmp/ansible-local-1650348s3o31sya/tmpeetss6is/community-docker
-3.4.3-m7sxdasw
Installing 'community.docker:3.4.3' to '/home/rhce/.ansible/collections/ansible_
collections/community/docker'
community.docker:3.4.3 was installed successfully
```

5. 通过 requirements.yml 安装集合

如果自动化项目需要额外的 Ansible 集合，则可以在项目目录中创建一个 collections/requirements.yml 文件，在其中列出项目所需的所有集合。自动化控制器会检测到该文件，并在执行 Playbook 之前自动安装指定的集合。

requirements.yml 文件是一个 YAML 文件，其中包含一个名为 collections 的字典键，它的值是要安装的集合列表，每个列表项还可以指定要安装的集合的特定版本。安装集合示例如下。

```
---
collections:
  - name: community.mysql
  - name: awx.awx
    version: 22.2.0
  - name: /opt/ansible/download/community-zabbix-2.0.0.tar.gz
  - name: http://www.opencloud.fun/collections/prometheus-0.5.0.tar.gz
  - name: git+https://github.com/ansible-collections/community.general.git
    version: main
```

ansible-galaxy 命令可以使用 collections/requirements.yml 文件来安装所有这些集合。使用-r 或--requirements-file 选项指定 requirements.yml 文件，并使用-p 或--collections 选项将 Ansible 内容集合安装到 collections 目录中。

```
[rhce@control project]$ ansible-galaxy collection install -r collections/
requirements.yml -p ./collections
```

在 ansible.cfg 文件中，可以指定一个或多个集合源，以定义 ansible-galaxy 命令从哪里获取 Ansible 内容集合，具体示例如下。

```
[galaxy]
server_list = https://my-automation-hub.com/api, galaxy
[galaxy_server.release_galaxy]
url=https://galaxy.ansible.com/
token=my_token
[galaxy_server.my_galaxy_ng]
url=http://my_galaxy_ng:8000/api/automation-hub/
auth_url=http://my_keycloak:8080/auth/protocol/openid-connect/token
client_id=galaxy-ng
token=my_keycloak_access_token
```

在上述示例中，[galaxy]配置段使用 server_list 选项指定了两个集合源，分别是私有 https://my-automation-hub.com/api 和 galaxy，ansible-galaxy 命令将按照配置的顺序依次尝试这些集合源来获取所需的 Ansible 集合。

6. 在 Playbook 中使用集合

（1）通过完全限定集合名称引用集合内容

将 Ansible 集合安装到自动化项目中以后，可以使用集合中的模块、角色及插件来执行任务，需要在 Playbook 中指定集合的名称、模块或角色的名称。示例代码如下。

```
- name: Example playbook using module from a collection
  hosts: localhost
  tasks:
    - name: Use module from a collection
      community.mysql.mysql_user:
        name: test
```

```
      password: secretpass
      login_unix_socket: /var/run/mysql.sock
    become: true
```

在上述示例中，community.mysql 是集合的名称，mysql_user 是模块的名称。

使用模块时，需要在模块名称前面添加集合名称，并使用点号分隔。在模块的选项中，可以指定模块所需的参数，这种引用方式适用于角色或分布在集合中的任何类型的插件，示例代码如下。

```
- hosts: all
  tasks:
    - import_role:
        name: my_namespace.my_collection.role1
    - my_namespace.mycollection.mymodule:
        option1: value
    - debug:
        msg:      '{{   lookup("my_namespace.my_collection.lookup1",'param1')    |
my_namespace.my_collection.filter1 }}'
```

（2）使用 collections 关键字简化模块名称

在角色的 meta/main.yml 文件中，可以使用 collections 关键字来定义角色所依赖的集合。通过在 collections 列表中指定集合的名称，可以控制 Ansible 在搜索角色所需的模块、操作或其他角色时应该搜索哪些集合。

```
# myrole/meta/main.yml
collections:
  - my_namespace.first_collection
  - my_namespace.second_collection
  - other_namespace.other_collection
```

11.3 项目实训

【实训任务】

本实训的主要任务是使用 ansible-galaxy 创建角色，编写使用变量、模板、任务和处理程序的角色内容，在 Playbook 中使用角色执行自动化任务，以及使用 ansible-galaxy 部署和管理集合等。

【实训目的】

（1）理解角色和集合的基本概念。

（2）掌握大项目管理方法，使用导入和包含方式管理自动化任务。

（3）理解角色目录结构，使用 ansible-galaxy 命令初始化角色。

（4）掌握角色内容的编写，使用 Playbook 执行角色内容。

（5）掌握集合部署和使用方式，使用 ansible-galaxy 命令部署集合。

【实训内容】

（1）创建自动化任务，在 Playbook 中导入和包含其他任务。

（2）使用 ansible-galaxy 初始化角色，编写角色内容实施自动化任务。

（3）创建角色，并在 Playbook 中使用角色内容。

（4）从 Ansible Galaxy 平台获取集合，在 Playbook 中使用集合内容。

【实训环境】

在进行本项目的实训操作前，提前准备好 Linux 操作系统环境，RHEL、CentOS Stream、Debian、Ubuntu、华为 openEuler、麒麟 openKylin 等常见 Linux 发行版都可以进行项目实训。实训任务的清单文件规模及 Linux 发行版可根据实际情况进行调整。

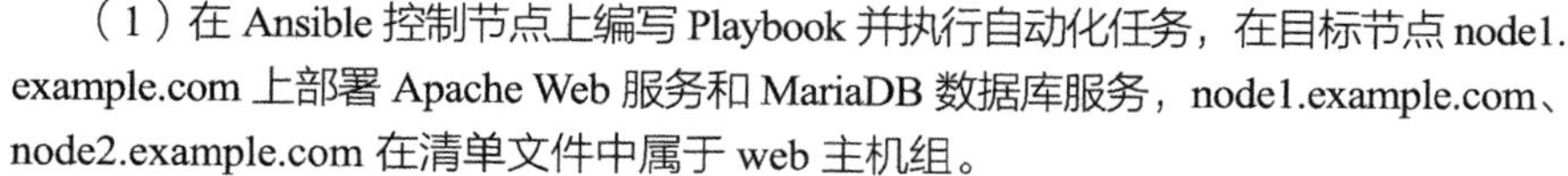

11.4 项目实施

任务 11.4.1 导入和包含任务

V11-6 实训-导入和包含任务

1. 任务描述

（1）在 Ansible 控制节点上编写 Playbook 并执行自动化任务，在目标节点 node1.example.com 上部署 Apache Web 服务和 MariaDB 数据库服务，node1.example.com、node2.example.com 在清单文件中属于 web 主机组。

（2）使用 copy 模块获取主机事实信息生成 index.html 文件，使用 service 模块启动并使用 httpd 和 mariadb-server 服务，使用 firewalld 模块设置防火墙规则。

（3）创建不同的任务文件和 Playbook 文件，并将其通过导入和包含方式导入主 Playbook。

2. 任务实施

（1）在 Ansible 控制节点上，以 rhce 用户身份将工作目录切换为用户家目录，创建 project 目录，并在 project 目录中创建 ansible.cfg 文件、清单文件、tasks 目录和 plays 目录。

```
[root@control ~]# su - rhce
[rhce@control ~]$ mkdir ~/project
[rhce@control ~]$ mkdir ~/project/tasks
[rhce@control ~]$ mkdir ~/project/plays
[rhce@control ~]$ cd ~/project
[rhce@control project]$ cat ansible.cfg
[defaults]
inventory=./inventory
remote_user=rhce
ask_pass=false
host_key_checking = False
[privilege_escalation]
become=true
become_method=sudo
become_user=root
become_ask_pass=false
[rhce@control project]$ cat inventory
[web]
node1.example.com
node2.example.com
```

（2）使用文本编辑器，在 tasks 目录中创建 provision.yml，在其中添加任务以安装 httpd 和 mariadb-server 软件包，开启这两个服务并将其设置为开机自启动。

```
[rhce@control project]$ vim tasks/provision.yml
- name: Install httpd package
  yum:
    name: "{{ apache_pkg }}"
    state: present
- name: Install database package
  yum:
    name: "{{ mariadb_pkg }}"
    state: present
```

```
  - name: Ensure httpd is started
    service:
      name: "{{ service_web }}"
      state: started
      enabled: true
  - name: Ensure database is started
    service:
      name: "{{ service_db }}"
      state: started
      enabled: true
```

（3）使用文本编辑器在 tasks 目录中创建 firewalld.yml，在其中添加任务以设置防火墙规则。

```
[rhce@control project]$ vim tasks/firewalld.yml
- name: Open firewall for http
  firewalld:
    service: "{{ item }}"
    permanent: true
    state: enabled
    immediate: yes
  loop: "{{ firewall_service }}"
```

（4）使用文本编辑器在 tasks 目录中创建 index.yml，在其中添加任务以复制 index.html 文件。

```
[rhce@control project]$ vim tasks/index.yml
- name: Copy index.html to remote node path
  copy :
    content: "Welcome to {{ ansible_hostname }} The ipv4 address is {{ ansible_
default_ipv4['address']}}"
    dest: "{{ index_path }}"
```

（5）使用文本编辑器在 plays 目录中创建 test.yml，使用 url 模块测试 Web 服务器是否可以正常访问，使用 debug 模块输出注册变量 test_info 的信息。

```
[rhce@control project]$ vim plays/test.yml
- name: Test apache web server
  hosts: localhost
  become: yes
  tasks:
    - name: connect to web server
      uri:
        url: "{{ test_url }}"
        validate_certs: no
        return_content: yes
        status_code: 200
      register: test_info
    - debug:
        var: test_info.content
```

（6）使用文本编辑器在项目目录中创建 playbook.yml，在其中添加任务以导入其他任务文件。

```
[rhce@control project]$ vim playbook.yml
---
- name: Deploy apache web server
  hosts: node1.example.com
```

```
    tasks:
      - name: Include the install httpd and mariadb task file and set the variables
        include_tasks: tasks/provision.yml
        vars:
          apache_pkg: httpd
          mariadb_pkg: mariadb-server
          service_web: httpd
          service_db: mariadb
      - name: Import the firewall task file and set the variables
        import_tasks: tasks/firewalld.yml
        vars:
          firewall_service:
            - http
            - mysql
      - name: Import the index task file and set the variable
        import_tasks: tasks/index.yml
        vars:
          index_path: /var/www/html/index.html
  - name: Import test play file and set the variable
    import_playbook: plays/test.yml
    vars:
      test_url: 'http://node1.example.com'
```

（7）执行 playbook.yml 自动化任务前，使用--syntax-check 选项验证 Playbook 语法是否正确。如果报告出现错误，则更正后再继续进行下一步操作；如果没有问题，则执行 Playbook 任务。

```
[rhce@control project]$ ansible-playbook playbook.yml --syntax-check
playbook: playbook.yml
[rhce@control project]$ ansible-playbook playbook.yml
```

（8）使用 curl 命令验证 node1.example.com 主机上的 httpd 服务是否可以访问。

```
[rhce@control jinjia2-httpd]$ curl node1.example.com
Welcome to node1 The ipv4 address is 172.31.32.21
```

任务 11.4.2　使用角色部署 Web 服务和代理服务

V11-7　实训-使用角色部署 Web 服务和代理服务

1. 任务描述

（1）在 Ansible 控制节点上创建角色以执行自动化任务，在目标节点 node1.example.com、node2.example.com 上部署 Web 服务，node1.example.com、node2.example.com 在清单文件中属于 web 主机组。在 node3.example.com 上部署 haproxy 服务，node3.example.com 在清单文件中属于 haproxy 主机组。

（2）创建 apache 角色，在角色目录中添加变量文件、模板文件、任务文件部署 Web 服务。

（3）创建 haproxy 角色，在角色目录中添加变量文件、模板文件、任务文件部署代理服务。

（4）创建 deploy-apache.yml、deploy-haproxy.yml，分别执行 apache、haproxy 角色任务。

2. 任务实施

（1）在 Ansible 控制节点上，以 rhce 用户身份将工作目录切换为用户家目录，创建 project-role 目录，并在 project-role 目录中创建 ansible.cfg 文件和清单文件。

```
[root@control ~]# su - rhce
[rhce@control ~]$ mkdir ~/project-role
```

```
[rhce@control ~]$ cd ~/project-role
[rhce@control project-role]$ cat ansible.cfg
[defaults]
inventory=./inventory
remote_user=rhce
ask_pass=false
host_key_checking = False
[privilege_escalation]
become=true
become_method=sudo
become_user=root
become_ask_pass=false
[rhce@control project-role]$ cat inventory
[web]
node1.example.com
node2.example.com
[haproxy]
node3.example.com
```

（2）在项目目录 project-role 中，创建 roles 目录用于保存角色。使用 ansible-galaxy 初始化 apache 角色目录结构，通过--init-path 选项将 apache 角色保存在 project-role/roles 目录中。在 ansible.cfg 文件的[defaults]配置段中，添加 roles_path 参数，以指定项目角色路径。

```
[rhce@control project-role]$ mkdir ~/project-role/roles
[rhce@control project-role]$ vi ansible.cfg
[defaults]
roles_path=/home/rhce/project-role/roles
[rhce@control project-role]$ ansible-galaxy role init apache --init-path ./roles/
- Role apche was created successfully
[rhce@control project-role]$ ls roles/
apache
```

（3）在 roles/apache/中，填充 apache 角色对应的变量文件、模板文件、任务文件内容。在 roles/apache/vars/main.yml 文件中添加任务变量。

```
[rhce@control project-role]$ cat roles/apache/vars/main.yml
---
# vars file for apache
apache_pkg: httpd
service_web: httpd
firewall_service: http
root_dir: /var/www/webcontent
jinja2_index: "index.j2"
index_path: /var/www/webcontent/index.html
vhost_conf: "httpd-vhost.j2"
vhost_path: /etc/httpd/conf.d/vhost.conf
rule: http
apache_listen_ip: "*"
apache_listen_port: 80
apache_allow_override: "All"
apache_options: "-Indexes +FollowSymLinks"
```

（4）在 roles/apache/templates/目录中，使用 Jinja2 格式引用事实变量和主机变量填充 httpd-vhost.j2 和 index.j2 模板文件内容。

```
[rhce@control project-role]$ cat roles/apache/templates/httpd-vhost.j2
{# Set up VirtualHosts #}
{% for vhost in groups['web'] %}
<VirtualHost {{ apache_listen_ip }}:{{ apache_listen_port }}>
  ServerName {{ hostvars[vhost]['inventory_hostname'] }}
  DocumentRoot "{{ root_dir }}"
  <Directory "{{ root_dir }}">
    AllowOverride {{ vhost.allow_override | default(apache_allow_override) }}
    Options {{ vhost.options | default(apache_options) }}
    Require all granted
    DirectoryIndex index.php index.html
  </Directory>
</VirtualHost>
{% endfor %}
[rhce@control project-role]$ cat roles/apache/templates/index.j2
Welcome to {{ ansible_hostname }}
-The ipv4 address is {{ ansible_default_ipv4['address']}}
-The current memory usage is {{ ansible_memory_mb['real']['used']}}mb out of
{{ ansible_memory_mb['real']['total']}}mb
```

（5）在 roles/apache/tasks/main.yml 文件中，添加 apache 角色任务内容，主要涉及 yum、service、file、template、firewalld 等模块。

```
[rhce@control project-role]$ cat roles/apache/tasks/main.yml
- name: Install httpd and mariadb-server package
  yum:
    name: "{{ apache_pkg }}"
    state: present
- name: Ensure httpd is started
  service:
    name: "{{ service_web }}"
    state: started
    enabled: true
- name: Create Webcontent Dir
  file:
    path: "{{ root_dir }}"
    state: directory
    mode: '2775'
- name: Copy index.j2 to remote node path
  template:
    src: "{{ jinja2_index }}"
    dest: "{{ index_path }}"
- name: Install policycoreutils-python
  yum:
    name: python3-policycoreutils
    state: present
- name: Set SELinux Context on Directory
  sefcontext:
```

```
      target: "{{ root_dir }}(/.*)?"
      setype: httpd_sys_content_t
      state: present
  - name: Open firewall for http
    firewalld:
      service: "{{ firewall_service }}"
      permanent: true
      state: enabled
      immediate: yes
  - name: Copy vhost.j2 to remote node path
    template:
      src: "{{ vhost_conf }}"
      dest: "{{ vhost_path }}"
    notify: "restart apache"
```

（6）在 roles/apache/handlers/main.yml 文件中，添加任务处理程序，并监听“restart apache”事件，接收 template 模块的通知后，执行重启任务使配置生效。

```
[rhce@control project-role]$ cat roles/apache/handlers/main.yml
---
# handlers file for apache
- name: restart web service
  service:
    name: "{{ service_web }}"
    state: restarted
  listen: "restart apache"
```

（7）在项目目录中创建 Playbook deploy-apache.yml，在其中引用 apache 角色，以执行自动化任务。

```
[rhce@control project-role]$ cat deploy-apache.yml
- name: deploy apache web
  hosts: web
  roles:
    - apache
```

（8）执行 deploy-apache.yml 自动化任务前，使用--syntax-check 选项验证 Playbook 语法是否正确。如果报告出现错误，则更正后再继续进行下一步操作，如果没有问题，则执行 Playbook 任务。

```
[rhce@control project-role]$ ansible-playbook deploy-apache.yml --syntax-check
playbook: deploy-apache.yml
[rhce@control project-role]$ ansible-playbook httpd.yml
```

（9）使用 curl 命令验证 node1.example.com、node2.example.com 主机上的 httpd 服务是否可以访问。

```
[rhce@control project-role]$ curl node1.example.com
Welcome to node1
-The ipv4 address is 172.31.32.111
-The current memory usage is 605mb out of 3910mb
[rhce@control project-role]$ curl node2.example.com
Welcome to node2
-The ipv4 address is 172.31.32.112
-The current memory usage is 605mb out of 3910mb
```

（10）在项目目录 project-role 中，使用 ansible-galaxy 初始化 haproxy 角色目录结构，通过--init-path 选项将 haproxy 角色保存在 project-role/roles 目录中。

```
[rhce@control project-role]$ ansible-galaxy role init haproxy --init-path ./roles/
- Role haproxy was created successfully
[rhce@control project-role]$ ls roles/
apache haproxy
[rhce@control project-role]$ tree roles/haproxy/
roles/haproxy/
├── defaults
│   └── main.yml
├── files
├── handlers
│   └── main.yml
├── meta
│   └── main.yml
├── README.md
├── tasks
│   └── main.yml
├── templates
│   └── vhost.j2
├── tests
│   ├── inventory
│   └── test.yml
└── vars
    └── main.yml
8 directories, 9 files
```

（11）在 roles/haproxy/中，填充 haproxy 角色对应的变量文件、模板文件、任务文件内容。在 roles/haproxy/vars/main.yml 文件中添加任务变量。

```
[rhce@control project-role]$ cat roles/haproxy/vars/main.yml
---
# vars file for haproxy
apache_listen_ip: "*"
apache_listen_port: 80
firewall_service: http
```

（12）在 roles/haproxy/templates/目录中，使用 Jinja2 格式引用事实变量和主机变量填充 vhost.j2 模板文件内容。

```
[rhce@control project-role]$ cat roles/haproxy/templates/vhost.j2
frontend http-in
    # listen 80 port
    bind {{ apache_listen_ip }}:{{ apache_listen_port }}
    # set default backend
    default_backend    backend_servers
    # send X-Forwarded-For header
    option             forwardfor
# define backend
```

```
backend backend_servers
    # balance with roundrobin
    balance          roundrobin
    # define backend servers
    {% for vhost in groups['web'] %}
    server {{ hostvars[vhost]['inventory_hostname'].split('.')[0] | join('') }}
{{  hostvars[vhost]['ansible_default_ipv4']['address']  }}:{{apache_listen_port}}
check
    {% endfor %}
# define backend
```

（13）在 roles/haproxy/tasks/main.yml 文件中，添加 haproxy 角色任务内容，主要涉及 yum、service、firewalld 等模块。

```
[rhce@control project-role]$ cat roles/haproxy/tasks/main.yml
---
# tasks file for haproxy
- name: run task on haproxy node
  block:
    - name: Installs haproxy load balancer
      yum:
        name: haproxy
        state: present
    - name: Ensure haproxy service start
      service:
        name: haproxy
        state: started
        enabled: true
    - name: Open firewall for http
      firewalld:
        service: "{{ firewall_service }}"
        permanent: true
        state: enabled
        immediate: yes
  when: inventory_hostname == 'node3.example.com'
  always:
    - name: Copy haproxy.j2 to haproxy node
      template:
        src: vhost.j2
        dest: /etc/haproxy/conf.d/vhost.cfg
      when: inventory_hostname == 'node3.example.com'
      notify:
        - restart haproxy
```

（14）在 cat roles/haproxy/handlers/main.yml 文件中，添加任务处理程序 restart haproxy，接收 template 模块的通知后，执行重启任务使配置生效。

```
[rhce@control project-role]$ cat roles/haproxy/handlers/main.yml
---
# handlers file for haproxy
- name: restart haproxy
  service:
```

```
        name: haproxy
        state: restarted
```

（15）在项目目录中，创建 Playbook deploy-haproxy.yml，在其中引用 haproxy 角色，以执行自动化任务。

```
[rhce@control project-role]$ cat deploy-haproxy.yml
- name: deploy haproxy balance
  hosts: web,haproxy
  roles:
    - haproxy
```

（16）执行 deploy-haproxy.yml 自动化任务前，使用--syntax-check 选项验证 Playbook 语法是否正确。如果报告出现错误，则更正后再继续进行下一步操作；如果没有问题，则执行 Playbook 任务。

```
[rhce@control project-role]$ ansible-playbook deploy-haproxy.yml --syntax-check
playbook: deploy-haproxy.yml
[rhce@control project-role]$ ansible-playbook deploy-haproxy.yml
```

（17）使用 curl 命令验证 node3.example.com 主机上的 haproxy 服务器是否可以代理 node1.example.com 和 node2.example.com 上的 Web 服务。

```
[rhce@control project-role]$ curl node3.example.com
Welcome to node1
-The ipv4 address is 172.31.32.111
-The current memory usage is 537mb out of 3910mb
[rhce@control project-role]$ curl node3.example.com
Welcome to node2
-The ipv4 address is 172.31.32.112
-The current memory usage is 537mb out of 3910mb
```

任务 11.4.3 使用集合执行自动化任务

V11-8 实训-使用集合执行自动化任务

1. 任务描述

（1）在 Ansible 控制节点上，从 Ansible Galaxy 平台下载并安装 linux_system_roles 集合，使用集合中的 timesync 角色，创建时间同步和设置时区自动化任务。

（2）在 Ansible 控制节点上，从 Ansible Galaxy 平台下载并安装 mysql 集合，使用集合中的 mysql_user、mysql_db 角色，创建添加数据库用户和数据库自动化任务。

（3）编写 Playbook 并执行自动化任务，在目标节点 node1.example.com 上执行时间同步任务，时间同步服务器为 ntp1.aliyun.com。

（4）编写 Playbook 并执行自动化任务，在目标节点 node1.example.com 上部署 MySQL 数据库，使用 mysql 集合中的角色添加数据库用户和数据库。

2. 任务实施

（1）在 Ansible 控制节点上，以 rhce 用户身份将工作目录切换为用户家目录，创建 project-collect 目录，并在 project-collect 目录中创建 ansible.cfg 文件、清单文件和 mycollections 目录。

```
[root@control ~]# su - rhce
[rhce@control ~]$ mkdir ~/project-collect
[rhce@control ~]$ cd ~/project-collect
[rhce@control ~]$ mkdir ~/project-collect/mycollections
[rhce@control project-collect]$ cat ansible.cfg
[defaults]
```

```
inventory=./inventory
remote_user=rhce
ask_pass=false
host_key_checking = False
[privilege_escalation]
become=true
become_method=sudo
become_user=root
become_ask_pass=false
[rhce@control jinja2-haproxy]$ cat inventory
[web]
node1.example.com
```

（2）在项目目录 project-collect 中，使用 ansible-galaxy 命令从 Ansible Galaxy 平台下载并安装 linux_system_roles、mysql 集合，并将集合安装到 project-collect/mycollections 目录中。在 ansible.cfg 文件的[defaults]配置段中，添加 collections_path 参数，以指定项目集合路径。

```
[rhce@control project-collect]$ vi ansible.cfg
collections_scan_sys_path=false
collections_path=./mycollections
[rhce@control project-collect]$ ansible-galaxy collection install fedora.linux_
system_roles
[rhce@control project-collect]$ ansible-galaxy collection install fedora.linux_
system_roles -p mycollections/
[rhce@control project-collect]$ ansible-galaxy collection install community.mysql
Starting galaxy collection install process
community.mysql:3.7.0 was installed successfully
[rhce@control project-collect]$ ansible-galaxy collection list
# /home/rhce/ansible/project-collect/mycollections/ansible_collections
Collection                 Version
-------------------------- -------
ansible.posix              1.5.4
community.general          7.0.0
community.mysql            3.7.0
containers.podman          1.10.1
fedora.linux_system_roles 1.38.1
```

（3）在项目目录 project-collect 中，创建 group_vars 目录，并创建 group_vars/all 目录，在该目录中添加 timesync.yml、timezone.yml 变量文件，用于时间同步角色自动化任务。

```
[rhce@control project-collect]$ cat group_vars/all/timesync.yml
---
#redhat.rhel-system-roles.timesync variables for all hosts
timesync_ntp_provider: chrony
timesync_ntp_servers:
  - hostname: ntp1.aliyun.com
    iburst: yes
[rhce@node5 project-collect]$ cat group_vars/all/timezone.yml
host_timezone: Europe/Helsinki
```

（4）在项目目录 project-collect 中，创建 Playbook deploy-timesync.yml，在其中添加自动化任务，引用 linux_system_roles 集合中的 timesync 角色，以完成时间同步和设置时区任务。

```
[rhce@control project-collect]$ cat deploy-timesync.yml
- name: Time Synchronization
  hosts: web
  roles:
    - fedora.linux_system_roles.timesync
  post_tasks:
    - name: Get time zone
      ansible.builtin.command: timedatectl show
      register: current_timezone
      changed_when: false
    - name: Set time zone
      shell: "timedatectl set-timezone {{ host_timezone }}"
      notify: restart chronyd
  handlers:
    - name: restart chronyd
      service:
        name: chronyd
        state: restarted
[rhce@control project-collect]$ ansible-playbook deploy-timesync.yml
```

（5）验证 node1.example.com 目标主机上的时间和时区是否满足任务要求。

```
[rhce@control project-collect]$ ansible node1.example.com -m shell -a 'timedatectl'
node1.example.com | CHANGED | rc=0 >>
               Local time: Wed 2023-05-17 18:11:55 EEST
           Universal time: Wed 2023-05-17 15:11:55 UTC
                 RTC time: Wed 2023-05-17 15:11:55
                Time zone: Europe/Helsinki (EEST, +0300)
System clock synchronized: yes
              NTP service: active
          RTC in local TZ: no
ansible node1.example.com -m shell -a 'chronyc sources -v'
[rhce@control project-collect]$ ansible node1.example.com -m shell -a 'chronyc
sources -v'
node1.example.com | CHANGED | rc=0 >>
MS Name/IP address         Stratum Poll Reach LastRx Last sample
===============================================================================
^* 120.25.115.20                 2   6     177    46   -288us[ -281us] +/-   14ms
```

（6）在项目目录 project-collect 中，创建 Playbook deploy-db.yml，在其中添加自动化任务，以安装并部署 MySQL 数据库，引用 mysql 集合中的 mysql_user、mysql_db 角色，执行自动化任务，完成添加数据库用户和创建数据库任务。

```
[rhce@control project-collect]$ cat deploy-db.yml
---
- name: Configure databse
  hosts: node1.example.com
  tasks:
    - name: Install mysql-server and mysql on remote node
      yum:
        name: "{{ item }}"
        state: present
```

```
        loop:
          - mysql-server
          - mysql
      - name: Ensure mysql service is start
        service:
          name: mysqld
          state: started
          enabled: yes
      - name: Set fireall rule for mysql
        firewalld:
          service: mysql
          state: enabled
          immediate: yes
          permanent: yes
      - name: Install python pip on remote node
        yum:
          name: python3-pip
          state: latest
      - name: Create directory pip
        file:
          name: /home/rhce/.pip
          state: directory
      - name: Set block content for pip.conf
        blockinfile:
          path: /home/rhce/.pip/pip.conf
          create: yes
          block: |
            [global]
            timeout = 6000
            index-url = https://pypi.tuna.tsinghua.edu.cn/simple
            trusted-host = pypi.tuna.tsinghua.edu.cn
      - name: Update pip version
        shell: pip3 install --upgrade pip
      - name: Install mysql require module with pip
        pip:
          name: PyMySQL
          state: present
          executable: /usr/bin/pip3
      - name: Create a new database with name 'alexdata'
        community.mysql.mysql_db:
          name: alexdata
          state: present
          login_user: root
      - name: Create database user with password and all database privileges and 'WITH
GRANT OPTION'
        community.mysql.mysql_user:
          name: openeuler
          password: huaweilinux
          priv: '*.*:ALL,GRANT'
```

```
        state: present
  login_user: root
  column_case_sensitive: false
    - name: Create a new database with name 'openstack'
      community.mysql.mysql_db:
        name: openstack
        state: present
        login_user: openeuler
        login_password: huaweilinux
[rhce@control project-collect]$ ansible-playbook deploy-db.yml
```

（7）登录 node1.example.com 目标主机，查看数据库用户及数据库信息，以验证是否满足任务要求。

```
[rhce@control project-collect]$ ssh rhce@node1.example.com
[rhce@node1 ~]$ sudo mysql -u openeuler -p
# 输入密码 huaweilinux
MariaDB [(none)]> select user from mysql.user;
MariaDB [(none)]> show databases;
```

项目练习题

1. 选择题

（1）在 Ansible 中，角色是一组相关的任务、变量和模板的集合，用于组织和管理复杂的项目。角色的主要目的是（　　）。

A. 实现单个任务的自动化

B. 管理和维护 Ansible Galaxy 资源库

C. 将任务、变量和模板组织在一起，以实现模块化和可重用的自动化任务

D. 在 Playbook 中定义主机和主机组

（2）关于 ansible-galaxy 命令的功能，以下描述正确的是（　　）。

A. 安装和管理 Ansible 角色和集合　　B. 安装和管理 Ansible 模块

C. 创建和管理 Ansible Playbook　　D. 下载和管理 Ansible 官方文档

（3）假设要在 Ansible Galaxy 平台上找到一个名为 apache 的角色，并希望在 Playbook 中使用该角色，则可以从 Ansible Galaxy 平台下载并安装该角色的命令是（　　）。

A. ansible-galaxy install apache　　B. ansible-galaxy get apache

C. ansible-galaxy role install apache　　D. ansible-galaxy add apache

（4）查找 Ansible Galaxy 平台上所有与 mysql 相关的角色，应该执行的命令是（　　）。

A. ansible-galaxy list mysql　　B. ansible-galaxy find mysql

C. ansible-galaxy search mysql　　D. ansible-galaxy query mysql

（5）使用 ansible-galaxy 命令将一个角色安装到指定的目录，应该执行的命令是（　　）。

A. ansible-galaxy install roles -p /path/to/directory

B. ansible-galaxy get role_name -d /path/to/directory

C. ansible-galaxy role install role_name -p /path/to/directory

D. ansible-galaxy add role_name --to-path /path/to/directory

（6）通过 ansible-galaxy 命令初始化一个新的角色，创建角色的基本目录结构应该使用的选项是（　　）。

A. init　　B. setup　　C. install　　D. info

（7）在 Ansible Playbook 中，forks 关键字的值越大，意味着（　　）。

A．同时执行的任务数量越少　　B．同时执行的任务数量越多

C．对目标主机的负荷越轻　　D．对目标主机的负荷越重

（8）如果 Playbook 同时执行的任务数超过了目标主机的处理能力，则可能会导致（　　）。

A．Playbook 执行失败　　B．目标主机响应缓慢

C．任务执行速度更快　　D．Playbook 会跳过剩余的任务

（9）假设有一个包含 10 个服务器的主机组，希望同时在 2 个服务器上并行执行任务，并依次在其他服务器上执行，则实现方法为（　　）。

A．forks: 2　　B．fork: 2　　C．serial: 2　　D．serials: 2

2. 实训题

（1）某企业需要使用 Ansible 角色来部署和管理 MySQL 数据库。请创建一个名为 mysql_server 的 Ansible 角色，用于实现 MySQL 数据库的自动化部署和管理，确保角色可以在多个目标服务器上同时部署和配置 MySQL，并能够灵活地管理 MySQL 用户和数据库。

（2）某企业需要使用 Ansible 角色来部署 Ghost 网站管理系统。Ghost 是一种现代的开源博客平台，用于创建和发布内容。请编写一个 Ansible Playbook，并创建一个名为 ghost_web 的 Ansible 角色，用于实现 Ghost 网站的自动化部署和配置。

项目 12 Ansible自动化管理

12

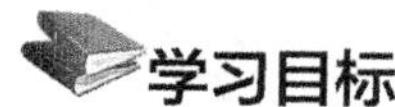

学习目标

【知识目标】

- 了解软件包管理模块、用户和身份验证管理模块的主要功能。
- 了解系统和服务管理模块、磁盘存储管理模块的主要功能。
- 了解网络配置管理模块的主要功能。
- 了解 Docker 容器自动化管理模块主要功能。

【技能目标】

- 掌握软件包管理模块的使用方法。
- 掌握文件管理模块的使用方法。
- 掌握用户和身份验证管理模块的使用方法。
- 掌握系统和服务管理模块的使用方法。
- 掌握磁盘存储管理模块的使用方法。

【素质目标】

- 培养读者的独立思考能力和逻辑思维能力，使其能够运用逻辑思维解决复杂问题。
- 培养读者的信息素养和学习能力，使其能够灵活运用正确的学习方法和技巧，快速掌握新知识和技能，不断学习和进步。
- 培养读者诚信、务实和严谨的职业素养，使其在自动化管理工作中保持诚信态度，踏实工作，严谨细致，提高服务质量和工作效率。

12.1 项目描述

Ansible 在系统管理方面提供了众多的功能和模块，可用于自动化配置、部署和管理各种操作系统、服务和应用程序。它提供了丰富的系统管理模块，涉及文件管理、用户管理、软件包管理、服务管理等，能够轻松地管理和维护整个系统。在网络自动化管理方面，Ansible 提供了强大的模块和功能，可以实现自动配置和管理网络设备、网络拓扑和网络服务等。Ansible 支持多种网络设备厂商，包括华为、思科、Juniper 等，并提供了丰富的网络管理模块，涉及接口配置、路由配置、访问控制列表（Access Control List，ACL）配置、VLAN 配置等。在 Docker 容器自动化管理方面，Ansible 提供了模块和插件来管理 Docker 容器和容器网络，可以通过 Docker API 与 Docker 守护进程进行通信，实现容器的创建、启动、停止和删除等操作。

本项目主要介绍 Ansible 软件包管理、用户和身份验证管理、系统和服务管理、磁盘存储管理、文件管理、网络配置管理、网络设备自动化管理、Docker 容器自动化管理等方面的模块，并在 Playbook 中使用常用的模块实现自动化任务管理。

12.2 知识准备

12.2.1 常用的自动化管理模块

1. 软件包管理模块

软件包管理模块可以通过自动化的方式在远程主机上安装、升级、卸载软件包，同时还可以管理软件包的依赖关系。这些模块支持各种操作系统和软件包管理系统，主要包括 apt、yum、dnf、pip、npm、yarn 等，它们可以与各种软件包管理工具集成，提供管理各种软件包的功能，从而加快软件包部署和配置的速度，提高效率。

V12-1 常用的自动化管理模块

（1）pip 模块

pip 模块是用于管理 Python 包的模块。它可以用来安装、卸载、更新 Python 包，以及安装指定版本的 Python 包。其主要参数或选项如表 12-1 所示。

表 12-1 pip 模块主要参数或选项

主要参数或选项	示例

name：指定 Python 包的名称。
version：指定 Python 包的版本号。
state：指定 Python 包的状态，可选项有 present、absent、latest 等。
virtualenv：指定安装 Python 包的虚拟环境路径。
requirements：指定安装的 Python 包清单文件的路径。
extra_args：指定要传递给 pip 命令的额外参数。
executable：指定用于安装 Python 包的 Python 可执行文件路径
	- name: Install bottle python package
	  ansible.builtin.pip:
	    name: bottle
	- name: Install bottle python package on version 0.11
	  ansible.builtin.pip:
	    name: bottle==0.11
	- name: Install bottle python package with version specifiers
	  ansible.builtin.pip:
	    name: bottle>0.10,<0.20,!=0.11

（2）yum 模块

yum 模块是用于管理 Fedora、RHEL、CentOS、华为 openEuler 等 Linux 操作系统上的软件包的模块。它可以用于安装、升级、删除和查询软件包。其主要参数或选项如表 12-2 所示。

表 12-2 yum 模块主要参数或选项

主要参数或选项	示例

name: 指定软件包的名称。
state: 指定软件包的状态，可选项有 present、absent、latest 等。
enablerepo: 指定要启用的 yum 源的名称。
disablerepo: 指定要禁用的 yum 源的名称。
installroot: 指定安装软件包时使用的根目录。
update_cache: 是否更新 yum 缓存。
	- name: Install the latest version of Apache
	  ansible.builtin.yum:
	    name: httpd
	  state: latest
	- name: Upgrade all packages
	  ansible.builtin.yum:
	    name: '*'

续表

主要参数或选项	示例

disable_gpg_check：是否禁用 GPG 检查。
download_only：设置 yum 是否仅下载软件包。
download_dir：指定软件包下载后的本地保存路径
	- name: Install the latest version of Apache
	  ansible.builtin.yum:
	    name: httpd
	  state: latest
	- name: Upgrade all packages
	  ansible.builtin.yum:
	    name: '*'
	    state: latest

（3）yum_repository 模块

yum_repository 模块是用于在 CentOS、RHEL 等基于 yum 包管理器的 Linux 操作系统上创建、编辑和删除 yum 存储库的模块。其主要参数或选项如表 12-3 所示。

表 12-3　yum_repository 模块主要参数或选项

主要参数或选项	示例

name：指定 yum 仓库的名称。
description：指定 yum 仓库的描述信息。
baseurl：指定 yum 仓库的 URL。baseurl 用于指定单个 URL，而 mirrorlist 用于指定一个 URL 列表，以便自动选择下载速度最快的镜像。
enabled：指定是否启用该 yum 仓库。
gpgcheck：指定是否对从该 yum 仓库下载的软件包进行 GPG 密钥验证。
gpgkey：指定 GPG 密钥的 URL 或本地路径。
state：定义 yum 仓库的状态。可选项有 present（安装软件包）、absent（删除软件包）、latest（更新软件包到最新版本）。
file：指定在 /etc/yum.repos.d/ 目录下创建的文件的名称，并自动为该名称添加 .repo 扩展名，如果不设置 file 参数的值，则文件名称默认为 name 参数的值
	- hosts: node1.example.com
	  tasks:
	    - name: Add repository
	      yum_repository:
	        name: opencloud
	        description: openlcoud YUM repo
	        baseurl:
	https://dl.fedoraproject.org/pub/epel/7/$basearch
	        gpgcheck: yes
	        gpgkey:
	https://dl.fedoraproject.org/pub/epel/RPM-GPG-KEY-EPEL-7
	        enabled: yes
	        state: present

（4）apt 模块

apt 模块是用于管理在 Debian 和 Ubuntu 操作系统上安装、升级和卸载软件包的模块。它可以用于安装、升级、删除和查询软件包。其主要参数或选项如表 12-4 所示。

表 12-4　apt 模块主要参数或选项

主要参数或选项	示例

name：指定软件包的名称。
state：指定软件包的状态，可选项有 present、absent、latest。
update_cache：指定是否更新 apt 的元数据缓存，以确保能够找到最新的软件包列表。
upgrade：指定是否对软件包执行升级操作，可选项有 dist、full、no、safe、yes。
deb：指定要安装的.deb 文件的路径，可以是本地路径或远程 URL
	- name: Install apache httpd (state=present is optional)
	  ansible.builtin.apt:
	    name: apache2
	    state: present
	- name: Update repositories cache and install "foo" package
	  ansible.builtin.apt:
	    name: foo
	    update_cache: yes
	- name: Install a .deb package from the internet
	  ansible.builtin.apt:
	    deb: https://example.com/python-ppq_0.1-1_all.deb

（5）apt_repository 模块

apt_repository 模块是用于管理 Ubuntu 和 Debian 操作系统上的 apt 存储库的模块。其主要参数或选项如表 12-5 所示。

表 12-5　apt_repository 模块主要参数或选项

主要参数或选项	示例

repo：指定 apt 存储库的名称和 URL，如 ppa:ansible/ansible。
state：指定 APT 软件包仓库的状态，可选项有 present、absent。
filename：指定 APT 软件包仓库的配置文件名
	- name: Add specified repository into sources list using specified filename
	  ansible.builtin.apt_repository:
	    repo: deb http://dl.google.com/linux/chrome/deb/ stable main
	    state: present
	    filename: google-chrome
	- name: Remove specified repository from sources list
	  ansible.builtin.apt_repository:
	    repo: deb http://archive.canonical.com/ubuntu hardy partner
	    state: absent
	- name: Add nginx stable repository from PPA and install its signing key on Ubuntu target
	  ansible.builtin.apt_repository:
	    repo: ppa:nginx/stable

2. 用户和身份验证管理模块

（1）authorized_key 模块

authorized_key 模块是用于在目标主机上管理 SSH 授权密钥的模块。它可以添加、删除和管理用户的 SSH 授权密钥，以实现更安全的远程访问。其主要参数或选项如表 12-6 所示。

表 12-6　authorized_key 模块主要参数或选项

主要参数或选项	示例

user：指定需要添加或移除 SSH 公钥的用户，默认为当前连接用户。
state：指定 SSH 公钥的状态，可选值有 present（添加 SSH 公钥）、absent（删除 SSH 公钥）。
key：指定要添加或删除的 SSH 公钥，可以是一个公钥文件的路径，也可以是公钥字符串。
exclusive：是否从 authorized_keys 文件中删除所有其他未指定的密钥。
manage_dir：指示模块是否应该管理授权密钥文件的目录。如果设置为 true，则模块将创建目录，并设置现有目录的所有者和权限。
path：设置 authorized_keys 文件的备用路径，没有设置时，该值默认为 ~/.ssh/authorized_keys
	- name: Set authorized key taken from file
	  ansible.posix.authorized_key:
	    user: alex
	    state: present
	    key: "{{ lookup('file', '/home/alex/.ssh/id_rsa.pub') }}"
	- name: Set authorized key in alternate location
	  ansible.posix.authorized_key:
	    user: alex
	    state: present
	    key: "{{ lookup('file', '/home/alex/.ssh/id_rsa.pub') }}"
	    path: /etc/ssh/authorized_keys/alex
	    manage_dir: false

（2）user 模块

user 模块是用于在目标主机上管理用户的模块。它可以创建、修改和删除用户，设置用户的密码和 SSH 授权密钥，以及管理用户的家目录和 Shell 等。其主要参数或选项如表 12-7 所示。

表 12-7　user 模块主要参数或选项

主要参数或选项	示例

name：指定用户的名称。
uid：指定用户的 UID。
state：指定用户的状态，如 present、absent。
home：指定用户的家目录。
password：指定用户的密码。
group：指定用户所属的组。
groups：指定用户所属的附加组。
shell：用户默认的 Shell。
append：是否追加附加组。
expires：设定用户过期时间，-1 表示该用户永不过期，整数值则表示从 1970 年 1 月 1 日至今的秒数。例如，expires:1422403387 表示该用户的过期时间为 2015 年 1 月 28 日 15:36:27。
password_expire_max：设定密码必须更改的最长时间，以天为单位。
password_expire_min：设定密码必须更改的最短时间，以天为单位。如果设置为 0，则表示没有最短时间限制。
ssh_key_file：用于指定用户的 SSH 公钥文件路径。
umask：设置用户的掩码。
generate_ssh_key：是否为用户生成 SSH 密钥对。
ssh_key_bits：生成的 SSH 密钥对的位数。
ssh_key_file：生成的 SSH 密钥对的文件路径
	- name: Add the user 'alex' with a specific uid and a primary group of 'admin'
	  ansible.builtin.user:
	    name: alex
	    comment: Alex Doe
	    uid: 1040
	    group: admin
	- name: Add the user 'james' with a bash shell, appending the group 'admins' and 'developers' to the user's groups
	  ansible.builtin.user:
	    name: james
	    shell: /bin/bash
	    groups: admins,developers
	    append: yes
	- name: Create a 2048-bit SSH key for user jsmith in ~jsmith/.ssh/id_rsa
	  ansible.builtin.user:
	    name: jsmith
	    generate_ssh_key: yes
	    ssh_key_bits: 2048
	    ssh_key_file: .ssh/id_rsa

（3）group 模块

group 模块是用于在目标主机上管理用户组的模块。它可以创建、修改和删除用户组，以及添加和删除用户组成员。其主要参数或选项如表 12-8 所示。

表 12-8　group 模块主要参数或选项

主要参数或选项	示例

name：指定组名。
state：指定组状态，如 present、absent。
gid：指定组的 GID
	- name: Ensure group "docker" exists with correct gid
	  ansible.builtin.group:
	    name: docker
	    state: present
	    gid: 1750

3. 系统和服务管理模块

（1）service 模块

service 模块是用于在目标主机上管理系统服务的模块，支持的初始化系统包括 BSD init、OpenRC、SysV、Solaris SMF、systemd、upstart 等，该模块可充当底层服务管理器模块的代理。service 模块可以启动、停止、重新启动和重载系统服务，以及检查服务的状态。其主要参数或选项如表 12-9 所示。

表 12-9　service 模块主要参数或选项

主要参数或选项	示例

name：指定服务的名称。
state：指定服务的状态，可选项有 started、stopped、restarted、reloaded。
enabled：指定服务是否开机自启动
	- name: Restart service httpd, in all cases
	  ansible.builtin.service:
	    name: httpd
	    state: restarted
	- name: Reload service httpd, in all cases
	  ansible.builtin.service:
	    name: httpd
	    state: reloaded

（2）systemd 模块

systemd 模块是用于在目标主机上管理 systemd 服务的模块。它可以启动、停止、重新启动和重载 systemd 服务，以及检查服务的状态。其主要参数或选项如表 12-10 所示。

表 12-10　systemd 模块主要参数或选项

主要参数或选项	示例

name：指定服务的名称。
state：指定服务的状态，可选项有 started、stopped、restarted、reloaded。
enabled：指定服务是否开机自启动。
masked：指定服务是否应该被屏蔽。
daemon_reload：是否重新加载守护进程配置文件。
scope：管理 systemd 作用域单元的名称，可选项有 system、user、global 等
	- name: Make sure a service unit is running
	  ansible.builtin.systemd:
	    state: started
	    name: httpd
	- name: Stop service cron on debian, if running
	  ansible.builtin.systemd:
	    name: cron
	    state: stopped
	- name: Restart service cron on centos, in all cases, also issue daemon-reload to pick up config changes
	  ansible.builtin.systemd:
	    state: restarted
	    daemon_reload: true
	    name: crond
	- name: Reload service httpd, in all cases
	  ansible.builtin.systemd:
	    name: httpd.service
	    state: reloaded

（3）firewalld 模块

firewalld 模块是用于在目标主机上管理防火墙的模块。它可以添加、删除、启用、禁用和重新加载防火墙规则。其主要参数或选项如表 12-11 所示。

表 12-11　firewalld 模块主要参数或选项

主要参数或选项	示例

service：指定需要添加或移除的服务名称。
state：指定服务状态，可选项有 enabled、disabled。
	- name: Permit traffic in default zone for https service
	  ansible.posix.firewalld:
	    service: https
	    permanent: true

续表

主要参数或选项	示例

immediate：是否立即生效。
permanent：是否永久生效。
zone：指定防火墙规则所属的区域。
source：指定防火墙规则的源地址。
port：指定要添加或移除防火墙的端口名称或端口范围，端口范围格式为 PORT/PROTOCOL 或 PORT-PORT/PROTOCOL。
port_forward：指定防火墙转发的端口和协议。
protocol：指定防火墙规则的协议。
rich_rule：添加复杂的防火墙规则
	state: enabled
	immediate: true
	- name: Do not permit traffic in default zone on port 8081/tcp
	  ansible.posix.firewalld:
	    port: 8081/tcp
	    permanent: true
	    state: disabled
	- name: Add rich rule to allow multiple ports
	  ansible.posix.firewalld:
	    immediate: true
	    permanent: true
	    state: enabled
	    rich_rule: 'rule family="ipv4" source address="192.168.1.0/24" port port="{{ item }}" protocol="tcp" accept'
	  loop: "{{ list_ports }}"
	  vars:
	    list_ports:
	      - 8081
	      - 8082

（4）selinux 模块

selinux 模块是用于在目标主机上管理 SELinux 安全策略的模块。其主要参数或选项如表 12-12 所示。

表 12-12　selinux 模块主要参数或选项

主要参数或选项	示例

policy：指定 SELinux 安全策略。
state：指定 SELinux 状态，可选项有 enforcing、permissive、disabled 等
	- name: Enable SELinux
	  ansible.posix.selinux:
	    policy: targeted
	    state: enforcing
	- name: Put SELinux in permissive mode, logging actions that would be blocked.
	  ansible.posix.selinux:
	    policy: targeted
	    state: permissive

（5）sefcontext 模块

sefcontext 模块用于管理远程主机上的 SELinux 文件上下文规则。它可以用来检查、添加、修改、删除文件上下文规则，以及备份和还原文件上下文规则。其主要参数或选项如表 12-13 所示。

表 12-13　sefcontext 模块主要参数或选项

主要参数或选项	示例

target：指定上下文规则的目标文件或目录路径。
setype：指定上下文规则类型。
state：指定上下文规则的状态，可选项有 present、absent
	- name: Allow apache to modify files in /srv/git_repos
	  community.general.sefcontext:
	    target: '/srv/git_repos(/.*)?'
	    setype: httpd_sys_rw_content_t
	    state: present

（6）sysctl 模块

sysctl 模块用于管理 Linux 内核参数和 sysctl 配置文件中的参数。它可以查询、设置和重置系统内核参数。其主要参数或选项如表 12-14 所示。

表 12-14　sysctl 模块主要参数或选项

主要参数或选项	示例

name：指定内核参数的名称。
value：指定内核参数的值。
state：指定内核参数的状态。
sysctl_file：指定 sysctl.conf 文件路径。
reload：指定是否重载 sysctl 配置文件
	- ansible.posix.sysctl:
	    name: vm.swappiness
	    value: '5'
	    state: present
	- ansible.posix.sysctl:
	    name: kernel.panic
	    state: absent
	    sysctl_file: /etc/sysctl.conf
	- ansible.posix.sysctl:
	    name: net.ipv4.ip_forward
	    value: '1'
	    sysctl_set: true
	    state: present
	    reload: true

（7）cron 模块

cron 模块是用于在目标主机上管理计划任务作业的模块。它可以创建、删除和修改 cron 任务，并可以通过指定用户和作业名称来控制不同用户的定时任务。其主要参数或选项如表 12-15 所示。

表 12-15　cron 模块主要参数或选项

主要参数或选项	示例

name：指定定时任务的名称。
state：指定定时任务的状态，如 present、absent。
job：指定定时任务的执行命令或脚本。
minute：分钟字段（0～59）。
hour：小时字段（0～23）。
day：日期字段（1～31）。
month：月份字段（1～12）。
weekday：星期字段（0～6，0 表示星期日）。
user：执行任务的用户
	- name: Add cron job to clean up logs
	  cron:
	    name: "Clean up logs"
	    minute: 0
	    hour: 3
	    job: "find /var/log/ -name '*.log' -type f -delete"
	- name: Add cron job for loger
	  cron:
	    name: "loger"
	    minute: "*"
	    job: "/usr/bin/logger 'This is a test log message'"
	    user: "{{ user }}"

4．磁盘存储管理模块

Ansible 使用多个模块来管理本地存储设备和文件系统，如 parted、lvg、lvol、filesystem、mount 等，这些模块提供了丰富的功能和参数或选项，可以用于创建、删除、调整分区，创建和删除逻辑卷及卷组，格式化文件系统，挂载和卸载文件系统等，实现对本地存储设备和文件系统的全面管理。

这些模块用于管理底层存储和分区，使用时需谨慎操作，建议在测试环境中先进行充分的测试，以确保不会导致数据丢失或其他不良后果。

（1）parted 模块

parted 模块是用于管理本地存储设备分区的模块。它可以创建、修改、删除本地存储设备上的分区表和分区信息。其主要参数或选项如表 12-16 所示。

表 12-16　parted 模块主要参数或选项

主要参数或选项	示例

device：指定管理的磁盘设备名称。
number：指定要操作的分区编号。
label：指定分区表类型，可选项有 msdos、gpt、bsd、aix 等。
part_start：指定分区开始位置，默认值为 0%。
part_end：指定分区结束位置，默认值为 100%。
unit：指定分区的单位。
state：指定分区的状态，可选项有 present、absent、info。如果设置为 info，则该模块只返回设备信息
	- name: Create a new partition table on a device
	  parted:
	    device: /dev/sdb
	    label: gpt
	    state: present
	- name: Create a new partition on a device
	  parted:
	    device: /dev/sdb
	    number: 1
	    flags: [lvm]
	    state: present
	    part_end: 100%

（2）filesystem 模块

filesystem 模块可以用于管理 Linux 操作系统上的文件系统。它可以创建、格式化和删除文件系统。其主要参数或选项如表 12-17 所示。

表 12-17　filesystem 模块主要参数或选项

主要参数或选项	示例

fstype：指定文件系统类型，可选项有 ext4、xfs、lvm、btrfs 等。
dev：指定文件系统对应的设备。
force：是否强制格式化。
opts：指定文件系统的挂载选项。
state：指定文件系统的状态，可选项有 present、absent
	- name: Create a new filesystem
	  filesystem:
	    fstype: ext4
	    dev: /dev/sdb1
	- name: Format a device with a filesystem
	  filesystem:
	    fstype: ext4
	    dev: /dev/sdb1
	    force: true

（3）mount 模块

mount 模块的主要功能是管理文件系统的挂载和卸载。其主要参数或选项如表 12-18 所示。

表 12-18　mount 模块主要参数或选项

主要参数或选项	示例

src：指定文件系统的来源。
path：指定挂载点路径。
fstype：指定要挂载的文件系统类型。
opts：指定挂载的选项。
state：指定挂载状态，可选项有 mounted、unmounted、remounted
	- name: Mount a filesystem
	  mount:
	    path: /mnt/data
	    src: /dev/sdb1
	    fstype: ext4
	    opts: defaults
	    state: mounted
	- name: Unmount a filesystem
	  mount:
	    path: /mnt/data
	    state: unmounted

（4）lvg 模块

lvg 模块用于在目标主机上管理卷组。它可以创建、删除、调整卷组属性。其主要参数或选项如表 12-19 所示。

表 12-19 lvg 模块主要参数或选项

主要参数或选项	示例

vg：指定卷组名称。
pvs：指定添加到卷组的物理卷。
state：指定卷组的状态，可选项有 present、absent
	- name: Create a volume group on top of /dev/sda1 with physical extent size = 32MB
	  community.general.lvg:
	    vg: vg.services
	    pvs: /dev/sda1
	    pesize: 32
	- name: Remove a logical volume group
	  lvg:
	    vg: vg01
	    state: absent

（5）lvol 模块

lvol 模块用于在目标主机上管理逻辑卷。它可以创建、删除和调整逻辑卷的属性。其主要参数或选项如表 12-20 所示。

表 12-20 lvol 模块主要参数或选项

主要参数或选项	示例

lv：指定逻辑卷名称。
vg：指定逻辑卷所属卷组名称。
size：指定逻辑卷大小。
state：指定逻辑卷的状态，可选项有 present、absent。
resizefs：是否调整底层文件系统和逻辑卷的大小。
thinpool：指定精简池卷的名称
	- name: Create a new logical volume
	  lvol:
	    lv: lvol0
	    vg: vg01
	    size: 1g
	- name: Remove a logical volume
	  lvol:
	    lv: lvol0
	    vg: vg01
	    state: absent
	- name: Create a logical volume the size of all remaining space in the volume group
	  community.general.lvol:
	    vg: firefly
	    lv: test
	    size: 100%FREE

5. 文件管理模块

Ansible 文件管理模块提供管理 Linux 文件系统的能力，包括创建、删除、复制、移动、重命名文件，以及修改文件权限和所有者等。这些模块通常用于自动化部署和配置过程中，以确保文件系统在不同的目标主机之间保持一致。

（1）file 模块

file 模块是用于在目标主机上管理文件和目录的模块。它可以完成创建、删除、修改文件或目录的属性、权限等操作。其主要参数或选项如表 12-21 所示。

表 12-21 file 模块主要参数或选项

主要参数或选项	示例

path：指定要操作的文件或目录的路径。
state：指定文件或目录的状态，可选项有 absent、directory、touch、link、hard、file 等。
mode：指定文件或目录的权限模式，可以是数字或字符串形式，如 0644 或 u+rwx、g+rx。
owner：指定文件或目录的所有者。
group：指定文件或目录的所属组。
src：指定源文件的路径，在创建符号链接或复制文件时使用。
dest：指定目标文件的路径，在创建符号链接或复制文件时使用。
recurse：递归地在目录内容上设置指定的文件属性，仅在 state 设置为 directory 时适用。
setype：设置文件或目录的 SELinux 安全上下文类型。
force：指定是否强制执行操作
	- name: Touch the same file, but add/remove some permissions
	  ansible.builtin.file:
	    path: /etc/foo.conf
	    state: touch
	    mode: u+rw,g-wx,o-rwx
	- name: Create a directory if it does not exist
	  ansible.builtin.file:
	    path: /etc/some_directory
	    state: directory
	    mode: '0755'
	- name: Recursively change ownership of a directory
	  ansible.builtin.file:
	    path: /etc/foo
	    state: directory
	    recurse: yes
	    owner: foo
	    group: foo

（2）copy 模块

copy 模块用于在目标主机上复制文件。它可以从控制主机向目标主机复制文件。其主要参数或选项如表 12-22 所示。

表 12-22 copy 模块主要参数或选项

主要参数或选项	示例

src：指定要复制到目标主机的文件的本地路径。
dest：指定将文件复制到的目标主机上的绝对路径。
content：在控制节点上生成文件内容，不能与 src 参数同时使用。
backup：指定是否备份源文件。
owner：设置文件的所有者。
group：设置文件的所属组。
mode：设置文件的权限。
force：如果目标文件已存在，则强制覆盖
	- name: Copy file with owner and permissions
	  ansible.builtin.copy:
	    src: /srv/myfiles/foo.conf
	    dest: /etc/foo.conf
	    owner: foo
	    group: foo
	    mode: '0644'

（3）lineinfile 模块

lineinfile 模块用于在文件中添加、修改或删除指定行内容。其主要参数或选项如表 12-23 所示。

表 12-23 lineinfile 模块主要参数或选项

主要参数或选项	示例

path：指定要修改的文件的路径。
line：指定要插入或替换到文件中的行内容。
state：指定要执行的操作，可选项有 present、absent。
	- name: Ensure SELinux is set to enforcing mode
	  ansible.builtin.lineinfile:
	    path: /etc/selinux/config
	    regexp: '^SELINUX='

续表

主要参数或选项	示例

regexp：用于匹配需要修改或删除的行的正则表达式。
insertafter：指定在某一行之后插入新行。
insertbefore：指定在某一行之前插入新行。
create：指定是否创建文件，与 state=present 连用。
search_string：指定需要匹配的字符串，用于查找需要修改的行
	line: SELINUX=enforcing
	- name: Replace a localhost entry with our own
	  ansible.builtin.lineinfile:
	    path: /etc/hosts
	    regexp: '^127\.0\.0\.1'
	    line: 127.0.0.1 localhost
	- name: Replace a localhost entry searching for a literal string to avoid escaping
	  ansible.builtin.lineinfile:
	    path: /etc/hosts
	    search_string: '127.0.0.1'
	    line: 127.0.0.1 localhost

（4）blockinfile 模块

blockinfile 模块用于在文件中添加、修改或删除块内容。其主要参数或选项如表 12-24 所示。

表 12-24　blockinfile 模块主要参数或选项

主要参数或选项	示例

path：指定要操作的文件的路径。
block：指定要添加、修改或删除的文本块。
state：指定文本块的状态，可选项有 present、absent。
marker：用于标记开始和结束位置的字符串。
backup：指定是否创建包含时间戳的备份文件。
insertbefore：指定在某一行之前插入新文本块。
insertafter：指定在某一行之后插入新文本块。
create：指定是否创建文件
	- name: Insert/Update "Match User" configuration block in /etc/ssh/sshd_config
	  ansible.builtin.blockinfile:
	    path: /etc/ssh/sshd_config
	    block: |
	      Match User ansible-agent
	      PasswordAuthentication no

（5）archive 模块

archive 模块用于打包和压缩文件及目录，源文件和归档文件都在远程主机上。它提供了一种简单的方法来创建和管理归档文件，支持多种归档格式，包括 tar、zip、gz、bz2、xz 等格式。其主要参数或选项如表 12-25 所示。

表 12-25　archive 模块主要参数或选项

主要参数或选项	示例

path：指定要打包为压缩文件的文件或目录的路径。
dest：指定生成的归档文件路径。
format: 指定压缩文件格式，可选项有 tar、zip、gz、bz2、xz 等。
owner：指定生成归档文件时的所有者。
group：指定生成归档文件时的组。
mode：指定生成归档文件时的权限。
exclude_path：指定打包时需要排除的文件路径。
remove：归档后，删除源文件
	- name: Compress directory /path/to/foo/ into /path/to/foo.tgz
	    community.general.archive:
	      path: /path/to/foo
	      dest: /path/to/foo.tgz
	- name: Compress regular file /path/to/foo into /path/to/foo.gz and remove it
	  community.general.archive:
	    path: /path/to/foo
	    dest: /path/to/foonew.tgz
	    remove: true

（6）unarchive 模块

unarchive 模块用于解压归档文件，支持 tar、zip、tar.gz、tar.bz2 等多种格式。其主要参数或选项如表 12-26 所示。

表 12-26 unarchive 模块主要参数或选项

主要参数或选项	示例

src：指定要解压的归档文件的路径。
dest：指定解压后的目录路径。
remote_src：指定 src 参数是否表示远程主机上的文件。设置为 true 时，表示归档文件已经在远程主机上，而不是在控制主机上。
extra_opts：指定解压归档文件时传递给 tar 或 unzip 命令的额外选项
	- name: Extract foo.tgz into /var/lib/foo
	  ansible.builtin.unarchive:
	    src: foo.tgz
	    dest: /var/lib/foo
	- name: Unarchive a file that is already on the remote machine
	  ansible.builtin.unarchive:
	    src: /tmp/foo.zip
	    dest: /usr/local/bin
	    remote_src: yes

12.2.2 网络配置管理

1. 使用系统角色配置网络

在 RHEL、CentOS 中可以使用一系列的 Ansible 系统角色，rhel-system-roles 软件包可安装这些系统角色，这些角色可以支持时间同步或网络配置等。可以使用 ansible-galaxy list 命令列出当前安装的系统角色。

```
[user@controlnode ~]$ ansible-galaxy list | grep network
# /usr/share/ansible/roles
- linux-system-roles.network, (unknown version)
- rhel-system-roles.network, (unknown version)
```

系统角色默认存储在 /usr/share/ansible/roles 目录中。

网络系统角色支持在受管主机上配置网络。此角色支持以太网接口、网桥接口、绑定接口、VLAN 接口、MacVLAN 接口和 Infiniband 接口的配置。网络系统角色通过 network_provider 和 network_connections 这两个变量配置，具体示例如下。

```
---
network_provider: nm
network_connections:
 - name: ens18
   persistent_state: present
   type: ethernet
   autoconnect: yes
   mac: 00:00:5e:00:53:5d
   ip:
     address:
       - 172.25.250.40/24
    zone: external
    state: up
```

network_provider 变量用于配置网络提供程序，即 nm（network manager）或 initscripts。在 RHEL 8 中，网络系统角色使用 nm 作为默认的网络提供程序。initscripts 提供程序用于 RHEL 6，需要 network

服务处于可用状态。network_connections 变量使用接口名称作为连接名称来配置指定为字典列表的不同连接，其主要参数或选项如表 12-27 所示。

表 12-27　network_connections 变量主要参数或选项

序号	主要参数或选项	描述
1	name	标识连接配置集
2	state	连接配置集的运行时状态。如果连接配置集为活跃的，则状态为 up，否则为 down
3	persistent_state	标识连接配置集是否持久。如果连接配置集持久，则可选项为 present、absent
4	type	标识连接类型。有效的值有 ethernet、bridge、bond、team、vlan、macvlan 和 infiniband
5	autoconnect	确定连接是否自动启动
6	mac	将连接限制为在具有特定 MAC 地址的设备上使用
7	interface_name	将连接配置集限制为供特定接口使用
8	zone	为接口配置防火墙区域
9	ip	确定连接的 IP 配置。支持诸如 address（指定静态 IP 地址）或 dns（配置 DNS 服务器）等选项

在 Playbook 中使用 roles 关键字引用网络系统角色的示例如下。

```
- name: NIC Configuration
  hosts: webservers
  vars:
  network_connections:
    - name: ens4
      type: ethernet
      ip:
        address:
          - 172.25.250.30/24
 roles:
   - rhel-system-roles.network
```

2. 使用 nmcli 模块配置网络

nmcli 是用于管理网络设备的模块。它可以创建、修改和管理各种类型的连接及设备。其主要参数或选项如表 12-28 所示。

表 12-28　nmcli 模块主要参数或选项

序号	主要参数或选项	描述
1	conn_name	配置连接名称
2	autoconnect	启用在引导时自动激活连接
3	dns4	配置 IPv4 的 DNS 服务器
4	gw4	为接口配置 IPv4 网关
5	ip4	接口的 IPv4 地址
6	state	启用或禁用网络接口
7	type	设备或网络连接的类型，如 ethernet、team、bound、vlan 等

nmcli 模块配置示例如下。

```
- name: NIC configuration
  nmcli:
    conn_name: ens4-work
    ifname: ens4
```

```
    type: ethernet
    ip4:  172.25.250.30/24
    gw4:  172.25.250.1
    state: present
```

12.2.3 网络设备自动化管理模块

1. ce_interface 模块

ce_interface 模块是一个用于在华为 CloudEngine 交换机上配置接口的 Ansible 模块。它的主要功能是根据指定的参数配置交换机上的接口。其主要参数或选项如表 12-29 所示。

表 12-29　ce_interface 模块主要参数或选项

序号	主要参数或选项	描述
1	interface	指定配置的接口名称
2	description	接口描述信息
3	mode	管理接口的二层或三层状态，可选项有 layer2、layer3
4	admin_state	指定接口的管理状态，可选项有 up、down
5	interface_type	指定接口类型，可选项有 ge、10ge、25ge、100ge、vlanif、loopback、eth-trunk、tunnel、ethernet、fabric-port 等

2. ce_switchport 模块

ce_switchport 模块是 Ansible 中的一个模块。它用于配置、管理华为 CloudEngine 交换机的二层交换机接口。其主要参数或选项如表 12-30 所示。

表 12-30　ce_switchport 模块主要参数或选项

序号	主要参数或选项	描述
1	interface	指定配置的接口名称
2	state	指定接口的状态，可选项包括 present、absent、unconfigured
3	mode	设置交换机端口的工作模式，可选项包括 access、trunk、hybrid、dot1q-tunnel 等
4	default_vlan	在 access 模式下，设置端口的 VLAN ID
5	pvid_vlan	在 trunk 或 hybrid 模式下，设置端口的 VLAN ID
6	trunk_vlans	设置一组属于 trunk 的 VLAN ID

3. ce_vlan 模块

ce_vlan 模块是 Ansible 中用于管理交换机 VLAN 的模块。它的功能是通过 SSH 连接到交换机上，并配置指定 VLAN 的属性，如 VLAN ID、名称、状态等。其主要参数或选项如表 12-31 所示。

表 12-31　ce_vlan 模块主要参数或选项

序号	主要参数或选项	描述
1	name	指定 VLAN 名称
2	state	指定 VLAN 状态，可选项包括 present、absent
3	vlan_id	指定 VLAN ID，取值为 1～4094
4	vlan_range	指定 VLAN ID 范围，如“100-110”“100,102,105-110”

4. ce_acl 模块

ce_acl 模块用于配置华为 CloudEngine 设备，常用于配置 ACL、接口等。该模块要求在被管理的远端设备上启用 NETCONF 系统服务，建议连接方式为 NETCONF。其主要参数或选项如表 12-32 所示。

表 12-32　ce_acl 模块主要参数或选项

序号	主要参数或选项	描述
1	acl_name	指定 ACL 名称
2	state	指定配置项的状态，可选项包括 present、absent
3	rule_name	指定规则名称
4	rule_action	指定规则动作，可选项包括 permit、deny
5	rule_id	指定规则 ID
6	source_ip	指定源 IP 地址

12.2.4　Docker 容器自动化管理模块

V12-2　Docker 容器自动化管理模块

在 Ansible 中，Docker 容器自动化管理模块提供了对 Docker 容器和镜像的管理功能，可以在远程主机上管理 Docker 容器和镜像。可以完成创建、启动、停止、删除容器，以及构建、推送、拉取、删除镜像等操作。

在使用 Docker 容器自动化管理模块时，需要安装 Docker SDK for Python 后，才能创建、管理和操作 Docker 容器、镜像、网络及存储等资源。Docker SDK for Python 是 Docker 的官方 Python 语言开发包，它提供了一个 Python 接口，用于 Python 程序与 Docker 引擎的交互。

常用的 Docker 容器自动化管理模块包括 docker_container、docker_image、docker_network、docker_volume 等，这些模块提供了丰富的参数或选项，可以实现 Docker 容器的自动化部署和管理。

1. docker_image 模块

docker_image 模块用于管理 Docker 镜像，支持从本地或远程镜像仓库拉取、推送、删除、构建和管理 Docker 镜像。其主要参数或选项如表 12-33 所示。

表 12-33　docker_image 模块主要参数或选项

序号	主要参数或选项	描述
1	name	Docker 镜像的名称
2	source	Docker 镜像的来源，可以是本地文件系统路径或 URL，可选项有 build、load、pull、local 等
3	state	镜像的状态，可选项包括 present、absent
4	pull	是否从远程镜像仓库拉取最新的镜像
5	push	是否将本地镜像推送到远程镜像仓库
6	repository	指定 Docker 镜像的名称和标签
7	tag	Docker 镜像的标签
8	load_path	加载 Docker 镜像的.tar 文件路径
9	tls	控制与 Docker 守护进程的连接是否使用 TLS 加密
10	validate_certs	控制是否验证 Docker 守护进程的 TLS 证书

docker_image 模块配置示例如下。

```
- name: Tag and push to local registry
  community.docker.docker_image:
    # Image will be centos:7
    name: centos
    # Will be pushed to localhost:5000/centos:7
    repository: localhost:5000/centos
    tag: 7
    push: true
    source: local
```

2. docker_container 模块

docker_container 模块可用于管理 Docker 容器的生命周期，支持在远程主机上创建、启动、停止、删除 Docker 容器。其主要参数或选项如表 12-34 所示。

表 12-34 docker_container 模块主要参数或选项

序号	主要参数或选项	描述
1	name	容器的名称
2	image	容器所使用的镜像的名称
3	volumes	容器和主机之间的文件卷映射关系
4	volumes_from	从其他容器挂载卷
5	command	容器启动时执行的命令
6	state	容器的状态，可选项包括 started、stopped、reloaded、absent
7	recreate	如果容器已存在，则确认是否重新创建
8	exposed_ports	暴露给外部的端口
9	devices	指定容器使用的设备
10	ports	映射主机端口到容器内部端口
11	links	指定容器之间的连接关系
12	networks	指定容器使用的网络

docker_container 模块配置示例如下。

```
- name: Create a data container
  community.docker.docker_container:
    name: mydata
    image: busybox
    volumes:
      - /data
- name: Re-create a redis container
  community.docker.docker_container:
    name: myredis
    image: redis
    command: redis-server --appendonly yes
    state: present
    recreate: true
    exposed_ports:
      - 6379
    volumes_from:
      - mydata
```

3. docker_volume 模块

docker_volume 模块用于管理 Docker 卷，包括创建、更新和删除等操作，还可以指定卷驱动程序、选项和标签等。docker_volume 模块可实现与 docker volume CLI 子命令基本相同的功能。其主要参数或选项如表 12-35 所示。

表 12-35 docker_volume 模块主要参数或选项

序号	主要参数或选项	描述
1	name	指定卷的名称
2	state	指定卷的状态，可选项包括 present、absent
3	driver	指定使用的卷驱动程序，默认为 local，支持第三方驱动程序

docker_volume 模块配置示例如下。

```
- name: Create a volume with options
  community.docker.docker_volume:
    name: volume_two
    driver_options:
      type: btrfs
      device: /dev/sda2
- name: Remove a volume
  community.docker.docker_volume:
    name: volume_one
    state: absent
```

4. docker_network 模块

docker_network 模块用于管理 Docker 网络。它可以创建、删除、连接、更新 Docker 网络，并将容器连接到指定网络。docker_network 模块可实现与 docker network CLI 子命令基本相同的功能。其主要参数或选项如表 12-36 所示。

表 12-36　docker_network 模块主要参数或选项

序号	主要参数或选项	描述
1	name	定义管理的网络的名称
2	connected	指定要连接到的网络的容器名称或 ID 列表
3	state	定义网络的状态，可选项包括 present、absent
4	force	强制创建或删除网络
5	appends	是否在现有网络上附加网络配置
6	driver	指定网络驱动类型，Docker 提供了 bridge 和 overlay 两种类型的网络驱动

docker_network 模块配置示例如下。

```
- name: Add a container to a network, leaving existing containers connected
  community.docker.docker_network:
    name: network_one
    connected:
      - container_a
    appends: true
```

12.3　项目实训

【实训任务】

本实训的主要任务是使用系统服务管理、软件包和 yum 仓库管理、磁盘存储和逻辑卷管理等方面的模块，在 Playbook 中执行自动化任务，实现系统服务、yum 软件仓库、磁盘设备、逻辑卷存储管理自动化。

【实训目的】

（1）理解常用的自动化管理模块。

（2）掌握系统服务管理、软件安装、yum 仓库管理的方法。

（3）掌握磁盘设备管理、逻辑卷存储管理的自动化方法。

【实训内容】

（1）创建 Playbook 任务，实现用本地 yum 仓库部署自动化管理。

（2）创建 Playbook 任务，实现磁盘设备自动化管理。

（3）创建 Playbook 任务，实现逻辑卷存储自动化管理。

【实训环境】

在进行本项目的实训操作前，提前准备好 Linux 操作系统环境，RHEL、CentOS Stream、Debian、Ubuntu、华为 openEuler、麒麟 openKylin 等常见 Linux 发行版都可以进行项目实训。实训的环境清单及 Linux 发行版可根据实际情况进行调整。

12.4 项目实施

任务 12.4.1 部署 yum 仓库安装软件

V12-3 实训-部署 yum 仓库安装软件

1. 任务描述

（1）在 Ansible 控制节点上编写 Playbook 并执行自动化任务，在目标节点 node1.example.com 上配置本地 yum 仓库并实施软件包管理，node1.example.com 在清单文件中属于 web 组。

（2）使用 package_facts 模块获取主机上安装的软件包的信息，具体包括获取主机上所有安装的软件包列表，以及获取指定软件包的详细信息，如版本号、安装路径等。

（3）使用 yum_repository 模块配置 yum 存储库，具体包括设置 yum 存储库名称、描述、baseurl、gpgcheck 等参数。

（4）在受管主机上安装 yum 存储库中的 httpd 软件包，具体包括使用 yum 模块安装指定软件包，并确认软件包安装成功，即检查软件包是否存在、检查软件包版本号等。

2. 任务实施

（1）在 Ansible 控制节点上，以 rhce 用户身份将工作目录切换为用户家目录，创建 auto-software 目录，并在 auto-software 目录中创建 ansible.cfg 文件和清单文件。

```
[root@control ~]# su - rhce
[rhce@control ~]$ mkdir ~/auto-software
[rhce@control ~]$ cd ~/auto-software
[rhce@control auto-software]$ cat ansible.cfg
[defaults]
inventory=./inventory
remote_user=rhce
ask_pass=false
host_key_checking = False
[privilege_escalation]
become=true
become_method=sudo
become_user=root
become_ask_pass=false
[rhce@control auto-software]$ cat inventory
[web]
node1.example.com
```

（2）编写 Playbook repo_playbook.yml。在 Playbook 中定义一个以 web 主机组为目标的 Play。使用 vars 关键字定义 install_pkg 变量，设置变量值为 httpd，将 tasks 子句添加到 Playbook 中。

```
[rhce@control auto-software]$ vi repo_playbook.yml
---
```

```
- name: Configure local yum repo
  hosts: web
  vars:
   install_pkg: httpd
  tasks:
```

（3）在 repo_playbook.yml 中添加任务，使用 package_facts 模块收集远程主机上安装的软件包的信息。使用 debug 模块通过 install_pkg 变量来输出已经安装的软件包的版本号，并仅在 ansible_facts.packages 事实中找到自定义软件包时执行此任务。使用 mount 模块挂载光盘镜像，挂载点目录为/mnt。

```
- name: Gather Package Facts
  package_facts:
   manager: auto
- name: Show Package Facts for the custom package
  debug:
   var: ansible_facts.packages[install_pkg]
  when: install_pkg in ansible_facts.packages
- name: Mount dvd read-ony
  mount:
   path: /mnt
   src: /dev/sr0
   fstype: iso9660
  state: mounted
```

（4）在 repo_playbook.yml 中添加任务，使用 yum_repository 模块来确保远程主机上配置了 yum 存储库。

```
- name: Ensure Test AppStream Repo Exists
  ansible.builtin.yum_repository:
   name: local-appstream-repo
   description: Test Local Appstream YUM repo
   file: local
   baseurl: file:///mnt/AppStream
   gpgcheck: yes
   gpgkey: /etc/pki/rpm-gpg/RPM-GPG-KEY-centosofficia
   enabled: yes
- name: Ensure Test BaseOS Repo Exists
  ansible.builtin.yum_repository:
   name: local-baseos-repo
   description: Test Local Appstream YUM repo
   file: local
   baseurl: file:///mnt/BaseOS
   gpgcheck: yes
   gpgkey: /etc/pki/rpm-gpg/RPM-GPG-KEY-centosofficia
   enabled: yes
```

（5）在 repo_playbook.yml 中添加任务，在远程主机上安装 install_pkg 变量引用的软件包，根据事实信息输出软件包的安装信息。

```
- name: Install The Package
  yum:
   name: "{{ install_pkg }}"
   state: present
```

```
    enablerepo:
      - local-appstream-repo
      - local-baseos-repo
  - name: Gather Package Facts
    package_facts:
      manager: auto
  - name: Show Package Facts for the custom package
    debug:
      var: ansible_facts.packages[install_pkg]
    when: install_pkg in ansible_facts.packages
```

（6）执行 Playbook repo_playbook.yml，查看任务输出信息。

```
[rhce@control auto-software]$ ansible-playbook repo_playbook.yml
```

任务 12.4.2 逻辑卷存储管理

V12-4 实训-逻辑卷存储管理

1. 任务描述

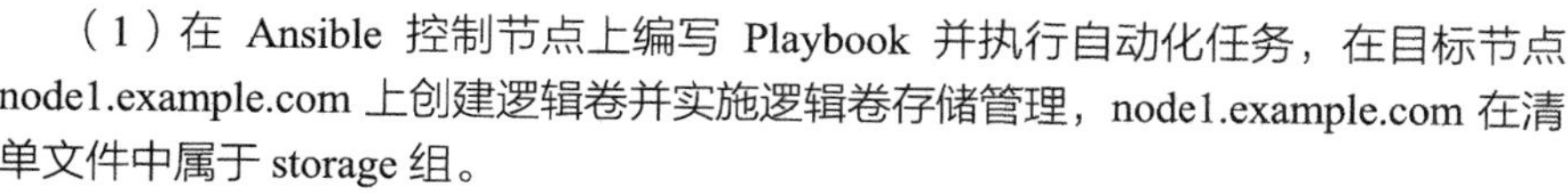

（1）在 Ansible 控制节点上编写 Playbook 并执行自动化任务，在目标节点 node1.example.com 上创建逻辑卷并实施逻辑卷存储管理，node1.example.com 在清单文件中属于 storage 组。

（2）管理/dev/sdb 设备分区，使用 parted 模块创建新的分区，使用 filesystem 模块格式化逻辑卷分区并设置文件系统类型。

（3）使用 lvg 模块将/dev/sdb 中的分区添加到卷组中，卷组名称为 nginx-vg。

（4）使用 lvol 模块创建 www-lv 和 log-lv 逻辑卷。

（5）使用 filesystem 模块创建新的 xfs，并将其应用到 www-lv 和 log-lv 逻辑卷上。

（6）将 www-lv 逻辑卷挂载到/user/share/www，将 log-lv 逻辑卷挂载到/var/log/nginx，设置逻辑卷设备、挂载选项等，确保在系统启动时自动挂载这两个逻辑卷。

（7）将逻辑卷 www-lv 扩容到 500MB，将逻辑卷 log-lv 扩容到 800MB，并实现文件系统扩容。

2. 任务实施

（1）在 Ansible 控制节点上，以 rhce 用户身份将工作目录切换为用户家目录，创建 auto-storage 目录，并在 auto-storage 目录中创建 ansible.cfg 文件和清单文件。

```
[root@control ~]# su - rhce
[rhce@control ~]$ mkdir ~/auto-storage
[rhce@control ~]$ cd ~/auto-storage
[rhce@control auto-storage]$ cat ansible.cfg
[defaults]
inventory=./inventory
remote_user=rhce
ask_pass=false
host_key_checking = False
[privilege_escalation]
become=true
become_method=sudo
become_user=root
become_ask_pass=false
[rhce@control auto-storage]$ cat inventory
[storage]
node1.example.com
```

（2）在项目目录中，创建变量文件 storage_vars.yml，该文件用于定义分区、卷组、逻辑卷等相关变量的值。/dev/sdb 设备第一个分区容量为 1800MB，卷组名称为 nginx-vg。第一个逻辑卷名称为 www-lv，大小为 300MB，挂载点目录为 /user/share/www。第二个逻辑卷名称为 log-lv，大小为 500 MB，挂载点目录为/var/log/nginx。

```
[rhce@control auto-storage]$ cat storage_vars.yml
---
partitions:
  - number: 1
    start: 1MiB
    end: 1800MiB
  - number: 2
    start: 1801MiB
    end: 2800MiB
volume_groups:
  - name: nginx-vg
    devices: /dev/sdb1
logical_volumes:
  - name: www-lv
    size: 300M
    vgroup: nginx-vg
    mount_path: /user/share/www
  - name: log-lv
    size: 500M
    vgroup: nginx-vg
    mount_path: /var/log/nginx
update_logical_volumes:
  - name: www-lv
    size: 500M
    vgroup: nginx-vg
    mount_path: /user/share/www
  - name: log-lv
    size: 800M
    vgroup: nginx-vg
    mount_path: /var/log/nginx
persistent_mount:
  - vgroup: nginx-vg
    lvname: www-lv
    mount_path: /var/log/nginx
  - vgroup: nginx-vg
    lvname: log-lv
    mount_path: /user/share/www
```

（3）在项目目录中，创建 Playbook auto-storage.yml，定义以 storage 组为目标的 play，使用 vars_files 关键字引用变量文件 storage_vars.yml，使用 parted 模块在 /dev/sdb 设备上创建分区。

```
[rhce@control auto-storage]$ vi auto-storage.yml
---
- name: Ensure Apache Storage Configuration
  hosts: storage
```

```
  vars_files:
    - storage_vars.yml
  tasks:
    - name: Correct partitions exist on /dev/sdb
      parted:
        device: /dev/sdb
        state: present
        number: "{{ item.number }}"
        part_start: "{{ item.start }}"
        part_end: "{{ item.end }}"
      loop: "{{ partitions }}"
```

（4）在 auto-storage.yml 中添加任务，使用 lvg 模块创建卷组，使用 lvol 模块创建逻辑卷，使用 filesystem 模块创建文件系统，使用 mount 模块确保每个逻辑卷挂载到对应的挂载路径。

```
- name: Ensure Volume Groups Exist
  lvg:
    vg: "{{ item.name }}"
    pvs: "{{ item.devices }}"
  loop: "{{ volume_groups }}"
- name: Create each Logical Volume
  lvol:
    vg: "{{ item.vgroup }}"
    lv: "{{ item.name }}"
    size: "{{ item.size }}"
  loop: "{{ logical_volumes }}"
  when: logical_volumes is defined
- name: Assign  file system to each logical volume
  filesystem:
    dev: "/dev/{{ item.vgroup }}/{{ item.name }}"
    fstype: xfs
  loop: "{{ logical_volumes }}"
- name: Mount the logical volume partition
  mount:
    path: "{{ item.mount_path }}"
    src: "/dev/{{ item.vgroup }}/{{ item.name }}"
    fstype: xfs
    opts: noatime
    state: mounted
  loop: "{{ logical_volumes }}"
```

（5）在 auto-storage.yml 中添加任务，扩容逻辑卷容量，将 www-lv 逻辑卷扩容到 500MB，将 log-lv 逻辑卷扩容到 800MB。

```
- name: Extend space for a logical volume partition
  lvol:
    vg: "{{ item.vgroup }}"
    lv: "{{ item.name }}"
    size: "{{ item.size }}"
    resizefs: true
    force: yes
  loop: "{{ update_logical_volumes }}"
```

（6）执行 Playbook repo_playbook.yml，查看任务输出信息。

```
[rhce@control auto-storage]$ ansible-playbook auto-storage.yml
[rhce@control auto-storage]$ ansible storage -m shell -a 'df -Th'
```

项目练习题

1. 选择题

（1）在 Ansible 中，用于创建 Docker 容器的模块是（　　）。

A. docker_container　B. container　C. docker　D. create_container

（2）在 Ansible 中，用于管理 Docker 镜像的模块是（　　）。

A. manage_image　B. docker　C. image　D. docker_image

（3）在 Ansible 中，用于管理 Docker 卷的模块是（　　）。

A. docker_disk　B. docker_volume　C. volume　D. manage_volume

（4）在 Ansible 中，用于管理 Docker 网络的模块是（　　）。

A. network　B. docker　C. docker_network　D. manage_network

（5）在 Ansible 中，用于管理 RHEL、CentOS Stream 等 Linux 发行版中 yum 软件源仓库的模块是（　　）。

A. repository　B. yum　C. yum_repository　D. manage_repository

（6）在 Ansible 中，用于管理 Debian、Ubuntu 等 Linux 发行版中 apt 软件源仓库的模块是（　　）。

A. manage_repository　B. apt　C. repository　D. apt_repository

（7）在 Ansible 中，用于管理 SSH 授权密钥的模块是（　　）。

A. key_management　B. ssh_key　C. authorized_key　D. ssh_authorized

（8）在 Ansible 中，用于根据模板文件生成配置文件的模块是（　　）。

A. configuration　B. template　C. config_template　D. generate_file

2. 实训题

（1）在企业中，有一个由 10 台服务器组成的 Web 应用程序集群，每台服务器的操作系统都是 CentOS Stream 9，需要在所有服务器上安装网络时间协议（Network Time Protocol，NTP）服务，并将时区设置为 Asia/Shanghai，在所有服务器上安装和启动 Apache Web 服务器，在所有服务器上安装和启动 MySQL 数据库服务器，在所有服务器上创建一个普通用户 webadmin，并将其添加到 wheel 组中。请编写一个 Ansible Playbook 来完成所有的系统管理任务，并确保每个任务只执行一次。

（2）在企业中，需要使用 Ansible 自动化工具来部署 LNMP（Linux + Nginx + MySQL + PHP）服务器。服务器数量为 5 台，操作系统为 CentOS Stream 9，其中 1 台为 Web 服务器，2 台为数据库服务器，2 台为应用服务器。请编写一个 Ansible Playbook 来完成 LNMP 服务器的部署，并确保 Web 服务器可以通过 Nginx 访问 PHP 应用。

（3）GitLab CE（Community Edition，社区版本）是一个自托管的开源 Git 代码托管和协作平台，它提供了一个 Web 界面，用于管理 Git 存储库、问题跟踪、CI/CD 管道以及团队协作功能。在企业中，需要使用 Ansible 自动化工具在 RHEL 9 中部署 GitLab CE 平台，请编写一个 Ansible Playbook 来完成 GitLab CE 平台的部署。

（4）在企业中，需要使用 RHEL 系统角色来管理 Podman 容器。在 RHEL 9 服务器上运行 Nginx 容器，并且需要设置容器的端口映射、挂载数据卷等。请编写一个 Ansible Playbook 来使用 RHEL 系统角色完成上述容器管理任务。